高等职业教育土建类专业规划教材

Jianzhu Gongcheng Jianli Gailun
# 建筑工程监理概论

主　编　汪迎红
副主编　蔚　琪　罗一鸣
主　审　张玉杰

人民交通出版社股份有限公司
China Communications Press Co.,Ltd.

## 内 容 提 要

本书是高等职业教育土建类专业规划教材。在各高等职业院校积极践行和创新先进职业教育理念，深入推进"校企合作，工学结合"人才培养模式的大背景下，本教材以企业调研为基础，确定工作任务，明确课程目标，制定课程设计的标准，紧密结合当前建筑工程监理工作的实际，通过对学生的培养，使学生熟悉和掌握建筑工程监理的工作内容和基本工作程序，具备处理施工现场监理工作的业务能力。

本教材主要供高等职业教育建筑工程技术等土建类专业教学使用，也可作为建筑类工程技术人员的培训教材或自学用书。

### 图书在版编目(CIP)数据

建筑工程监理概论 / 汪迎红主编. —北京：人民交通出版社股份有限公司, 2016.1
高等职业教育土建类专业规划教材
ISBN 978-7-114-12415-0

Ⅰ. ①建… Ⅱ. ①汪… Ⅲ. ①建筑工程—施工监理—高等职业教育—教材 Ⅳ. ①TU712

中国版本图书馆 CIP 数据核字(2015)第 176535 号

高等职业教育土建类专业规划教材

| | |
|---|---|
| 书　　名： | 建筑工程监理概论 |
| 著 作 者： | 汪迎红 |
| 责任编辑： | 丁润铎　钱　堃 |
| 出版发行： | 人民交通出版社股份有限公司 |
| 地　　址： | (100011)北京市朝阳区安定门外外馆斜街 3 号 |
| 网　　址： | http://www.ccpcl.com.cn |
| 销售电话： | (010)59757973 |
| 总 经 销： | 人民交通出版社股份有限公司发行部 |
| 经　　销： | 各地新华书店 |
| 印　　刷： | 北京虎彩文化传播有限公司 |
| 开　　本： | 787×1092　1/16 |
| 印　　张： | 13.5 |
| 字　　数： | 327 千 |
| 版　　次： | 2016 年 1 月　第 1 版 |
| 印　　次： | 2023 年 5 月　第 3 次印刷 |
| 书　　号： | ISBN 978-7-114-12415-0 |
| 定　　价： | 35.00 元 |

(有印刷、装订质量问题的图书，由本公司负责调换)

# 前　言

本教材是依据教育部对高职高专人才培养目标、培养规格、培养模式及与之相适应的知识、技能、能力和素质结构的要求进行编写的。

本教材力求体现如下特点：

1. 职业教育性。本教材紧密结合当前建筑工程监理工作的实际，总结我国二十多年来推行的监理制度的经验和教训，将监理工程师上岗前培训的基本工作内容融合进本教材，注重对学生实践性技能的培养，具有较强的实用性和可操作性。

2. 知识实用性。本教材围绕建筑工程监理人员的基本工作内容为技能核心，以实用、实际、实效为原则，培养学生的实践操作能力。

3. 结构合理性。本教材根据监理工程师的主要工作内容，即以"三控两管一协调"及相应基础知识为主线，对传统的理论课和实践课进行了整合，符合学生学习心理特征及技能的培养。

本教材紧密结合当前建筑工程监理工作的实际，通过对学生实践性技能的培养，使学生熟悉和掌握建筑工程监理的工作内容和基本工作程序，具备处理施工现场监理工作的业务能力。

本书由汪迎红任主编，蔚琪、罗一鸣任副主编，贵州交通职业技术学院建筑工程系张玉杰教授担任本书主审。具体分工情况如下：第一章至第五章由贵州交通职业技术学院汪迎红编写并统稿、定稿，第六章、第七章、第九章由贵州交通职业技术学院蔚琪编写，第八章、第十章、第十一章由贵州交通职业技术学院罗一鸣编写。

由于编者的水平有限，加上时间紧迫，书中疏漏之处在所难免，敬请批评指正，对此表示衷心感谢。

编　者<br>2015 年 5 月

# 目 录

## 第一章 绪论 … 1
- 第一节 建设工程监理概述 … 1
- 第二节 建设工程监理的原则及程序 … 5
- 第三节 工程监理有关行为主体之间的关系 … 11
- 思考题与习题 … 14

## 第二章 监理工程师和工程监理企业 … 15
- 第一节 监理工程师 … 15
- 第二节 工程监理企业 … 23
- 思考题与习题 … 37

## 第三章 组织与组织协调 … 38
- 第一节 组织的基本原理 … 38
- 第二节 建设工程组织管理基本模式 … 41
- 第三节 建设工程监理实施程序与原则 … 47
- 第四节 项目监理组织机构 … 51
- 第五节 项目监理组织协调 … 60
- 思考题与习题 … 65

## 第四章 建设工程监理规划 … 66
- 第一节 建设工程监理规划概述 … 66
- 第二节 建设工程监理规划的编制 … 68
- 第三节 监理实施细则 … 89
- 思考题与习题 … 91

## 第五章 建设工程目标控制 … 92
- 第一节 目标控制原理 … 92
- 第二节 建设工程目标系统 … 97
- 第三节 建设工程三大目标的控制工作 … 99
- 第四节 建设工程目标控制的任务和措施 … 106
- 思考题与习题 … 112

## 第六章 建设工程风险管理 … 113
- 第一节 风险管理概述 … 113
- 第二节 建设工程风险识别 … 116

  第三节 建设工程风险评价 ··································· 122
  第四节 建设工程风险对策 ··································· 125
  思考题与习题 ············································· 129

## 第七章 建设工程安全生产监理 ······························· 130
  第一节 建设工程安全生产概述 ······························· 130
  第二节 安全生产控制的主要工作 ······························· 133
  第三节 施工现场安全事故应急预案 ······························· 138
  思考题与习题 ············································· 140

## 第八章 建设工程信息及文档管理 ····························· 141
  第一节 建设工程信息 ······································ 141
  第二节 建设工程信息管理流程 ······························· 143
  第三节 建设工程文件档案资料管理 ······························· 149
  第四节 建设工程监理文件档案资料管理 ···························· 155
  思考题与习题 ············································· 158

## 第九章 合同管理 ··················································· 159
  第一节 建设工程合同管理概述 ······························· 159
  第二节 监理工程师对施工合同的管理 ····························· 161
  第三节 FIDIC"土木工程施工合同条件"简介 ······················· 166
  思考题与习题 ············································· 167

## 第十章 设备采购与监造监理 ···································· 169
  第一节 概述 ··········································· 169
  第二节 设备采购监理 ······································ 172
  第三节 设备监造监理 ······································ 174
  第四节 设备采购与设备监造监理资料 ····························· 177
  思考题与习题 ············································· 178

## 第十一章 工程建设各阶段的监理 ·································· 179
  第一节 工程勘察设计阶段的监理 ······························· 179
  第二节 施工招投标阶段的监理 ······························· 186
  第三节 施工准备阶段的监理 ······································ 187
  第四节 建设工程施工阶段的监理 ······························· 190
  第五节 竣工验收和质量保修阶段的监理 ···························· 197
  思考题与习题 ············································· 201

## 附录 ······························································· 202

## 参考文献 ························································· 208

# 第一章 绪 论

## 第一节 建设工程监理概述

### 一、我国工程监理制发展背景

从新中国成立直至20世纪80年代,我国固定资产投资基本上是由国家统一安排计划,由国家统一财政拨款。一般建设工程,由建设单位自己组成筹建机构,自行管理;重大建设工程,从相关单位抽调人员组成工程建设指挥部,由其进行管理。工程投资"三超"(概算超估算、预算超概算、结算超预算)、工期延长的现象较为普遍。80年代我国进入了改革开放的新时期,国务院决定在基本建设和建筑业领域采取一些重大的改革措施,例如,投资有偿使用(即"拨改贷")、投资包干责任制、投资主体多元化、工程招标投标制等。在这种情况下,改革传统的建设工程管理形式,已经势在必行,否则难以适应我国经济发展和改革开放新形势的要求。

通过对我国几十年建设工程管理实践的反思和总结,并对国外工程管理制度与管理方法进行考察,建设部于1988年发布了《关于开展建设监理工作的通知》,通知明确提出要建立建设监理制度。建设工程监理制于1988年开始试点,5年后逐步推开,1997年《中华人民共和国建筑法》以法律制度的形式做出规定,国家推行建设工程监理制度,从而使建设工程监理在全国范围内进入全面推行阶段。

我国推行建设监理的工作已经走过了试点阶段和稳步发展阶段。自1996年11月起,建设监理开始进入全面推行阶段。我国建设监理工作将在制度化、规范化和科学化方面迈上新的台阶,并向国际监理水准迈进。

### 二、建设工程监理的基本概念

1. 定义

建设工程监理是指具有相应资质的工程监理企业,接受建设单位的委托,承担其项目管理工作,并代表建设单位对承包单位的建设行为进行监督管理的专业化服务活动。

建设单位也称业主、项目法人,是委托监理的一方。建设单位在工程建设中拥有确定建设工程规模、标准、功能以及选择勘察、设计、施工、监理单位等工程建设中重大问题的决定权。

工程监理企业是指取得企业法人营业执照,具有监理资质证书的依法从事建设工程监理业务活动的经济组织。

相应的资质证书是指监理相应工程的监理企业应具有法律规定的资质,例如,一项全国性的工程项目(一等工程项目),必须由具有甲级资质的监理单位进行监理。

2. 内涵

(1)建设工程监理是针对工程建设项目所进行的监督管理活动

根据2000年1月国务院发布的《建设工程质量管理条例》和2001年1月建设部(现住房和城乡建设部)发布的《建设工程监理范围和规模标准规定》,以下建设工程必须实行监理:国家重点建设工程;总投资额在3 000万元以上的大中型公用事业工程;建筑面积在5万平方米以下的、成片开发建设的住宅小区工程;高层住宅及地基、结构复杂的多层住宅;利用外围政府或者国际组织贷款、援助资金的工程;总投资额在3 000万元以上且关系社会公共利益、公众安全的基础设施项目;学校、影剧院、体育场馆项目等。建设工程监理活动都是围绕工程建设项目来进行的。建设工程监理是直接为工程建设项目提供管理服务的行业,是工程建设项目管理服务的主体,但非管理主体。

(2)建设工程监理的行为主体是监理单位

建设工程监理不同于建设行政主管部门的监督管理,也不同于总承包单位对分包单位的监督管理,其行为主体是具有相应资质的工程监理企业。只有监理企业才能按照独立、自主的原则,以"公正的第三方"的身份开展工程建设监理活动。非监理企业进行的监督活动不能被称为建设工程监理。

(3)建设工程监理的实施需要建设单位的委托和授权

于1998年3月1日实施的《中华人民共和国建筑法》(以下简称《建筑法》)第三十一条规定:实行监理的建设工程,由建设单位委托具有相应资质条件的工程监理企业监理。建设单位与其委托的工程监理企业应当订立书面委托监理合同。可见,工程监理企业是经建设单位的授权,代表其对承建单位的建设行为进行监控。这种委托和授权的方式也说明,监理单位及监理人员的权力主要是由作为管理主体的建设单位授权而转移过来的,而工程建设项目建设的主要决策权和相应风险仍由建设单位承担。

(4)建设工程监理是有明确依据的工程建设行为

建设工程监理是严格按照有关法律、法规和其他有关准则实施的。建设工程监理的依据是国家批准的工程建设项目建设文件,有关工程建设的法律和法规以及直接产生于本工程建设项目的建设工程委托监理合同和其他工程合同,并以此为准绳来进行监督、管理及评价。

(5)建设工程监理现阶段主要发生在实施阶段

我国建设工程监理现阶段主要发生在实施阶段,即设计阶段、招标阶段、施工阶段以及竣工验收和保修阶段。也就是说,监理单位在与建设单位建立起委托与被委托、授权与被授权的关系后,还必须要有被监理方,需要与在项目实施阶段出现的设计、施工和材料设备供应等施工单位建立起监理与被监理的关系。这样,监理单位才能实施有效的监理活动,才能协助建设单位在预定的投资、进度、质量、安全目标内完成建设项目。

(6)建设工程监理是微观性质的监督管理活动

建设工程监理是针对一个具体的工程建设项目展开的,需要深入到工程建设的各项投资活动和生产活动中进行监督管理。其工作的主要内容包括:协助建设单位进行工程项目可行性研究,进行项目决策;对工程项目进行投资控制、进度控制、质量控制、安全控制、合同管理、信息管理和组织协调,协助业主实现建设目标。

3. 术语

项目监理机构：由监理单位派驻至工程项目,负责履行委托监理合同的组织机构。

监理工程师：取得国家监理工程师执业资格证书并经注册的监理人员。

总监理工程师：由监理单位法定代表人书面授权,全面负责委托监理合同的履行、主持项目监理机构工作的监理工程师。

总监理工程师代表：经监理单位法定代表人同意,由总监理工程师书面授权,代表总监理工程师行使其部分职责和权力的项目监理机构中的监理工程师。

专业监理工程师：根据项目监理岗位职责分工和总监理工程师的指令,负责实施某一专业或某一方面的监理工作,具有相应监理文件签发权的监理工程师。

监理员：经过监理业务培训,具有同类工程相关专业知识,从事具体监理工作的监理人员。

监理规划：在总监理工程师的主持下编制,经监理单位技术负责人批准,用来指导项目监理机构全面开展监理工作的指导性文件。

监理实施细则：根据监理规划,由专业监理工程师编写,并经总监理工程师批准,针对工程项目中某一专业或某一方面监理工作的操作性文件。

工地例会：由项目监理机构主持的在工程实施过程中针对工程质量、造价、进度、合同管理等事宜定期召开的、由有关单位参加的会议。

工程变更：在工程项目实施过程中按照合同约定的程序对部分或全部工程在材料、工艺、功能、构造、尺寸、技术指标、工程数量及施工方法等方面做出的改变。

工程计量：根据设计文件及承包合同中关于工程量计算的规定,项目监理机构对承包单位申报的已完成工程的工程量进行的核验、见证、由监理人员现场监督某工序全过程完成情况的活动。

旁站：在关键部位或关键工序的施工过程中,由监理人员在现场进行的监督活动。

巡视：监理人员对正在施工的部位或工序在现场进行的定期或不定期的监督活动。

平行检验：项目监理机构利用一定的检查或检测手段,在承包单位自检的基础上,按照一定的比例独立进行检查或检测的活动。

设备监造：监理单位依据委托监理合同和设备订货合同对设备制造过程进行的监督活动。

费用索赔：根据承包合同的约定,合同一方因另一方原因造成本方经济损失,通过监理工程师向对方索取费用的活动。

临时延期批准：当发生非承包单位原因造成的持续性影响工期的事件,总监理工程师所做出的暂时延长合同工期的批准。

延期批准：当发生非承包单位原因造成的持续性影响工期事件,总监理工程师所做出的最终延长合同工期的批准。

## 三、我国强制监理制度的现实意义

《建筑法》、《建设工程质量管理条例》和《建设工程安全生产管理条例》以及原建设部令第86号等配套文件的颁布实施,标志着我国监理制度以法律法规形式确定,并依靠法制和行政力量强制推行。强制监理制度的"强制性"不仅体现在规定满足一定条件的工程项目必须按照法定程序委托监理,还体现在监理的职责、服务内容和范围、工作标准和程序、市场准入和执业资格管理等方面。

1. 推动了我国建设项目管理方式的变革及与国际接轨

建设监理制度是我国工程建设领域引进和学习国外先进工程管理模式的结果,它的强制推行,改变了长期以来我国工程建设领域自筹、自建、自管的传统管理模式,促使建设项目管理向社会化、专业化、现代化方向发展。

建设监理制度的引入,改变了我国建设管理方式单一不变的格局,使建设项目实施方式开始向专业化和社会化的方向发展。建设监理制度的推行和发展,是我国建设项目管理方式由单一走向多元的开始,为我国建设项目组织实施方式的变革开启了一条新兴之路。

建设监理制度的推行,促进了我国建设项目管理方式与国际惯例的接轨,改善了我国吸纳外资的条件,已成为吸纳外资的重要的软环境因素。

2. 满足了市场对监理服务的需求

监理制度的形成过程,正值建筑市场体系的形成与发展时期:施工企业逐步改革成为独立经营、自负盈亏的企业,建设单位逐步实施项目法人制,承担建设项目的投资和建设风险。如果说政府投资项目实行强制监理体现的是国家对政府投资的管理需要,那么非政府投资项目委托监理则体现的是市场的真正需求。虽然目前我国非政府投资项目对监理服务的需求还不充分,但毕竟解决了从无到有的问题。从目前监理市场看,民营或外商投资、房地产开发等非政府投资项目主动委托监理的情况逐步增多。随着我国投资主体的多元化和日益成熟,对监理服务的市场需求将会进一步增加,当然,市场主体对监理服务的需求可能比国家强制监理所规定的内容要宽泛和丰富。

3. 完善了建筑市场管理体系

从市场机制看,建设监理不仅仅是建设项目新型管理体制和建筑市场的主体之一,更为重要的是,它是连接业主负责制、招标投标制、承包合同制和加强政府宏观管理的中间环节。建设监理把它们有机地结合起来,形成建筑市场经济体制,发挥建筑市场机制的积极作用。监理单位作为工程建设项目的主要管理者,能够使政府部门从微观的繁杂的具体工程管理事务中解脱出来,把更多的精力用来加强建筑市场的宏观管理。

当前,我国建筑市场机制尚不成熟,作为建筑市场重要组成部分的承包商、业主方面存在很多不规范行为等,例如工程转包、非法分包、招标投标过程中的种种不规范行为等。强制监理作为相对独立的专业咨询服务方,可以在一定程度上抑制和阻止这些不规范行为的发生,从而起到规范建筑市场、利于建筑市场管理的作用。因此,推行强制监理制度,是现阶段我国建立和完善建筑市场的需要,是加强和完善建筑市场管理的需要。

4. 提高了工程建设管理水平和投资效益

实施建设监理制度以后,我国工程建设管理水平和投资效益较以前有了较大提高。主要表现在:缩小了业主基建班子,减轻了业主负担;缩短了施工周期;控制了工程投资,提高了投资效益;提高了工程质量;有利于协调各方关系。

### 四、我国建设监理法律体系

建设工程监理是一项法律活动,而与之相关的法律法规的内容是十分丰富的,它不仅包括相关法律,还包括相关的行政法规、地方性法规、部门规章和地方政府规章等。从其内容上看,它不仅对监理单位和监理工程师资质管理有全面的规定,而且对监理活动、委托监理合同、政府对建设工程监理的行政管理等都做了明确规定。

《建筑法》是我国建设工程监理活动的基本法律，它对建设工程监理的性质、目的、适用范围等都做出了明确的原则性规定。与此相应的还有国务院批准颁发的《建设工程质量管理条例》、国务院办公厅颁发的《关于加强基础设施施工质量管理的通知》、原国家技术监督局(现国家技术质量监督检验检疫总局)和原建设部(现住房和城乡建设部)联合发布的《工程建设监理规范》等。

关于建设工程监理单位及监理工程师的规定有《工程建设监理单位资质管理试行办法》《监理工程师资格考试和注册试行办法》以及《关于发布工程建设监理费有关规定的通知》等。

其他方面的法律，如《中华人民共和国合同法》《中华人民共和国招标投标法》以及《中华人民共和国民法通则》中的相关法律规范和内容，都是建筑工程监理法律制度的重要组成部分。

目前，我国已颁布了一系列有关建设工程监理的法律法规条款，部门规章和地方性法规也已达到一定数量，这充分反映了建设工程监理的法律地位。但从加入 WTO 的角度看，法制建设还比较薄弱，突出表现在市场规则和市场机制方面。市场规则，特别是市场竞争规则和市场交易规则还不健全。市场机制，包括信用机制、价格形成机制、风险防范机制、仲裁机制等尚未形成。应当在总结经验的基础上，借鉴国际上通行的做法，逐步建立和健全市场规则和市场机制。只有这样，才能使我国的建设工程监理走向有法可依、有法必依的轨道，才能适应加入 WTO 后的新形势。

## 第二节　建设工程监理的原则及程序

### 一、原则

我国试行建设监理制度以来，已初步建立了一套适合我国国情的监理体制，并已规划了逐步补充和完善该制度体系的进程和目标内容。按照住房和城乡建设部的统一部署，我国建立监理体制的原则是：参照国际惯例，结合中国国情，适应社会主义市场经济发展的需要。

1. 参照国际惯例

实行建设监理制度，是国际工程建设的惯例，在西方国家已有悠久的历史。近年来，国际上监理理论迅速发展，使监理体制趋于完善，监理活动日趋成熟，无论是政府监督还是社会监理都形成了相对稳定的格局，具有严密的法律规定、完善的组织机构以及规范化的方法、手段和实施程序。国际工程承包市场普遍认可和采用的是 FIDIC(国际咨询工程师联合会的法文缩写)编写的《土木工程合同条件》，该文件突出了监理工程师负责制，总结了世界上百余年来积累的建设监理经验，把工程技术、管理、经济、法律有机地结合在一起，详细规定了工程建设单位、施工单位和监理工程师的责任、权利和义务，形成了建设监理的理论和方法。因此，在我国建立建设监理体制，必须吸收国际上成功的经验，学习 FIDIC 的监理思想和方法。这既是一条捷径，又是与国际惯例接轨的必然举措。

与国际惯例接轨，可使我国的工程监理企业与国外同行按照同一规则同台竞争，这既可能表现为国外项目管理公司进入我国后与我国工程监理企业之间的竞争，也可能表现为我国工程监理企业走向世界后与国外同类企业之间的竞争。要在竞争中取胜，除有实力、业绩、信誉之外,不掌握国际上通行的规则也是不行的。我国的监理工程师和工程监理企业应当做好充分准备,不仅要迎接国外同行进入我国后的竞争挑战,而且也要把握进入国际市场的机遇,敢于在国际市场与国外同行竞争。

2. 结合中国国情

我国正在建立的社会主义市场经济是适应我国基本国情的市场经济。但由于我国现阶段商品经济正处于发展之中,还不发达,且市场发育程度很低,不同于私人投资占主要成分的资本主义国家,我国工程建设投资主要来源于国家和地方政府,以及公有制企、事业单位,工程投资的参与者多为公有制经济的组成部分,所以我们不能原封不动地把市场经济程度高、商品经济高度发展、私有化占主导地位的国家的监理模式照搬过来,必须根据我国国情,建立适合我国特点的、适应我国经济建设和发展的监理体制。

3. 适应社会主义市场经济发展的需要

在计划经济条件下,建立建设监理制度的迫切程度不高。改革开放以后,随着社会主义市场经济的建立和逐步发展,建立建设监理制度的迫切需要被提了出来,促进了我国建设监理的起步和发展。在社会主义市场经济条件下,需要解决投资多元化目标决策的监督问题,需要规范建设市场秩序,需要进行投资、进度、质量控制,以提高经济效益和社会效益,需要协调建设单位、施工单位等各方的经济利益,并制约其相互之间的关系使之协调,需要加强法制等。总之,建设监理制度必须适应建立社会主义市场经济对工程建设的各种需要,在这一大前提下使我国的建设监理事业得到发展和完善。

## 二、程序

所有工程项目都具有单件性的特点,但它们依然有共同的规律,有着自己的寿命阶段和周期。项目虽然千差万别,但项目建设都应遵循科学的建设程序。所谓工程项目建设程序是指一项工程从设想、提出到决策,经过设计、施工直至投产使用的整个过程中,各项工作应当遵循的内在规律和组织制度。

严格遵守工程项目建设的内在规律和组织制度,是每一位建设工作者的分内职责,更是监理工程师的重要职责。建设监理的基本内容之一就是明确科学的建设程序,并在工程建设中监督实施这个科学的建设程序。

1. 我国工程项目建设程序

我国工程项目建设程序是随着我国社会主义建设的进行以及人们对建设工作的认识的日益深化而逐步建立和发展起来的,并将随着我国经济体制改革的深入进一步完善。

新中国成立以来,随着经济的恢复和建设工作的开展,建设程序的制定就开始了。1952年,我国出台了第一个有关建设程序的全国性文件,对基本建设的大致阶段做出了规定;之后又对加强规划和设计等工作做出了进一步规定;改革开放以来,改革和完善建设程序的步骤加快;1978年有关部门明确规定一个项目从计划建设到建成投产必须经过以下阶段:编制计划任务书,选定建设地点;经批准后,进行勘察设计,经批准列入国家年度计划后,组织施工;工程按设计建成,进行验收,交付使用;1979年又决定建立建设项目开工报告制度;1981年对利用外资、引进技术项目提出要编制项目建议书和可行性研究报告做法;1984年确定所有项目都实行项目建议书和设计任务书审批制度,利用外资和引进技术项目,以可行性研究报告代替设计任务书;1991年又进一步规定,将国内投资项目的设计任务书和利用外资项目的可行性研究报告统一称为可行性研究报告,取消设计任务书的名称。

在工程建设领域实现"两个根本性转变"的今天,项目建设程序面临着更深刻的变革。项目业主责任制、建设监理制、工程招标制、项目咨询评估制将进一步融合为一体出现在建设程序之中。一个科学、完善的建设程序必将在实施建设监理制的过程中逐步确定。

目前,我国工程项目建设程序如图1-1所示。

按我国目前的建设程序,大中型项目的建设过程大体上分为两大阶段。

(1)项目决策阶段

建设项目决策阶段的工作主要是编制项目建议书,进行可行性研究和编制可行性研究报告。

①项目建议书

项目建议书是建设某一项目的建议性文件,是对拟建项目的轮廓设想。项目建议书的主要作用是为推荐拟建项目提出说明,论述建设的必要性,以便供有关部门选择并确定是否有必要进行可行性研究工作。项目建议书经批准后,方可进行可行性研究。但项目建议书不是项目最终决策文件。为了进一步做好项目前期工作,目前在项目建议书之前增加了项目策划或探讨工作,以便在确认初步可行时再按隶属关系编制项目建议书。

②可行性研究

可行性研究是在项目建议书批准后开展的一项主要的决策准备工作。可行性研究是对拟建项目的技术和经济的可行性进行的分析和论证,可以为项目投资决策提供依据。承担可行性研究的单位应当是通过相关部门资质审定的规划、设计、咨询和监理单位。它们对拟建项目进行经济、技术方面的分析论证和多方案的比较,提出科学、客观的评价意见,确认可行后,编写可行性研究报告。

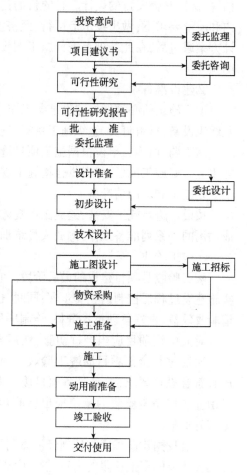

图1-1 我国工程项目建设程序

③可行性研究报告

可行性研究报告是确定建设项目、编制设计文件的基本依据。可行性研究报告要选择最优建设方案进行编制。批准的可行性研究报告是项目最终的决策文件和设计依据。可行性研究报告经有资质的工程咨询等单位评估后,由计划或其他有关部门审批。经批准的可行性研究报告不得随意修改和变更。可行性研究报告经批准后,应组建项目管理班子,并着手项目实施阶段的工作。

(2)项目实施阶段

立项后,建设项目进入实施阶段。项目实施阶段的主要工作包括设计、建设准备、施工安装、动用前准备、竣工验收等阶段性工作。

①项目设计

设计工作开始前,项目业主按建设监理制的要求委托工程建设监理单位监理。在监理单位的协助下,根据可行性研究报告,做好勘察和调查研究工作,落实外部建设条件,组织开展设计方案竞赛或设计招标,确定设计方案和设计单位。对一般项目,设计按初步设计和施工图设计两个阶段进行。对于有特殊要求的项目,可在初步设计之后增加技术设计阶段。初步设计是根据批准的可行性研究报告和设计基础资料,对项目进行系统研究、概略计算和估算,做出具体安排的设计。它的目的是在指定的时间、空间限制条件下,在投资控制额度内和质量要求下,做出技术上可行、经济上合理的设计和规定,并编制项目总概算。初步设计方案通过后,在此基础上进行施工图设计,使工程设计达到施工安装的要求,并编制施工图预算。

②建设准备

项目施工前必须做好建设准备工作,其中包括征地、拆迁、平整场地、通水、通电、通路以及组织设备、材料订货,组织施工招标,选择施工单位,报批开工报告等工作。

施工前,由施工单位根据施工项目管理的要求做好各项施工准备。根据施工要求,业主方也应做好施工准备,如提供合格施工现场、设备和材料等。

③施工和动用前准备

按设计进行施工安装,建成工程实体。与此同时,业主在监理单位的协助下做好项目建成动用的一系列准备工作,例如人员培训、组织准备、技术设备、物资准备等。

④竣工验收

竣工验收是项目建设的最后阶段。它是全面考核项目建设成果,检验设计和施工质量,实施建设过程后控制的主要步骤;同时,也是确认建设项目能否动用的关键步骤。应包括申请验收效益、做好整理技术资料、绘制项目竣工图纸、编制项目决算等准备工作。

对大中型项目应当经过初验,然后再进行最终的竣工验收。对于简单、小型项目,可以一次性进行全部项目的竣工验收。对于建设项目全部完成、各单项工程已全部验收完成且符合设计要求,并且具备项目竣工图、项目决算、汇总技术资料以及工程总结等资料,可由业主向负责验收的单位提出验收申请报告。项目验收合格即可交付使用,同时按规定实施保修。

目前我国建设程序与计划经济体制下的建设程序相比,发生了不少变化。例如,对建设过程各环节的审批权限的内容进行了大幅度的调整,对各环节工作的内容和深度也进行了调整。其中最大和最主要的变化有如下三点:

第一点变化是在项目决策阶段实施了项目咨询评估制,也就是增加了项目建议书、可行性研究和评估等系列性工作。这是一项重要的改革,它使得决策科学化、民主化有了可能。

随着市场经济体制的发育和完善,工程项目业主自行管理工程建设的观念淡化,在工程建设的前期阶段就委托监理的做法必然会普遍推行开来。也就是说,当业主有了投资工程项目建议的意向之后,就委托监理单位替它寻求合适的咨询机构,并替业主管理咨询合同的实施,评估咨询结果。

第二点变化是实施了建设监理制,出现了"第三方",使得工程项目建设呈现了三足鼎立的格局。

第三点变化是有了工程招标投标制。工程招标投标制的出现,把市场竞争机制引入工程建设之中,为项目建设增添了活力。

以上建设程序所发生的三大变化,使我国工程建设进一步顺应市场经济的要求,并且与国际惯例基本趋于一致。

我国建设程序在计划经济体制中产生,又长期在计划经济体制中发展和应用,因此计划经济体制对其影响至今仍然深重。经过多年经济体制改革,社会主义市场经济的因素逐步渗透到建设程序之中,为其增添了不少新的改革内容。这正是当前我国建设程序的显著特点。

2. 国外工程项目建设程序简介

图1-2为一般常见的国外项目建设程序。

图1-2 国外常见工程项目建设程序

国外尤其是经济比较发达的国家,在它们的建设程序中把项目建设的几条根本原则极其明显地突出来。这些原则就是优化决策、竞争择优、建设监理,特别强调了建设监理。所以,在它的每一个步骤中都反映出"三方当事人"的身影。其建设程序的目的十分明确,即在最有利于实现投资目的的前提下建成项目。因此,为了能够在经济实效上达到投资者的需求,第一步,要进行项目可行性的调查研究,经过经济效益的比较来确定建设方案和费用估算;第二步,开展设计,使方案得以细化和完善,为施工招标提供条件,然后进行招标;第三步,施工直至竣工使用。

国外项目建设程序的阶段性工作如下:

(1) 机会研究

这里的机会研究专指项目投资机会研究。项目投资机会研究因未来投资者性质不同,承担的单位也有所不同。如果未来投资人是政府部门,则或者由政府自己组织专门力量进行这一项工作,或者委托权威性咨询公司来进行;如果是私人机构,则可能由其专聘人员或委托工程咨询公司做此工作;也有一些经济技术实力雄厚的工程公司或设备厂家为了获取未来工程项目而进行投资机会研究。

机会研究的目的主要是研讨这个项目投资的必要性、可能性以及初步经济效益,为投资者选择投资机会。

机会研究的内容因项目性质不同而有所差异,但大体上类似。例如,工业项目的机会研究包括:产品市场需求调查和预测,产品生产的资源条件以及其他经济影响因素,产品生产发展预测,投资建议等。

(2) 可行性研究

在一些先进国家的工程项目建设程序中,都把可行性研究放在重要位置,可行性研究工作要安排得深、细、扎实。整个可行性研究工作分成三个阶段进行,即初步可行性研究、辅助研究和可行性研究。

初步可行性研究实际上是机会研究向详细可行性研究的过渡。它主要解决项目大致是否可行的问题,为进一步的研究确定方向。例如,确定机会研究的真实价值,确定影响项目可行的基本因素,判断投资建议的可行性等。

辅助研究是一种专题性研究。它可以在可行性研究之前或同时来进行,必要时也可放在后面进行补充。辅助研究着重研究一些关键性或复杂的问题。例如,有关市场的专门问题、厂址问题、原材料问题、规模大小问题等。

可行性研究的最后一步是对整个工程项目进行全面技术经济论证,从而为项目决策提供可靠的依据。它的深度、广度应当完全达到决策的要求,并有多方案的分析比较和最佳方案的推荐。其内容主要有(以工业项目为例)市场和项目生产能力、原材料的投入、厂址和土地费用估算、项目建设方案、生产组织和管理费用、人力测算、时间安排、财务和经济评价等。

可行性研究一般由拟投资方委托咨询公司来进行,也有由项目总承包公司进行的,但国际金融组织贷款的项目除外,因为这些组织一般是不允许承担可行性研究的公司再承包这项工程的。根据可行性研究的结果,项目业主做出投资决策,确定基本建设方案,并确定项目总目标。

(3) 执行(实施)

项目业主做出投资的决定后即开始项目决策执行阶段。它包括执行准备、设计与工程服务、工程招标、商签工程承包合同、施工、竣工验收、动用等各项工作。

①执行准备

执行准备的最主要工作是建立执行组织机构,筹措资金和购置土地以及确定执行计划,做好设计和工程咨询招标准备等。

②设计与工程服务

通过设计和工程咨询,招标业主委托咨询单位进行设计和工程咨询服务。其主要工作包括进一步做好调查研究,为制订计划和开展设计打下基础;开展设计,细化建设方案使其达到可以实施的程度,并为工程招标做好技术准备;提出工程实施方案和合同方式,并由业主加以确定;制订项目实施总体计划;协助业主进行建设条件准备等。

③工程招标

国外的项目建设程序中,工程招标工作占有重要地位,这说明他们对工程招标给予极大的重视。他们认为,市场竞争机制在工程建设中起着至关重要的作用,是关系项目成败的一项关键性工作。

④商签合同

工程招投标结束是以签订合同为标志的。签订合同说明工程承包人已经选定,合同价格、合同工期及工程质量标准也相应确定。它标志着施工阶段即将开始。

⑤施工、验收和动用

施工阶段是工程项目建设过程中的重要阶段,而且是时间最长的阶段。在施工阶段还要同时进行必要的动用前准备等工作。施工结束后进行竣工验收,交付使用。

在这个过程中,一方面监理工程师实施监督管理,同时政府机构也进行相应的监督管理。例如,香港对工程的管制是由单一的专门机构来执行的,即政府建筑条例执行处,这个机构对设计、施工准备和动用条件等实行强制性管制,并对施工过程进行监督。

3. 建设程序与建设监理的关系

(1) 建设程序为工程建设行为提出了规范化要求

建设监理制的基本任务之一,是对工程建设行为进行监督管理,使之规范化。那么,在项目建设过程中,参加建设的各以及政府机构应当做什么、怎么做、何时做、由谁做、依照什么程序做等一系列问题都可以从项目建设程序中找到答案。

因此,规范建设项目的建设行为,是项目建设程序的一项重要工作。它必然成为建设监理制的重要组成部分。

(2) 建设程序为工程建设监理提出了具体的任务和服务内容

工程建设监理的基本任务是通过建设项目的一项项具体工作的完成来实现的,而这些具体的工作都来自项目建设程序。

在项目决策阶段,监理单位可以提供哪些咨询服务,从项目建设程序中就可以看到:避免决策失误,并力争决策优化就是监理单位咨询服务的主要任务。项目实施阶段,工程建设监理的目标是着重解决如何在明确的项目目标内来建成工程项目。这就决定了本阶段工程建设监理的基本任务是投资、进度、质量控制。

针对基本任务,监理工程师具体应当开展哪些服务性工作也可在建设程序中找到。

(3)建设程序具体而明确地确立监理单位在项目建设中的重要地位

在国外,大多数项目建设程序中都给予监理单位和监理工程师以明确而重要的地位。在它们的项目建设程序中的每一个阶段都清楚地列出了监理单位和监理工程师应做的工作以及他们的工作职责和拥有的基本权力。监理单位和监理工程师作为建设监理制所规定的工程建设的参与方,必须在建设程序上赋予他们基本权力和责任。

(4)严格遵守、模范执行建设程序是每位监理工程师的职业准则

严格按建设程序办事是所有从事工程建设人员的行为准则,而对监理工程师则应有更高的要求。他们作为肩负着规范建设行为使命的监督管理人员,更应当以身作则、率先垂范。

监理工程师作为建设项目管理的专业人员,他们对建设程序不是应了解、熟悉,而是必须掌握和运用。这是对监理人员基本素质的要求,也是职业准则的要求。

(5)严格执行我国现行建设程序是结合国情推行建设监理制的具体表现

推行建设监理制应当遵循的基本原则之一是结合我国国情。如何做到结合国情呢?众说纷纭,但有一点是没有异议的,那就是按照我国现行建设程序的要求来开展工程建设监理活动,这在很大程度上体现结合本国国情的原则。

在任何国家,工程项目建设程序都要充分反映这个国家的现行的工程建设的方针、政策、法律、法规,现行的工程项目建设的管理体制,以及这个国家实施工程建设的具体做法。而且,建设程序总是随着时代的变化而变化,它要因社会环境和人们需求的改变相应地调整和完善。这样的动态变化都是适应国情要求的。因此,可以这样说,项目建设程序集中反映了它所适用的基本国情,按照它的要求进行建设监理就能最大限度地体现结合国情的原则。

目前,我国处于改革开放的新时期,一系列新的改革措施都在建设程序中体现出来。建设监理制、工程招标投标制、项目业主(法人)责任制等已经或多或少地反映进了建设程序之中。政府对工程建设的监督管理与工程监理的关系正在理顺。相信一个符合我国国情、适合社会主义市场经济的建设程序会逐步确立起来,并会对建设监理制的实施产生更大的促进作用。

# 第三节　工程监理有关行为主体之间的关系

## 一、建设单位

建设单位是指建筑工程的投资方,对该工程拥有产权(也有例外,如:A公司承建某桥梁工程,施工过程中影响到B公司所有的构筑物,需对其进行改造、加固,经B公司同意后,委托C公司建设;此时A公司为出资方,C为建设单位,产权所有方为B公司,业主为B公司)。建设单位也称为业主单位或项目业主(FIDIC条款中又称雇主Employer,Client),指建设工程项目的投资主体或投资者。它也是建设项目管理的主体,在工程招标阶段,一般又称为"招标单位"(或"招标人")。建设单位为在工程建设的前期及实施阶段对工程建设费用、进度、质量、标准等重大问题有决策权的国有单位、集体单位或个人。

建设单位权利和义务如下。

(1)严格执行有关法律、法规和工程建设强制性标准,依据批准的设计文件组织工程建设;在所签订的合同中依法明确质量目标、责任;未经审核的施工图,不得使用。

(2)合理规划工程标段,不得将建设工程肢解分包,不得迫使中标人分包工程,不得任意压缩合理工期。

(3)不得明示或者暗示设计单位或施工单位违反工程建设强制性标准,降低工程质量;不得明示或者暗示施工单位使用不合格的建筑材料、构配件和设备。建设单位及工作人员不得指定、推荐、介绍建筑材料、构配件和设备的生产厂、供应商。

(4)督促勘察设计、施工、监理单位按照合同约定落实组织机构、人员和机械设备,以保证工程质量。

(5)组织编制工程项目施工组织设计,组织对施工及监理单位在施工中的安全、质量、进度控制情况进行检查和考核,并按规定对有关单位进行质量信誉评价,及时处理存在的质量问题,并加强基础技术资料管理,保证竣工文件符合要求。

(6)发生工程质量事故后,按规定及时组织事故调查、处理和报告,不得隐瞒不报、谎报或拖延不报,并妥善保管有关资料。

(7)工程所涉及的新技术、新工艺、新材料、新设备,应按规定通过技术鉴定和审批;没有经过鉴定、批准或没有质量标准的,不得采用。

(8)根据工作需要调配使用监理人员。

## 二、施工单位

施工单位又称承包单位、承包人(FIDIC 条款中称承包商,Contractor),在招标阶段称"投标单位",中标后称为中标单位,合同签订后称为施工单位。施工单位通常是指一个法人或几个法人的联合体,既可以是单位,也可以是个人,通过投标或议标方式取得某项工程的施工权、材料、设备的制造及供应权,并且承担工程建设项目的费用、进度、质量等方面的责任。

施工单位的责任和义务如下。

(1)应在其资质等级许可范围内承揽建设工程。施工单位不得转包、违法分包工程;使用劳务的,必须符合国家和相关部门劳务分包有关规定。

(2)必须严格执行有关法律、法规和规章,严格执行工程建设强制性标准,按照有关规程、规范、标准和审查合格后的施工图施工,对施工质量负责。

(3)依法分包的专项工程,分包单位应当对分包工程质量向总承包单位负责,总承包单位对分包工程的质量承担连带责任。

(4)必须按招标承诺和合同约定,设置现场施工管理机构,明确项目监理、技术负责人,并在工程档案中明确记载,且未经建设单位同意,不得更换。

(5)在现场管理机构设置专门质量管理部门,配足专职工程质量管理人员。质量管理部门人员一般应具有中级技术职称,至少有一人具有工程系列高级技术职称。

(6)从业人员未经教育培训或者考核不合格,不得上岗作业。特种作业人员必须持证上岗。

(7)必须按规定对建筑材料、构配件、设备等进行检验。未经检验或检验不合格的,禁止使用。涉及结构安全的,必须按规定进行见证取样。施工单位设置的工地试验室必须符合有关规定。检验结果必须真实、准确,并按规定做好检验签认,保证检验质量。

(8)开工前必须核对施工图并提出书面意见。施工中发现有差错或与现场实际不符的,应及时书面通知监理、勘察设计和建设单位,不得修改设计和继续施工。若继续施工造成损失的,施工单位与监理、勘察设计单位要承担同等责任。

(9)发生工程质量事故后,必须按规定及时报告,并立即采取有效措施,防止事故扩大,保护事故现场,协助事故调查,对因施工原因造成的工程质量事故承担相应责任。

(10)加强质量管理,在施工过程中强化质量自控,建立健全质量检验制度,严格工序管理,按规定做好隐蔽工程的检查、记录和签认,做好工程质量全过程控制。在竣工验收时,应落实工程保修责任,并对建设工程合理使用年限内施工质量负责。

(11)按规定做好质量技术资料的收集、整理和归档,保证竣工文件真实、完整。

### 三、监理单位

监理单位是受业主委托对工程建设进行第三方监理的具有经营性质的独立的企业单位。它以专门的知识和技术,协助用户解决复杂的工程技术问题,并收取监理费用,同时对其提供的建筑工程监理服务承担经济和技术责任。

监理单位的责任和义务如下。

(1)必须严格执行有关法律、法规和规章,依照有关规程、规范、标准、批准的设计文件和委托监理合同实施监理,并对施工质量承担监理责任。

(2)必须按照投标承诺和委托监理合同约定,设置现场监理机构,配置现场监理人员,配备必要的试验、检测、办公设备及交通、通信工具等。总监理工程师及监理工程师变动必须经建设单位同意。

(3)必须加强现场监理管理,采取有效质量控制措施,保证监理工作质量。

(4)在开工前和施工中应核对施工图,若发现差错或与现场实际情况不符,必须及时书面通知建设、设计、施工单位。

(5)在开工前和施工中,必须按规定对施工单位的施工组织设计、开工报告、分包单位资质、进场机械数量及性能、投标承诺的主要管理人员及资质、质量保证体系、主要技术措施等进行审查,提出意见和要求,并检查整改落实情况。

(6)按规定组织或参加对检验批、分项、分部、单位工程验收;参与工程质量事故调查处理,对因监理原因造成的工程质量事故承担相应责任;按规定做好监理资料的整理、归档。

### 四、勘察设计单位

设计单位是指受建设主管部门或建设单位的委托,负责完成项目立项可行性研究、工程地质勘察、初步设计及施工图设计等技术服务的合同法人。它既可以是独立单位,也可以是个人。设计单位的职责主要集中在项目建设的前期,项目实施中应做好设计技术服务。

设计单位的职责和任务如下。

(1)严格执行有关法律、法规、规章和工程建设强制性标准,按照有关规程、规范和标准进行勘察设计;勘察单位的勘察成果必须真实、准确,设计单位应根据勘察设计成果进行设计,不得简化程序和工序。

(2)应对审核合格的施工图进行交底,向施工单位做出详细说明,并应设置现场机构,及时解决施工过程中有关勘察设计问题。

(3) 按规定参加工程检查和工程验收;发现违反设计文件进行施工的,应及时通知建设、施工、监理单位。

(4) 参加建设工程质量事故分析,提出相应的技术处理方案;对因勘察设计原因造成的工程质量事故承担相应责任。

### 五、工程实施中各方的关系

(1) 建设单位和监理单位:监理单位受业主委托,不仅拥有项目业主通过监理合同授予的权力,还拥有建设监理制赋予的基本权力。监理单位的直接服务对象是业主,必须根据业主授权以自己的名义独立开展工作,而不是业主的代理人或代表。换言之,监理单位作为工程建设行为五方主体之一,按照有关国家法律法规和监理合同行使权职责,按照工程质量终身负责制的要求,承担相应的监理责任。工程监理实行总监理工程师负责制,总监理工程师受监理单位法人代表的全权委托,负责监理合同的全面履行,对内向监理单位负责,对外向业主负责。

(2) 建设单位和施工单位:通过合同确定的经济法律关系,即合同关系。建设单位将工程发包给施工单位,双方必须严格按合同条件履行所有的承诺;若违约,则向对方赔偿损失。

(3) 监理单位与施工单位:监理的对象即委托监理范围内的被监理行为主体及其被监理行为。监理、施工、业主以合同为纽带连成三位一体的平等关系,而不存在领导与被领导的关系。监理方应当尊重承包方,坚持原则,客观公正地维护业主的利益和承包人的合法权益,同时注意不要去充当业主或施工单位的管理角色,避免发生不正当经济利益关系。凡违背监理人员守则者将予以严厉处罚。

(4) 建设单位与设计单位:委托服务关系,设计单位受建设单位委托,完成某项目的设计服务;在施工阶段,设计单位要提供售后服务。设计单位提供的智力服务不同于承包。

(5) 监理单位与设计单位:也是监理与被监理的关系。如在设计阶段,监理工程师代表业主,对设计单位的设计进行监理;如在施工阶段,监理工程师代表业主,对设计单位的售后服务进行监理。

## 思考题与习题

1. 什么是建设工程监理?
2. 简述我国强制监理制度的现实意义。
3. 简述我国工程项目建设程序。
4. 什么是工程变更?

# 第二章 监理工程师和工程监理企业

## 第一节 监理工程师

### 一、监理工程师的概念

监理工程师是取得国家监理工程师执业资格证书并经注册的监理人员。它包含三层含义:一是参加全国监理工程师考试成绩合格,取得"监理工程师资格证书";二是根据注册规定,经监理工程师注册机关注册取得"监理工程师岗位证书";三是从事建设工程监理工作。

取得监理工程师岗位资质的人员统称为监理工程师。根据工作岗位的需要,可聘任资深的监理工程师为主任监理工程师;或聘任资深的主任监理工程师为工程项目的总监理工程师(简称总监)或副总监理工程师(简称副总监);不具备监理工程师资格的其他监理人员为监理员。主任监理工程师、总监理工程师等都是临时聘任的工程建设项目上的岗位职务,如未被聘用,就只有监理工程师的称谓。监理工程师和监理员主要的不同点在于监理工程师有岗位签字权。

### 二、监理人员的职责

监理机构的人员配置应满足实际建设工程项目的需求,监理人员一般包括总监理工程师、专业监理工程师和监理员。根据《建设工程监理规范》(GB/T 50319—2013),对监理人员的职责定义如下。

1. 总监理工程师

总监理工程师:由监理企业法定代表人书面授权全面负责委托监理合同的履行主持项目监理机构工作的监理工程师。通常,一名总监理工程师只宜担任一项委托监理合同的项目总监理工程师工作。当需要同时担任多项委托监理合同的项目总监理工程师工作时,须经建设单位同意,但最多不得超过三项。

总监理工程师应履行以下职责:

(1)确定项目监理机构人员的分工和岗位职责;

(2)主持编写项目监理规划,审批项目监理实施细则,并负责管理项目监理机构的日常工作;

(3)审查分包单位的资质,并提出审查意见;

(4)检查和监督监理人员的工作,根据工程项目的进展情况可进行监理人员调配,对不称职的监理人员应调换其工作;

(5)主持监理工作会议,签发项目监理机构的文件和指令;

(6)审定承包单位提交的开工报告、施工组织设计、技术方案、进度计划;

(7)审核签署承包单位的申请,支付证书和竣工结算;

(8)审查和处理工程变更;

(9)主持或参与工程质量事故的调查;

(10)调解建设单位与承包单位的合同争议、处理索赔、审批工程延期;

(11)组织编写并签发监理月报、监理工作阶段报告、专题报告和项目监理工作总结;

(12)审核签认分部工程和单位工程的质量检验评定资料,审查承包单位的竣工申请,组织监理人员对待验收的工程项目进行质量检查,参与工程项目的竣工验收;

(13)主持整理工程项目的监理资料。

2. 总监理工程师代表

总监理工程师代表:经监理企业法定代表人同意,由总监理工程师书面授权,代表总监理工程师行使其部分职责和权力的项目监理机构中的监理工程师。

总监理工程师代表应履行以下职责:

(1)负责总监理工程师指定或交办的监理工作;

(2)按总监理工程师的授权,行使总监理工程师的部分职责和权力。

根据《建设工程监理规范》(GB/T 50319—2013)要求,总监理工程师不得将下列工作委托总监理工程师代表:

(1)主持编写项目监理规划,审批项目监理实施细则;

(2)签发工程开工或复工报审表、工程暂停令、工程款支付证书、工程竣工报验单;

(3)审核签认竣工结算;

(4)调解建设单位与承包单位的合同争议,处理索赔审批工程延期;

(5)根据工程项目的进展情况进行监理人员的调配,调换不称职的监理人员。

3. 专业监理工程师

专业监理工程师:根据项目监理岗位职责分工和总监理工程师的指令,负责实施某一专业或某一方面的监理工作,具有相应监理文件签发权的监理工程师。

专业监理工程师应履行以下职责:

(1)负责编制本专业的监理实施细则;

(2)负责本专业监理工作的具体实施;

(3)组织、指导、检查和监督本专业监理员的工作,当人员需要调整时向总监理工程师提出建议;

(4)审查承包单位提交的涉及本专业的计划、方案、申请、变更,并向总监理工程师提出报告;

(5)负责本专业分项工程验收及隐蔽工程验收;

(6)定期向总监理工程师提交本专业监理工作实施情况报告,对重大问题及时向总监理工程师汇报和请示;

(7)根据本专业监理工作实施情况做好监理日记;

(8)负责本专业监理资料的收集、汇总及整理,参与编写监理月报;

(9)核查进场材料、设备、构配件的原始凭证检测报告等质量证明文件及其质量情况,根据实际情况认为有必要时对进场材料、设备、构配件进行平行检验,合格时予以签认;

(10)负责本专业的工程计量工作,审核工程计量的数据和原始凭证。

4. 监理员

监理员:经过监理业务培训,具有同类工程相关专业知识,从事具体监理工作的监理人员。

监理员应履行以下职责:

(1)在专业监理工程师的指导下开展现场监理工作;

(2)检查承包单位投入工程项目的人力、材料、主要设备及其使用、运行状况并做好检查记录;

(3)复核或从施工现场直接获取工程计量的有关数据并签署原始凭证;

(4)按设计图及有关标准,对承包单位的工艺过程或施工工序进行检查和记录,对加工制作及工序施工质量检查结果进行记录;

(5)担任旁站工作发现问题应及时指出并向专业监理工程师报告;

(6)做好监理日记和有关的监理记录。

### 三、监理工程师的素质与职业道德

#### (一)监理工程师的素质

监理工程师的职责是对工程建设进行监督和管理,这就要求监理人员不仅要有较强的专业技术能力,而且要能够组织、协调与工程建设有关的各方面来共同完成工程建设。故监理工程师除了要具备一定的工程技术或工程经济方面的专业知识,还要具有一定的组织协调能力。所以说,监理工程师是一种复合型人才。其素质要求主要体现在以下几个方面。

1. 具有较高的学历和多学科专业知识

现代工程建设,工艺越来越先进,材料、设备越来越新颖,而且规模大、应用科门类多,需要组织多专业、多工种人员,形成分工协作、共同工作群体。为了优质、高效地搞好工程建设,需要具有较深厚的现代科技理论知识、经济管理理论知识和一定的法律知识的人员进行组织管理。作为一名监理工程师,应具备大专以上(含大专院校毕业)学历,并具有综合的知识结构,主要包括工程技术、组织管理、经济、法律方面的理论知识。由于工程建设涉及的学科很多,且监理工程师有专业之分,一名监理工程师不可能学习并掌握这么多的专业理论知识。但是,至少应该掌握一种专业技术知识,并力求了解并掌握更多的专业学科知识,达到一专多能的程度,成为工程建设中的复合型人才,使监理企业真正成为智力密集型的知识群体。

2. 要有丰富的工程建设实践经验

工程建设实践经验是理论知识在工程建设中成功的应用。我国在考核监理工程师的资格时,对其在工程建设实践中起码的工作年限作了相应的规定,即取得中级技术职称后还要有三年的工作实践,方可参加监理工程师的资格考试。当然,一个人的工作年限不等于其工作经验,只有及时地、不断地把工作实践中的做法、体会以及失败的教训加以总结,使之条理化,才能升华成为经验。

3. 要有良好的品德

监理工程师的良好品德主要体现在以下几个方面。

(1)热爱社会主义祖国、热爱人民、热爱建设事业;

(2)具有科学的工作态度;
(3)具有廉洁奉公、为人正直、办事公道的高尚情操;
(4)能听取不同意见,而且有良好的包容性。

**4.要有较好的工作方法和组织协调能力**

较好的工作方法和组织协调能力是体现监理工程师工作能力的重要因素。监理工程师要能够准确地综合运用专业知识和科学手段,做到事前有计划、事中有记录、事后有总结;建立较为完善的工作程序、工作制度;既要有原则,又要有灵活性;同时要做好参与工程建设各方的组织协调,发挥系统的整体功能,实现投资、进度、质量目标的协调统一。

**5.要有健康的体魄和充沛的精力**

工程建设精力是一种高智能的技术服务,以脑力劳动为主,但是,也必须具有健康的身体和充沛的精力,才能胜任繁忙、严谨的精力工作。工程建设施工阶段,由于露天作业、工作条件艰苦、工期往往紧迫、业务繁忙,更需要有健康的身体,否则难以胜任工作。我国对年满65周岁的监理工程师就不再进行注册。

## (二)监理工程师的职业道德

工程建设监理是建设领域里一项高尚的工作。为了确保建设监理事业的健康发展,对监理工程师的职业道德有着严格的要求,在有关法规里也作了具体的规定。

**1.职业道德守则**

(1)维护国家的荣誉和利益,按照"守法、诚信、公正、科学"的准则执业。

(2)执行有关工程建设的法律、法规、规范、标准和制度,履行监理合同规定的义务和职责。

(3)努力学习专业技术和建设监理知识,不断提高业务能力和监理水平。

(4)不以个人名义承揽监理业务。

(5)不同时在两个或两个以上监理企业注册和从事监理活动,不在政府部门和施工、材料设备的生产供应等单位兼职。

(6)不为所监理项目指定承建商、建筑构配件、设备、材料和施工方法。

(7)不收受监理企业的任何礼金。

(8)不泄漏所监理工程各方认为需要保密的事项。

(9)坚持独立自主地开展工作。

**2.FIDIC 道德准则**

在国外,监理工程师的职业道德准则,由其协会组织制定并监督实施。国际咨询工程师联合会(FIDIC)于1991年在慕尼黑召开的全体成员大会上,讨论批准了FIDIC通用道德准则。该准则分别从对社会和职业的责任、能力、正直性、公正性、对他人的公正5个问题计14个方面规定了监理工程师的道德行为准则,其主要内容如下:

(1)对社会和职业的责任

①接受对社会的职业责任;

②寻求并确认与发展原则相适应的解决办法;

③在任何时候,维护职业尊严、名誉和荣誉。

(2)能力

①保持其知识和技能水平与技术、法律和管理的发展相一致的水平,在为委托人提供服

务时应采用相应的技能,并尽心尽力;

②只承担能够胜任的任务。

(3)正直性

在任何时候均为委托人的合法权益行使其职责,始终维护委托人的合法利益,并廉洁、正直和忠诚地进行职业服务。

(4)公正性

①在提供职业咨询、评审或决策时不偏不倚,公正地提供专业建议、判断或决定;

②通知委托人在行使其委托权时可能引起的任何潜在的利益冲突;

③不接受可能导致判断不公的报酬。

(5)对他人公正

①加强"基于能力选择咨询服务"的理念;

②不得故意或无意地做出损害他人名誉或事务的事情;

③不得直接或间接取代某一特定工作中已经任命的其他咨询工程师的位置;

④在通知该咨询工程师之前,并在未接到委托人终止其工作的书面指令之前,不得接管该咨询工程师的工作;

⑤如被邀请评审其他咨询工程师的工作,应以恰当的行为和善意的态度进行。

### 四、监理工程师资格考试

监理工程师是一种执业资格。所以,从业人员学习了工程建设监理专业理论知识,并取得合格结业证书后,还不能算具有监理工程师资格,还要参加侧重于工程建设监理实践知识的全国统考,考试合格者才能取得"监理工程师资格证书"。实行监理工程师资格考试制度具有重要意义:第一,有助于促进监理人员和其他愿意掌握建设监理基本知识的人员努力钻研监理业务,提高业务水平;第二,有利于统一监理工程师的基本标准,有助于保证全国各地方、各部门监理队伍的素质;第三,有利于公正地确定监理人员是否具备监理工程师的资格;第四,有助于建立建设监理人才库,把监理企业以外,已经掌握监理知识的人员的监理资格确认下来,形成蕴含于社会的监理人才库;第五,通过考试确认相关资格的做法,是国际上通行的方式,既符合国际惯例,又有助于开拓国际工程建设监理市场。

1. 报考监理工程师的条件

根据工程建设监理工作对监理人员素质的要求,对报考监理工程师资格的人员有一定的条件限制。主要有两条要求:一是从事工程建设工作,包括工程建设管理工作的人员以及与工程建设相关的工作人员可以报考;二是必须具备中级专业职称,且取得中级专业技术职称后又有三年以上(含三年)从事工程建设实践的经历。以上两项条件要同时具备,缺一不可。报考时,报考人员要填写报考申请表,并交验有关证件。

2. 考试范围

开展建设监理培训工作以来,根据监理工作的实际业务内容,综合培训院校的教学科目,原建设部确定了监理工程师资格考试的科目,即工程建设监理概论、工程建设合同管理、工程建设质量控制、工程建设进度控制、工程建设投资控制和工程建设信息管理等六方面的理论知识和实务技能。

3. 考试方式和录取

监理工程师资格考试是对考生监理理论和监理实务技能水平的考察,是一种水平考试,采取统一命题、闭卷考试、分科记分、统一标准录取的方式。

4. 考试管理

根据我国的国情,对监理工程师资格考试工作实行政府统一管理的原则。国家成立由建设行政主管部门、人事行政主管部门、计划行政主管部门和有关方面的专家组成的"全国监理工程师资格考试委员会",省、自治区、直辖市成立"地方监理工程师资格考试委员会"。

全国监理工程师资格考试委员会是全国监理工程师资格考试工作的最高管理机构,其主要职责是:

(1) 拟订考试计划;

(2) 组织制定并发布考试大纲;

(3) 组成命题小组,领导命题小组确定考试命题,拟订标准答案和评分标准,印制试卷;

(4) 指导、监督考试工作;

(5) 拟定考试合格标准,报国家人事行政主管部、建设行政主管部审批;

(6) 进行考试总结,并写出总结报告。

地方监理工程师资格考试委员会在全国监理工程师资格考试委员会领导下,具体负责当地的考试工作。

### 五、监理工程师注册

我国对监理工程师职业资格实行注册制度,这是国际上通行的做法,也是政府对监理从业人员实行市场准入控制的有效手段。经注册的监理工程师具有相应的责任和权力。仅取得"监理工程师资格证书",没有取得"监理工程师岗位证书"的人员,则不具备这些权力,也不承担相应的责任,只有注册才是对申请注册者的素质和岗位责任能力的全面考察。为了控制监理工程师的队伍规模和建立合理的专业结构,对部分已取得监理工程师资格的人员不予注册。实行监理工程师注册制度,是为了建立一支适应工程建设监理工作需要的、高素质的监理队伍,是为了建立和维护监理工程师岗位的严肃性。

1. 监理工程师的注册条件

(1) 热爱中华人民共和国,拥护社会主义制度,遵纪守法,遵守监理工程师的职业道德;

(2) 经全国监理工程师执业资格统一考试合格,取得"监理工程师资格证书";

(3) 身体健康,能胜任工程建设的现场监理工作;

(4) 为监理企业的在职人员,年龄在65周岁以下;

(5) 在工程监理工作中没有发生重大监理过失或重大质量责任事故。

2. 监理工程师的注册形式

根据注册内容的不同可以分为:初始注册、续期注册和变更注册。

(1) 初始注册。初始注册是指通过职业资格考试合格,取得"监理工程师执业资格证书"后,第一次申请监理工程师注册。初始注册时应填写监理工程师注册申请表并提供有关材料,向聘用单位提出申请,由省、自治区、直辖市人民政府主管部门初审合格后,报国务院建设行政主管部门对初审意见进行审核,对符合条件者准予注册,其有效期为3年。

以下情形不予注册:不具备完全民事行为能力;受到刑事处罚,自刑事处罚执行完毕之日起至申请注册之日不满两年;在申报注册过程中有弄虚作假行为;年满65周岁以上;同时注册于两个及以上单位情形之一者。

(2) 续期注册。注册期满后需要继续执业的,要办理续期注册。续期注册由申请人向聘用单位提出申请,将有关材料(从事工程监理工作的业绩证明和工作总结、国务院建设行政主管部门认可的工程监理继续教育证明)报省、自治区、直辖市人民政府主管部门进行审核,合格者准予续期注册,并报国务院建设行政主管部门备案。续期注册有效期也为3年。

以下情形不予续期注册:没有从事工程监理工作的业绩证明和工作总结;未按规定参加监理工程师继续教育或参加继续教育未达到标准;同时在两个或两个以上单位执业;允许他人以本人名义执业;在工程监理活动中有过失,造成重大损失情形之一者。

(3)变更注册。监理工程师注册后,如果注册内容有变更,应当向原注册机构办理变更注册。变更注册后,一年内不能再次进行变更注册。

3. 监理工程师的注册管理

对监理工程师的注册工作实行分级管理。

国务院建设行政主管部门为全国监理工程师注册机关,其主要职责是:

(1)制定监理工程师注册的法规、政策和计划等;

(2)制定"监理工程师岗位证书"式样并监理;

(3)授理各地方、各部门监理工程师政策机关上报的监理工程师注册备案;

(4)监督、检查各地方、各部门监理工程师注册工作;

(5)授理对监理工程师处罚不服的上诉。

省、自治区、直辖市人民政府建设行政主管部门为本行政区域内地方工程建设监理单位监理工程师的注册机关。国务院有关部门的建设监理主管机构为本部门直属工程建设监理单位监理工程师的注册机构。二者的主要职能基本相同,即:

(1)贯彻执行国家有关监理工程师注册的法规、政策和计划,制定相关的实施细则;

(2)授理所属监理队伍关于监理工程师政策的申请;

(3)审批政策监理工程师,并上报国家监理工程师政策管理机关备案;

(4)颁发"监理工程师岗位证书";

(5)负责对违反有关规定的注册监理工程师进行处罚;

(6)负责对注册监理工程师进行日常考核、管理,包括每五年对持"监理工程师岗位证书"者复查一次,对不符合条件者,注销注册,并收回"监理工程师岗位证书",以及注册监理工程师退出、调出(人)监理队伍,或被解聘时,办理有关核销(注册)手续。

注册监理工程师按专业设置岗位,并在"监理工程师岗位证书"中注明专业。

4. 注册监理工程师的职责

贯彻建设项目的总监理工程师一般由资深的注册监理工程师担任。一般注册监理工程师在总监理工程师的领导下开展工作,并可能带领未注册的监理人员负责一定范围的工作。注册监理工程师的职责如下:

(1)按照分工,独立自主地担负一定范围的监理工作;

(2)按照监理合同的要求,为项目法人提供满意的服务,并对自己的工作负责;

(3)在分管的工作范围内,对贯彻建设的具体事项有检验、签证的权利;

(4)为了改进工作,有向项目法人的建议权;

(5)遵守监理工程师的职业道德。

## 六、监理工程师继续教育

科学技术的发展日新月异,知识的更新越来越紧迫。为满足交通运输基础设施大建设、大发展对高素质监理人才的迫切需求,监理工程师的继续教育变得越来越重要。

1. 继续教育的目的

为了适应工程建设监理工作的需要,监理工程师要具有较高的学历、丰富的理论知识和实践经验以及良好的品德和强健的身体等多项素质。通过开展继续教育,使注册监理工程师及时掌握与工程监理有关的法律法规、标准规范和政策,熟悉工程监理与工程项目管理的新理论、新方法,了解工程建设新技术、新材料、新设备及新工艺,适时更新业务知识,不断提高注册监理工程师业务素质和执业水平,以适应开展工程监理业务和工程监理事业发展的需要。

2. 继续教育学时

注册监理工程师在每一注册有效期(3年)内应接受96学时的继续教育,其中必修课和选修课各为48学时。必修课48学时每年可安排16学时。选修课48学时按注册专业安排学时,只注册一个专业的,每年接受该注册专业选修课16学时的继续教育;注册两个专业的,每年接受相应两个注册专业选修课各8学时的继续教育。

在一个注册有效期内,注册监理工程师根据工作需要可集中安排或分年度安排继续教育的学时。

注册监理工程师申请变更注册专业时,在提出申请之前,应接受申请变更注册专业24学时选修课的继续教育。注册监理工程师申请跨省、自治区、直辖市变更执业单位时,在提出申请之前,应接受新聘用单位所在地8学时选修课的继续教育。

经全国性行业协会监理委员会或分会(以下简称:专业监理协会)和省、自治区、直辖市监理协会(以下简称:地方监理协会)报中国建设监理协会同意,从事以下工作所取得的学时可充抵继续教育选修课的部分学时:注册监理工程师在公开发行的期刊上发表有关工程监理的学术论文(3000字以上),每篇限一人计4学时;从事注册监理工程师继续教育授课工作和考试命题工作,每年次每人计8学时。

3. 监理工程师继续教育的内容

继续教育分为必修课和选修课。

(1)必修课

①国家近期颁布的与工程监理有关的法律法规、标准规范和政策;

②工程监理与工程项目管理的新理论、新方法;

③工程监理案例分析;

④注册监理工程师职业道德。

(2)选修课

①地方及行业近期颁布的与工程监理有关的法规、标准规范和政策;

②工程建设新技术、新材料、新设备及新工艺;

③专业工程监理案例分析;

④需要补充的其他与工程监理业务有关的知识。

中国建设监理协会于每年12月底向社会公布下一年度的继续教育的具体内容。其中继续教育必修课的具体内容由建设部有关司局、中国建设监理协会和行业专家共同制定,必修课的培训教材由中国建设监理协会负责编写和推荐。继续教育选修课的具体内容由专业监理协会和地方监理协会负责提出,并于每年的11月底前报送中国建设监理协会确认,选修课培训教材由专业监理协会和地方监理协会负责编写和推荐。

4.对监理工程师继续教育的方式

注册监理工程师继续教育采取集中面授和网络教学的方式进行。集中面授由经过中国建设监理协会公布的培训单位实施。注册监理工程师可根据注册专业就近选择培训单位接受继续教育。各培训单位负责将注册监理工程师参加集中面授学习情况记录在由中国建设监理协会统一印制的《注册监理工程师继续教育手册》上,加盖培训单位印章,并及时将继续教育培训班学员名单、培训内容、学时、考试成绩及师资情况等资料(同时报送电子文档)报送相应的专业监理协会或地方监理协会认可。认可后,专业监理协会和地方监理协会应在《注册监理工程师继续教育手册》上加盖印章,并及时将培训班学员名单等资料的电子文档通过中国工程监理与咨询服务网(网址:www.zgjsjl.org)报中国建设监理协会备案。

网络教学由中国建设监理协会会同专业监理协会和地方监理协会共同组织实施。参加网络学习的注册监理工程师,应当登陆中国工程监理与咨询服务网,提出学习申请,在网上完成规定的继续教育必修课和相应注册专业选修课的学时(接受变更注册继续教育的要完成规定的选修课学时)后,打印网络学习证明,凭该证明参加由专业监理协会或地方监理协会组织的测试。测试成绩合格的,由专业监理协会或地方监理协会将网络学习情况和测试成绩记录在《注册监理工程师继续教育手册》上并加盖印章。专业监理协会和地方监理协会应及时将参加网络学习的学员名单等资料的电子文档通过中国工程监理与咨询服务网报送中国建设监理协会备案。

注册监理工程师选择上述任何方式接受继续教育达到96学时或完成申请变更规定的学时后,其《注册监理工程师继续教育手册》可作为申请逾期初始注册、延续注册、变更注册和重新注册时达到继续教育要求的证明材料。

# 第二节　工程监理企业

## 一、工程监理企业(监理企业)概述

我国工程监理企业是指在工商行政部门登记注册,取得企业法人营业执照,并在建设行政主管部门办理资质申请,取得工程监理企业资质证书,从事工程监理业务的经济组织。

工程监理企业是我国推行建设监理制之后才逐渐兴起的一种企业。它的责任是接受工程建设项目业主的委托对工程建设进行监督和管理,主要是向工程业主提供智能的技术服务,对工程项目建设的投资、建设工期和质量进行监督管理。

1.工程监理企业的设立

(1)工程监理企业设立的基本条件

①有固定的办公室;

②有一定数量的专门从事监理工作的工程经济、技术人员,而且拥有专业基本配备的高级专业职称人员;

③有一定数额的注册资金;

④拟订有监理企业的章程;

⑤有主管单位的,要有主管单位同意设立监理企业的批准文件;

⑥拟从事监理工作人员中,有一定数量的人已取得国家建设行政主管部门颁发的"监理

工程师资格证书",并有一定数额的人取得了监理培训结业合格证书。

(2)筹备设立监理企业应准备的材料

新设立的工程监理企业,到工商行政管理部门登记注册并取得企业法人营业执照后,方可到建设行政主管部门办理资质申请手续,并提供下列资料:

①筹备设立监理企业的申报报告;

②设立监理企业的可行性研究报告;

③有主管单位时,要有主管单位同意设立监理企业的批准文件;

④拟订的监理企业组织机构方案和主要负责人的人选名单;

⑤监理企业章程(草案);

⑥已有的、拟从事监理工作的人员一览表及有关证件;

⑦已有的、拟用于监理工作的机械、设备一览表;

⑧开户银行出具的资信证明;

⑨建设行政主管部门对其资质审查后,出具的批准申请的书面意见,包括核准的义务范围;

⑩办公场所所有权或使用权的房产证明。

(3)设立建设监理企业的申报、审批程序

设立建设监理企业的申报审批程序,一般分为三步:一是按照申报的要求,准备好各种材料向建设监理行政主管部门审批设立;二是建设监理行政主管部门审查其资质条件;三是审查资质合格者到工商行政管理机关申请登记注册,领取营业执照。监理企业营业执照的签发日期为监理企业的成立日期。

建设监理行政主管部门对申报设立建设监理企业的资质审查,主要是看它是否具备开展监理业务的能力;审查它是否具备法人资格的起码条件;核定它开展建设监理业务活动的经营范围,并提出资质审查合格的书面材料。没有建设监理行政主管部门签署的资质审查合格的书面意见,监理企业不得到工商行政管理部门申请登记注册,工商行政管理部门不得受理没有建设监理行政主管部门签署资质审查合格书面材料的监理企业的登记注册申请。

工商行政管理部门对申请登记注册监理企业的审查,主要是按企业法人应具备的条件进行审理。经审查合格者,给予登记注册,并填发营业执照。登记注册是对法人成立的确认。没有获准登记注册的不得以申请登记注册的法人名称进行经营活动。

2. 工程监理企业的分类

工程监理企业按照经济性质分为全民所有制企业、集体所有制企业和私有企业;按照组建方式分为股份责任公司、合资企业和合作企业以及合伙企业等;按照经济责任分为有限责任公司和无限责任公司两种;按照资质等级分为甲级、乙级、丙级三种;按照从事的主要业务范围的不同,还可分出不同专业的监理企业。

(1)按经济性质分

①全民所有制监理企业

这类企业成立较早,一般是在"公司法"颁布实施之前批准成立的。其人员从已有的全民所有制企业中分离出来,由原企业或原企业的上级主管部门负责组建。该类监理企业在其开展监理经营活动的初期,往往还依附于原企业,由原企业给予经济上和物质上等多方面的支持。当然,这是一种暂时的现象,随着建设监理事业的发展,全民所有制单位会发展成为真正具有独立法人资格的企业法人;同时,会像其他全民所有制一样,在企业改建为现代化企业的过程中,按照"公司法"的规定,改建为新型的企业。

监理的单位改建为现代化企业比其他全民所有制企业要容易得多。一是监理企业的资产比较简单,容易清理;二是监理企业与政府之间的关系基本上都是市场经济体制下的经济关系,容易做到政企分开;三是监理企业没有过多沉重的债务等包袱,再加上人数不多,改变建制阻力小;四是监理企业本身是市场经济的产物,它的责、权、利的定位容易迅速转换为现代企业制度下的格式。

②集体所有制监理企业

我国法规上允许成立集体所有制的监理企业,但实际上,近几年来申请设立这类经济体质的监理企业很少。

③私有监理企业

在国外,私有企业比较普遍。因为我国是社会主义国家,国民经济以公有制为主体,工程建设项目也是公有制性质的。私有监理企业承揽监理义务属于"无限责任"经营,一旦发生监理事故,私有单位要赔偿所有因自己的责任而产生的直接损失,甚至要赔偿间接的损失。即使我国的市场经济体制完全建立起来之后,私有监理企业的数量也不会很大。

(2)按照组建方式分类

①股份公司

股份公司又分为有限责任公司和股份有限公司。

有限责任公司,是为了适应建立现代企业制度的需要,规范公司的组织模式提倡组建的主要公司类别之一。有限责任公司的股东,以其出资额为限,对公司承担责任,公司以其全部资产对公司的债务承担责任。公司股东,按其投入公司资本额的多少,享有大小不同的资产受益权、重大决策参与权和对管理者的选择权。公司享有由股东投资形成的全部法人财产权,依法享有民事权,并承担民事责任。

现阶段,我国成立的建设监理有限责任公司很少,随着改革的全面深化,这类公司会逐渐增多。

股份有限公司,在市场经济体制下,组建公司的形式往往以股份有限公司居多。股份有限公司,其全部资本分为等额股份,股东以其所持股份为限对公司承担经济责任,同时以持股份的多少,享有相应份额的资产受益权、重大决策参与权和选择管理者的权力。公司则以其全部资产对公司的债务承担责任。另外,与有限责任公司一样,股份有限公司享有股东投资形成的全部法人财产权,依法享有民事权利,承担民事责任。

股份有限公司是市场经济体制下,大量存在的公司组建形式,监理企业也多是这种类型。

②合资监理企业

这种组建形式也是现阶段经济体制下的产物,它包括纯国内企业合资组建的监理企业,也包括中外企业合资组建的监理企业。合资单位多是两家,也有多家合资的。合资各方按照投入资金的多少或者按约定的合资章程的规定对合资监理企业承担一定的责任,同时享有相应的权利。合资监理企业对外依法享有民事权利,承担民事责任。

③合作监理企业

对于风险较大,或规模较大,或技术复杂的工程项目建设的监理,一家监理企业难以胜任,往往由两家,甚至多家监理企业共同合作承担监理义务,并组成合作监理企业,经工商局注册,以独立法人的资格享有民事权利,承担民事责任。合作各方,按照约定的合作章程分享利益和承担相应的责任。两家或几家监理企业仅合作监理而不注册的,不构成合作监理企业。业主与合作监理企业的关系如图2-1所示。

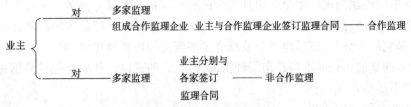

图 2-1 业主与各监理企业的关系

私营监理企业合作监理构成时,往往组成合伙单位,并经工商行政主管部门注册,也可以不注册,仅是临时性的合作伙伴。

(3)按经济责任分

①有限责任公司(如前所述)

②无限责任公司

顾名思义,该公司在民事责任中承担无限责任。即无论公司的资本金多少,在民事责任中,承担应负的经济责任。

(4)按资质等级分

①甲级资质监理企业

这是由国家建设行政主管部门审定批准的监理企业。批准为甲级资质,意味着该监理企业的资质很好,在全国达到了一流的水平;同时标志着该企业可以跨地区、跨部门承接一等、二等和三等工程构成的监理业务。当然,不是说甲级监理企业可以任意承接各类等级工程构成的监理义务,而是根据核定的义务范围去承接业务。业务范围的核定是根据其专业人员的构成和实施业务能力确定完成的。一般说来,一个监理企业只能承接某一类或某两类,至多能承接三四类专业的监理义务。

②乙级资质监理义务

这是由各地方或各部门建设行政主管部门审定批准的监理企业。乙级资质的监理企业只能在本地方或在本部门范围内承接二等、三等工程的监理业务,经其建设行政主管部门特许,方可承接一等工程的监理业务。

此外,成立不足两年的,或成立满两年后监理的项目尚未完成,难以评定资质的监理企业不得定级。

(5)按专业类别分

目前,我国的工程类别按大专业来分有10多种,如果按小专业细分,有近50种。依照通行的做法,按大专业来分,有一般工业与民用建筑专业、道路桥梁专业、铁道专业、石油化工专业、冶金专业、煤炭矿山专业、水利水电专业、火电专业、港口及航道专业、电气自动化专业、机械设备制造专业、地质勘测专业以及航天航空专业、邮电通信专业等。

上述专业的划分只是体现在监理企业的义务范围上,并没有完全用来界定监理企业的专业性质。

## 二、工程监理企业的资质管理

监理企业的资质,主要体现在监理能力及其监理效果上。所谓监理能力,是指能够监理多大规模和多大复杂程度的工程建设项目。所谓监理效果,是指对工程建设项目实施监理后,在工程投资控制、工程质量控制、工程进度控制等方面取得的成果。

监理企业的监理能力和监理效果主要取决于：监理人员素质、专业配套能力、技术装备、监理经历和管理水平等。正因为如此，我国的建设监理法规规定，按照这些要素的状况来划分与审定监理企业的资质等级。

1. 监理企业的资质要素

（1）监理人员素质

工程监理企业负责人和技术负责人应当具有一定从事建设工作的经历，并具有较强组织协调、实际运用技能和领导能力。监理企业应拥有足够数量的取得监理工程师注册证书的监理人员，其中企业的技术负责人应当取得监理工程师注册证书。企业的监理人员都应具有较高的学历，一般应为大专以上（含大专）的学历。在专业职称方面，具有高级职称的人员拟有20%左右，中级职称的人员拟有50%左右，具有初级职称的人员拟有20%左右，其余10%以下的人员可不要求具备专业职称，如汽车驾驶员、生活服务人员、后勤管理人员等。对于甲级资质监理企业来说，最好还应有与主要经营范围相应的具有较高权威的专家。

（2）专业配套能力

工程建设监理活动的开展一般需要多种专业监理人员相互配合，因此专业技术人员的配备，应由所申请的监理业务范围中的工程类型要求决定。例如：从事民用建筑工程建设监理业务的监理企业，要配备建筑、结构、电气、通信、给水排水、供暖、测量、工程经济、设备工业等专业的监理人员，同时，监理企业还应当在投资控制、质量控制、进度控制、合同管理、信息管理和组织协调方面具有专业配套能力。

另一方面，专业配套能力的重要标志，还在于各主要专业的监理人员中应当有1~2名具有高级专业技术职称并取得监理工程师岗位证书的骨干。

（3）监理技术设备

工程建设监理不仅是一种管理性的专业，还要进行必要的验证性的、具体的工程建设实施行为。因此，工程监理企业需要拥有一定的技术装备，对工程进行一些复核验算、复核测定和复核检验的工作，以便做出科学的判断，加强对工程建设的监督管理。所以，工程监理企业拥有一定的技术装备，是其资质评判的重要因素之一。

在监理工作中使用的技术设备一般包含：计算机，工程测量仪器设备（用于对建筑物的平面位置、空间位置和几何尺寸以及有关工程实物的测量），检测仪器设备（用于确定建筑材料、建筑机械设备、工程实体方面的质量状况），交通、通信设备，照相、录像设备。

建设单位应提供委托监理合同约定的满足监理工作需要的办公、交通、通信、生活设施，并在完成监理工作后移交给建设单位。项目监理机构应根据工程项目类别、规模、技术复杂程度、工程项目所在地的环境条件，按委托监理合同的约定，配备满足监理工作需要的常规检测设备和工具。

（4）监理企业的管理水平

管理是一门科学。一个管理水平高的工程监理企业主要体现在：一是领导能力强；二是管理规章制度健全；三是有一套系统、科学、有效的工程项目管理方法和手段，并能在监理业务实践中得到贯彻应用并取得实效。

一般情况下，监理企业应建立以下几种管理制度：

①组织管理制度，包括关于机构设置和各种机构职能划分、职责确定以及组织发展规划等。

②人事管理制度,包括职员录用制度、职员培训制度、职员晋升制度、工资分配制度、奖励制度等激励机制。

③财务管理制度,包括财务计划管理制度、投资管理制度、资金管理制度、财务审计管理制度等。

④生产经营管理制度,包括企业的经营规划(经营目标、方针、战略、对策等)、工程项目激励机构的运行办法、各项监理工作的标准及检查评定办法、生产统计办法等。

⑤设备管理制度,包括设备的购置办法,设备的使用、保养规定等。

⑥科技管理制度,包括科技开发规划、科技成果评审办法、科技成果汇编和推广应用办法等。

⑦档案文书管理制度,包括档案的整理和保管制度,文件和资料的使用管理办法等。

(5)监理业绩

监理业绩,主要是指工程监理企业在开展监理业务时在工程建设的投资、工期和保证工程质量等方面取得的成效。一般情况下,监理业绩是整个监理企业人员素质、专业配套能力、技术设备状况和管理水平的综合反映,是工程监理企业的重要资质要素。一般来说,监理企业所负责的工程规模越大,技术难度越大,监理成效越显著,就说明监理企业的资质越高。

(6)注册资本

工程监理企业要有一定的经济实力。按《工程监理企业资质管理规定》,甲级注册资本不少于100万元;乙级不少于50万元;丙级不少于10万元。

2.监理企业资质等级的划分

按照有关法规规定,监理企业自领营业执照之日起,从事监理工作满两年后,可以向监理资质管理部门申请核定资质等级。刚成立的监理企业,不定资质等级,只能领取临时资质等级证书。

工程监理企业资质分为综合资质、专业资质和事务所资质。其中,专业资质按照工程性质和技术特点划分为若干工程类别。综合资质、事务所资质不分级别。专业资质分为甲级、乙级;其中,房屋建筑、水利水电、公路和市政公用专业资质可设立丙级。工程监理企业的资质等级标准如下。

1)综合资质标准

(1)具有独立法人资格且注册资本不少于600万元。

(2)企业技术负责人应为注册监理工程师,并具有15年以上从事工程建设工作的经历或者具有工程类高级职称。

(3)具有5个以上工程类别的专业甲级工程监理资质。

(4)注册监理工程师不少于60人,注册造价工程师不少于5人,一级注册建造师、一级注册建筑师、一级注册结构工程师或者其他勘察设计注册工程师合计不少于15人次。

(5)企业具有完善的组织结构和质量管理体系,有健全的技术、档案等管理制度。

(6)企业具有必要的工程试验检测设备。

(7)申请工程监理资质之日前两年内,企业没有违反法律、法规及规章的行为。

(8)申请工程监理资质之日前两年内没有因本企业监理责任造成重大质量事故。

(9)申请工程监理资质之日前两年内没有因本企业监理责任发生三级以上工程建设重大安全事故或者发生两起以上四级工程建设安全事故。

2）专业资质标准

（1）甲级

①具有独立法人资格且注册资本不少于300万元。

②企业技术负责人应为注册监理工程师，并具有15年以上从事工程建设工作的经历或者具有工程类高级职称。

③注册监理工程师、注册造价工程师、一级注册建造师、一级注册建筑师、一级注册结构工程师或者其他勘察设计注册工程师合计不少于25人次；其中，相应专业注册监理工程师不少于"专业资质注册监理工程师人数配备表"（表2-1）中要求配备的人数，注册造价工程师不少于2人。

专业资质注册监理工程师人数配备表（单位：人）　　　表2-1

| 序号 | 工程类别 | 甲级 | 乙级 | 丙级 |
|---|---|---|---|---|
| 1 | 房屋建筑工程 | 15 | 10 | 5 |
| 2 | 冶炼工程 | 15 | 10 | |
| 3 | 矿山工程 | 20 | 12 | |
| 4 | 化工石油工程 | 15 | 10 | |
| 5 | 水利水电工程 | 20 | 12 | 5 |
| 6 | 电力工程 | 15 | 10 | |
| 7 | 农林工程 | 15 | 10 | |
| 8 | 铁路工程 | 23 | 14 | |
| 9 | 公路工程 | 20 | 12 | 5 |
| 10 | 港口与航道工程 | 20 | 12 | |
| 11 | 航天航空工程 | 20 | 12 | |
| 12 | 通信工程 | 20 | 12 | |
| 13 | 市政公用工程 | 15 | 10 | 5 |
| 14 | 机电安装工程 | 15 | 10 | |

注：表中各专业资质注册监理工程师人数配备是指企业取得本专业工程类别注册的注册监理工程师人数。

④企业近两年内独立监理过3个以上相应专业的二级工程项目，但是，具有甲级设计资质或一级及以上施工总承包资质的企业申请本专业工程类别甲级资质的除外。

⑤企业具有完善的组织结构和质量管理体系，有健全的技术、档案等管理制度。

⑥企业具有必要的工程试验检测设备。

⑦申请工程监理资质之日前两年内，企业没有违反法律、法规及规章的行为。

⑧申请工程监理资质之日前两年内没有因本企业监理责任造成重大质量事故。

⑨申请工程监理资质之日前两年内没有因本企业监理责任发生三级以上工程建设重大安全事故或者发生两起以上四级工程建设安全事故。

（2）乙级

①具有独立法人资格且注册资本不少于100万元。

②企业技术负责人应为注册监理工程师，并具有10年以上从事工程建设工作的经历。

③注册监理工程师、注册造价工程师、一级注册建造师、一级注册建筑师、一级注册结构

工程师或者其他勘察设计注册工程师合计不少于 15 人次。其中,相应专业注册监理工程师不少于"专业资质注册监理工程师人数配备表"(表 2-1)中要求配备的人数,注册造价工程师不少于 1 人。

④有较完善的组织结构和质量管理体系,有技术、档案等管理制度。

⑤有必要的工程试验检测设备。

⑥申请工程监理资质之日前两年内,企业没有违反法律、法规及规章的行为。

⑦申请工程监理资质之日前两年内没有因本企业监理责任造成重大质量事故。

⑧申请工程监理资质之日前两年内没有因本企业监理责任发生三级以上工程建设重大安全事故或者发生两起以上四级工程建设安全事故。

(3)丙级

①具有独立法人资格且注册资本不少于 50 万元。

②企业技术负责人应为注册监理工程师,并具有 8 年以上从事工程建设工作的经历。

③相应专业的注册监理工程师不少于"专业资质注册监理工程师人数配备表"(表 2-1)中要求配备的人数。

④有必要的质量管理体系和规章制度。

⑤有必要的工程试验检测设备。

3)事务所资质标准

(1)取得合伙企业营业执照,具有书面合作协议书。

(2)合伙人中有 3 名以上注册监理工程师,合伙人均有 5 年以上从事建设工程监理的工作经历。

(3)有固定的工作场所。

(4)有必要的质量管理体系和规章制度。

(5)有必要的工程试验检测设备。

无论甲级、乙级或丙级资质监理企业,其资质等级的审定都是从以下四个方面考虑的:一是监理企业负责人专业技术素质;二是监理企业的群体专业素质及专业配套能力;三是注册资金的数额;四是工程的等级和竣工的工程数量以及监理业绩。

3. 监理业务范围

工程监理企业资质相应许可的业务范围如下:

(1)综合资质

可以承担所有专业工程类别建设工程项目的工程监理业务,以及建设工程的项目管理、技术咨询等相关服务。

(2)专业甲级资质

可承担相应专业工程类别建设工程项目的工程监理业务,以及相应类别建设工程的项目管理、技术咨询等相关服务。

(3)专业乙级资质

可承担相应专业工程类别二级(含二级)以下建设工程项目的工程监理业务,以及相应类别和级别建设工程的项目管理、技术咨询等相关服务。

(4)专业丙级资质

可承担相应专业工程类别三级建设工程项目的工程监理业务,以及相应类别和级别建设工程的项目管理、技术咨询等相关服务。

(5)事务所资质

可承担三级建设工程项目的工程监理业务,以及相应类别和级别建设工程项目管理、技术咨询等相关服务。但是,国家规定必须实行强制监理的建设工程监理业务除外。

4. 工程监理企业的资质申请和审批

申请综合资质、专业甲级资质的,应当向企业工商注册所在地的省、自治区、直辖市人民政府建设主管部门提出申请。

省、自治区、直辖市人民政府建设主管部门应当自受理申请之日起20日内初审完毕,并将初审意见和申请材料报国务院建设主管部门。

国务院建设主管部门应当自省、自治区、直辖市人民政府建设主管部门受理申请材料之日起60日内完成审查,公示审查意见,公示时间为10日。其中,涉及铁路、交通、水利、通信、民航等专业工程监理资质的,由国务院建设主管部门送国务院有关部门审核。国务院有关部门应当在20日内审核完毕,并将审核意见报国务院建设主管部门。国务院建设主管部门根据初审意见审批。

专业乙级、丙级资质和事务所资质由企业所在地省、自治区、直辖市人民政府建设主管部门审批。

专业乙级、丙级资质和事务所资质许可延续的实施程序由省、自治区、直辖市人民政府建设主管部门依法确定。

省、自治区、直辖市人民政府建设主管部门应当自做出决定之日起10日内,将准予资质许可的决定报国务院建设主管部门备案。

申请工程监理企业资质,应当提交以下材料:

(1)工程监理企业资质申请表(一式三份)及相应电子文档;

(2)企业法人、合伙企业营业执照;

(3)企业章程或合伙人协议;

(4)企业法定代表人、企业负责人和技术负责人的身份证明、工作简历及任命(聘用)文件;

(5)工程监理企业资质申请表中所列注册监理工程师及其他注册执业人员的注册执业证书;

(6)有关企业质量管理体系、技术和档案等管理制度的证明材料;

(7)有关工程试验检测设备的证明材料。

工程监理企业资质证书的有效期为5年。当资质有效期届满,工程监理企业需要继续从事工程监理活动的,应当在资质证书有效期届满60日前,向原资质许可机关申请办理延续手续。对在资质有效期内遵守有关法律、法规、规章、技术标准,信用档案中无不良记录,且专业技术人员满足资质标准要求的企业,经资质许可机关同意,有效期延续5年。

5. 工程监理企业的资质管理

为了加强监理企业的资质管理,保障其依法经营业务,促进工程建设监理事业的健康发展,国家建设行政主管部门制定颁发了监理企业资质管理的规定。

(1)关于监理企业的资质管理体制

所谓管理体制,其基本含义是指管理组织机构设置及其职能分工,有关管理的办法、制度等。根据我国现阶段的体制状况,我国的监理企业资质管理体制确定的原则是"分级管理,统分结合"。总的来说,我国的监理企业资质管理分中央和地方两个层次。在中央,由国家建设行政主管部门负责;在地方,由各地方建设行政主管部门归口管理监理企业的资质。

国务院建设行政主管部门归口管理全国监理企业的资质,其主要职责是:
①跨部门设立监理企业的资质审批;
②全国甲级资质监理企业的定级审批;
③全国甲级资质监理企业资质等级的例行核定;
④全国甲级资质监理企业资质变更与终止的审查、批准或备案;
⑤制定有关全国甲级资质监理企业的管理办法及资质证书。

省、自治区、直辖市人民政府建设部门归口管理本行政区域内监理企业资质,其主要职责是:
①本行政区域内设立地方监理企业的资质审批;
②本行政区域内乙级、丙级监理企业资质等级审批;
③本行政区域内地方乙级、丙级监理企业资质等级变更与例行核定;
④本行政区域内地方乙级、丙级监理企业资质等级变更与终止的审查、批准;
⑤在本行政区域内执行监理业务的建设监理企业的登记备案管理;
⑥制定有关资质管理办法。

国务院工业、交通等部门管理本部门直属监理企业的资质,其主要职责是:
①本部门直属监理企业设立的资质审批;
②本部门直属监理企业乙级、丙级资质的定级审批;
③本部门直属监理企业乙级、丙级资质的例行核定;
④本部门直属监理企业乙级、丙级资质变更与终止的审查、批准;
⑤制定有关资质管理办法。

(2)资质审批实行公示公告制度

资质初审工作完成后,初审结果先在中国工程建设信息网上公示。经公示后,对于工程监理企业符合资质标准的,予以审批,并将审批结果在中国工程建设信息网上公告。实行这一制度的目的是提高资质审批工作的透明度,便于社会监督,从而增强其公正性。

(3)违规处理

工程监理企业必须依法开展监理业务,全面履行委托监理合同约定的责任和义务。在出现违规现象时,建设行政主管部门将根据情节给予必要的处罚。违规现象主要有以下几方面:
①以欺骗手段取得"工程监理企业资质证书"。
②超越本企业资质等级承揽监理业务。
③未取得"工程监理企业资质证书"而承揽监理业务。
④转让监理业务。转让监理业务是指监理企业不履行委托监理合同约定的责任和义务,将所承担的监理业务全部转给其他监理企业,或者将其肢解以后分别转给其他监理企业的行为。国家有关法律法规明令禁止转让监理业务的行为。
⑤挂靠监理业务。挂靠监理业务是指监理企业允许其他单位或者个人以本企业名义承揽监理业务。这种行为也是国家有关法律法规明令禁止的。
⑥与建设单位或者施工单位串通,弄虚作假,降低工程质量。
⑦将不合格的建筑材料、建筑构配件和设备按照合格签字。

### 三、监理企业的市场经营

1. 监理企业市场经营原则

监理企业从事工程建设监理活动,应当遵循"守法、诚信、公正、科学"的原则。

(1) 守法

守法,这是任何一个具有民事行为能力的单位或个人最起码的行为准则。对于工程监理企业来说,守法即是要依法经营,主要体现在以下几个方面:

①监理企业只能在核定的义务范围内开展经营活动。

工程监理企业的业务范围,是指监理企业资质证书中填写的、经建设监理资质管理部门审查确认的主项资质和增项资质。核定的业务范围有两层内容,一是监理业务的工程类别;二是监理工程的等级。除了建设监理工作之外,监理企业根据申请和能力,还可以开展核定某些技术咨询服务。核定的技术咨询服务项目也需要写入经营业务范围。

②监理企业不得伪造、涂改、出租、转让、出卖"工程监理企业资质等级证书"。

③工程建设监理合同一经双方签订,即具有一定的法律约束力(违背国家法律、法规的合同,即无效合同除外)。监理企业应按照合同的规定认真履行,不得无故或故意违背自己的承诺。

④监理企业离开原住所地承接监理业务,要自觉遵守当地人民政府颁发的监理法规和有关规定,并要主动向监理工程所在地的省、自治区、直辖市建设行政部门备案登记,接受其指导和监督管理。

⑤遵守国家关于企业的其他法律、法规的规定,包括行政的、经济的和技术的规定。

(2) 诚信

诚信,即诚实守信用。这是道德规范在市场经济中的体现。它要求一切市场参加者在不损害他人利益和社会公共利益的前提下,追求自己的利益,目的是在当事人之间的利益关系和当事人与社会之间的利益关系中实现平衡,并维护市场道德秩序。诚信原则的主要作用在于指导当事人以善意的心态、诚信的态度行使民事权利,承担民事义务,正确地从事民事活动。

工程监理企业应当建立健全企业的信用管理制度。信用管理制度主要有:

①建立健全合同管理制度;

②建立健全与业主的合作制度,及时进行信息沟通,增强相互间的信任感;

③建立健全监理服务需求调查制度,这也是企业进行有效竞争和防范经营风险的重要手段之一;

④建立企业内部信用管理责任制度,及时检查和评估企业信用的实施情况,不断提高企业信用管理水平。

每个监理企业,甚至每一个监理人员能否做到诚信,都会对我国的建设监理事业造成一定的影响,尤其会对监理企业及监理人员自己的声誉带来很大影响。所以说,诚信是监理企业经营活动基本准则的重要内容之一。

(3) 公正

所谓"公正",主要是指监理企业在处理业主与承建商之间的矛盾和纠纷时,要做到"一碗水端平",是谁的责任,就由谁承担;该维护谁的权益,就维护谁的权益;决不能因为监理企业受业主的委托,就偏袒业主。监理企业要做到公正,必须要做到以下几点:

①要培养良好的职业道德,不为私利而违心地处理问题;

②要坚持实事求是的原则,不唯上级或业主的意见是从;

③要提高综合分析问题的能力,不为局部问题或表面现象而模糊自己的"视听";

④要不断提高自己的专业技术能力,尤其是要尽快提高综合理解、熟练运用工程建设有关合同条款的能力,以便以合同条款为依据,恰当地协调、处理问题。

(4) 科学

所谓"科学",是指监理企业的监理活动要依据科学的方案,要运用科学的手段,要采取科学的方法;工程项目监理结束后,还要进行科学的总结。总之,监理工作的核心问题是"预控",处理业务时要有可靠依据和凭证;判断问题时要用数据说话。只有这样,才能提供高智能的、科学的服务,才能符合建设监理事业发展的需要。

①科学的计划。

就一个工程项目的监理工作而言,科学的方案主要是指监理细则。它包括:该项目监理机构的组织计划;该项目监理工作的程序;各专业、各年度(含季度,甚至按天计算)的监理内容和对策;工程的关键部位或可能出现的重大问题的监理措施。总之,在实施监理前,要尽可能地把各种问题都列出来,并拟订解决办法,使各项监理活动都纳入计划管理的轨道。更重要的是,要集思广益,充分运用已有的经验和智能,制定出切实可行、行之有效的监理细则,指导监理活动顺利地进行。

②科学的手段。

单凭人的感官直接进行监理,这是最原始的监理手段。科学发展到今天,必须借助于先进的科学仪器才能做好监理工作,如已普遍使用的计算机,各种检测、试验、化验仪器等。

③科学的方法。

监理工作的科学方法主要体现在监理人员在掌握大量的、确凿的有关监理对象及其外部环境实际情况的基础上,适时、高效地处理有关问题;体现在解决问题要用"事实说话"、"用书面文字说话"、"用数据说话";尤其体现在要开发、利用计算机软件,建立起先进的软件库。

**2. 市场开发**

(1) 监理企业取得监理业务的途径

工程监理企业承揽监理业务的表现形式有两种:一是通过投标竞争取得监理业务;二是由业主直接委托取得监理业务。通过投标取得监理业务,是市场经济体制下比较普遍的形式。《中华人民共和国招标投标法》明确规定,关系公共利益安全、政府投资、外资工程等实行监理必须招标。在不宜公开招标的机密工程或没有投标竞争对手的情况下,或者是工程规模比较小、比较单一的监理业务,或者是对原工程监理企业的续用等情况下,业主也可以直接委托。

工程监理企业无论是通过投标承揽监理业务,还是由业主直接委托取得监理业务,都有一个共同的前提,即监理企业的资质能力和社会信誉得到业主的认可。

(2) 监理企业投标书的核心

如前所述,监理企业向业主提供的是技术服务,所以,监理企业投标书的核心问题主要是反映提供的技术服务水平高低的监理大纲,尤其是主要的监理对策。这也是业主招标时,评定投标书优劣的重要内容,而不应把监理费的高低当作选择监理企业的主要评定标准。作为监理企业,更不应该以降低监理费作为竞争的主要手段去承揽监理业务。

一般情况下,监理大纲中主要的监理对策是指:根据监理招标文件的要求,针对业主委托监理工程项目的特点,初步拟定的该工程项目的监理工作指导思想,主要的规律措施、技术措施以及拟投入的监理力量和为搞好该工程建设而向业主提出的原则性建议等。

(3)监理企业在竞争承揽监理业务中应注意的事项

①严格遵守国家的法律、法规及有关规定,遵守监理行业职业道德;

②严格按照批准的经营范围承接监理业务,特殊情况下,承接经营范围以外的监理业务时,需向资质管理部门申请批准;

③承揽监理业务的总量要视本单位的力量而定,不得与业主签订监理合同后,把监理业务转包给其他监理企业;

④对于监理风险较大的监理项目,或建设工程较长的项目,遭受自然灾害或政治、战争影响可能性较大的项目,工程量庞大或技术难度很高的项目,监理企业除可向保险公司投保外,还可以与几家监理企业组成联合体共同承担监理风险。

### 四、工程监理费

**1. 工程建设监理收取费用的必要性**

我国的有关法规指出:建设监理是一种有偿的服务活动,而且是一种"高智能的有偿技术服务"。众所周知,工程建设是一个比较复杂且需花费较长时间才能完成的系统工程。要取得预期的、比较满意的效果,对工程建设的管理就要付出艰辛的劳动。工程项目业主为了使监理企业能够顺利地完成监理任务,必须付给监理企业一定的报酬,用以补偿监理企业在完成监理任务时的支出,包括监理人员的劳务支出、各项费用支出以及监理企业交纳各项税金和应提留的发展基金。所以,对于监理企业来说,收取的监理费用是监理企业得以生存和发展的血液。

应当指出,如果监理费过高,业主的相对有限的资金中直接用于工程建设项目上的数额势必减少。显然,这是不适当的,对业主来说是得不偿失。但是,监理费用也不能太低,否则,第一,监理企业可能会让工资相应低的监理人员去完成监理业务;第二,可能会减少监理人员的工作时间,以减少监理劳务的支出;第三,可能会挫伤监理人员的工作积极性,抑制监理人员创造性的发挥。其结果,很可能导致工程质量低劣、工期延长、建设费用增加。因此,把监理费标准定得太低,或者监理费标准虽不低,但是在具体执行中业主盲目压低监理费,这些做法表面上对业主是有益的,实际上,最终受到较大损失的还是项目业主。如果监理费比较合理适中,监理人员的劳动得到了认可和回报,就能激发他们的工作积极性和创造性,就可能激发他们创造出远高于监理费的价值和财富。国内外的监理实践早就对此进行了有力的论证。

**2. 监理费的构成**

建设工程监理费是指业主依据委托监理合同支付给监理企业的监理酬金。它是构成工程概(预)算的一部分,在工程概(预)算中单独列支。建设工程监理费由监理直接成本、监理间接成本、税金和利润四部分构成。

(1)监理直接成本。监理直接成本是指监理企业履行委托监理合同时所发生的成本,主要包括:

①监理人员和监理辅助人员的工资、奖金、津贴、补助、附加工资等;

②用于监理工作的常规检测工器具、计算机等办公设施的购置费和其他仪器、机械的租赁费;

③用于监理人员和辅助人员的其他专项开支,包括办公费、通信费、差旅费、书报费、文

印费、会议费、医疗费、劳保费、保险费、休假探亲费等；

④其他费用。

(2)监理间接成本。监理间接成本是指全部业务经营开支及非工程监理的特定开支，具体内容包括：

①管理人员、行政人员以及后勤人员的工资、奖金、补助和津贴；

②经营性业务开支，包括为招揽监理业务而发生的广告费、宣传费、有关合同的公证费等；

③办公费，包括办公用品、报刊、会议、文印、上下班交通费等；

④公用设施使用费，包括办公使用的水、电、气、环卫、保安等费用；

⑤业务培训费，图书、资料购置费；

⑥附加费，包括劳动统筹、医疗统筹、福利基金、工会经费、人身保险、住房公积金、特殊补助等；

⑦其他费用。

(3)税金。税金是指按照国家规定，工程监理企业应缴纳的各种税金总额，如营业税、所得税、印花税等。监理企业属科技服务类，应享受一定的优惠政策。

(4)利润。利润是指工程监理企业的监理活动收入扣除直接成本、间接成本和各种税金之后的余额。

3. 监理费的计算方法

按照国家规定，监理费从工程概算中列支。监理费的计算方法，一般由业主与监理企业协商确定。在国外，尤其是实行监理制比较早的国家，监理费的计算都有比较定型的模式，常用的有以下四种方法。

(1)按时计算法

这种方法是指根据合同项目使用的时间(计算时间的单位可以是小时，也可以是工作日，或按月)计算补偿费再加上一定的管理费和利润(税前利润)。采用这种方法时，监理人员的差旅费、工作函电费、资料费以及试验费、交通和住宿费等均由业主另行支付。

这种计算方法主要适用于临时性的、短期的监理业务活动，或者不宜按工程的概(预)算的百分比等其他方法计算监理费时使用。由于这种方法在一定程度上限制了监理企业潜在效益的增加，因而，单位时间内监理费的标准比监理企业内部实际的标准要高得多。

(2)工资加一定比例的其他费用计算法

这种方法实际上是按时计算监理费形式的变换，即按参加监理工作的人员的实际工资的基数乘上一个系数。这个系数包括了应有的间接成本和税金、利润等。除了监理人员的工资之外，其他各项直接费用等均由项目业主另行支付。一般情况下，较少采用这种方法，尤其是在核定监理人员数量和监理人员的实际工资方面，业主与监理企业之间难以取得完全一致的意见。

(3)按工程建设成本的百分比计算法

这种方法是按照工程规模的大小和所委托的监理工作的繁简，以建设工程投资的一定百分比来计算。这种方法比较简便，业主和工程监理企业均容易接受，也是国家制定监理取费标准的主要形式。采用这种方法的关键是确定计算监理费的基数。新建、改建、扩建工程以及较大型的技术改造工程所编制的工程概(预)算就是初始计算监理费的基数。工程结算时，再按实际工程投资进行调整。当然，作为计算监理费基数的工程概(预)算仅限于委托监理的工程部分。

(4)固定价格计算法

这种方法是指在明确监理工作内容的基础上,业主与监理企业协商一致确定的固定监理费,或监理企业在投标中以固定价格报价并中标而形成的监理合同价格。当工作量有所增减时,一般也不调整监理费。这种方法适用于监理内容比较明确的中小型工程监理费的计算,业主和工程监理企业都不会承担较大的风险。如住宅工程的监理费,可以按单位建筑面积的监理费乘以建筑面积确定监理总价。

4. 各种方法的利弊

以上四种方法是目前常使用的监理费计算方法。不论采用哪种方法,对于业主和监理企业来说,都各有利弊。了解各种监理费的计算方法,将有助于监理企业科学地进行选择,也可以供业主和监理企业在商谈费用时参考。

(1)根据实际耗费时间计算费用的两种方法,即按时计费和工资加一定比例的其他费用。使用这两种方法,业主支付的费用是对监理企业实际消费的时间进行补偿。由于监理企业不必对成本预先做出精确的估算,因此,这类方法对监理企业来说显得方便、灵活。但是,采用这两种方法,要求监理企业必须保存详细的使用时间一览表,以供业主随时审查、核实。特别是监理工程师,如果不能严格地对工作加以控制,就容易造成滥用经费。即使没有这类弊病,业主也可能会怀疑监理工程师的努力程度不够或使用了过多的时间。

(2)按工程建设成本百分比的方法。这种方法的方便之处在于一旦建设成本确定之后,监理费用很容易算出。监理企业对各项经费开支可以不需要那么详细的记录,业主也不用去审核监理企业的成本。这种方法还有一个好处就是可以防止因物价上涨而产生的影响,因为建设成本的增加与监理服务成本的增加基本是同步的。这种方法主要的不足是:第一,如果采用实际建设成本作基数时,监理费直接与建设成本的变化有关。因此,监理工程师工作越出色,降低建设成本的同时也减少了自己的收入;反之,则有可能增加收入。这显然是不合理的。第二,这种办法带有一定的经验性,不能把影响监理工作费用的所有因素都考虑进去。

(3)固定价格计算方法。这种方法比较简单,一旦谈判成功,双方都很清楚费用总额,支付方式也简单,业主可以不要求提供支付记录和证明。但是,这种方法却要求监理企业在事前要对成本做出认真的估算,如果工期较长,还应考虑物价变动的因素。这种方法容易导致双方对于实际从事的服务范围缺乏相互一致而清楚的理解,有时会引起双方之间关系紧张。

需要说明的是,既然任何一种方式都有利弊,所以在进行取费的谈判中,特别需要双方的互相理解和信任,只有这样,才能比较顺利地进行合作。

## 思考题与习题

1. 为什么要实行监理工程师执业资格考试和注册制度?
2. 监理工程师应具备怎样的知识结构?
3. 监理工程师应遵循的职业道德守则有哪些?
4. 设立工程监理企业的基本条件是什么?
5. 工程监理企业经营活动的基本准则是什么?
6. 简述监理费的构成和计算方法。

# 第三章 组织与组织协调

## 第一节 组织的基本原理

工程项目组织的基本原理就是组织论。它是关于组织应当采取何种组织结构才能提高效率的观点、见解和方法的集合。组织论主要研究系统的组织结构模式和组织分工，以及工作流程组织，它是人类长期实践的总结，是管理学的重要内容。

一般认为，现代的组织理论研究分为两个相互联系的分支学科，一是组织结构学，它主要侧重于组织静态研究，目的是建立一种精干、高效、合理的组织结构；二是组织行为学，它侧重于组织动态的研究，目的是建立良好的组织关系。本节主要介绍组织结构学的内容。

### 一、组织和组织构成因素

1. 组织

所谓组织，就是为了使系统达到它特定的目标，使全体参加者经分工与协作以及设置不同层次的权利和责任制度而构成的一种人的组合体。它包含以下三层含义。

（1）目标是组织存在的前提；

（2）没有分工与协作就不是组织；

（3）没有不同层次的权利和责任制度就不能实现组织活动和组织目标。

工程项目组织是指为完成特定的工程项目任务而建立起来的，从事工程项目具体工作的组织。该组织是在工程项目寿命期内临时组建的，是暂时的，只是为完成特定的目的而成立的。工程项目中，由目标产生工作任务，由工作任务决定承担者，由承担者形成组织。随着现代化社会大生产的发展以及其他生产要素复杂程度的提高，组织在提高经济效益方面的作用也愈发显著。

2. 组织构成因素

一般来说，组织由管理层次、管理跨度、管理部门、管理职能四大因素构成，四大因素相互制约、密切相关。

（1）管理层次

管理层次是指从组织的最高管理者到最基层的实际工作人员的等级层次的数量。管理层次可以分为3个层次，即决策层、协调层和执行层、操作层。决策层的任务是确定管理组织的目标和大致方针以及实施计划，它必须精干、高效；协调层的任务主要是参谋、咨询职能，其人员应有较高的业务工作能力；执行层的任务是直接调动和组织人力、财力、物力等具体活动内容，其人员应有实干精神并能坚决贯彻管理指令；操作层的任务是从事操作和完成具体任务，其人员应有熟练的作业技能。3个层次的职能要求不同，表示不同的职责和权限,由上到下权责递减,人数却递增。组织必须形成一定的管理层次,否则其运行将陷于无序状态;管理层次也不能过多,否则会造成资源和人力的巨大浪费。

(2)管理跨度

管理跨度是指一个主管直接管理下属人员的数量。在组织中,某级管理人员的管理跨度大小直接取决于这一级管理人员所要协调的工作量。跨度大,处理人与人之间关系的数量随之增大;跨度太大时,领导者和下属接触频率会太高。跨度($N$)与工作接触关系数($C$)的关系公式是:

$$C = N(2^{N-1} + N - 1) \tag{3-1}$$

这就是邱格纳斯公式。当 $N = 10$ 时,$C = 5\,210$,跨度太大,领导与下属常有应接不暇之烦。因此,在进行组织结构设计时,必须强调跨度适当。跨度的大小又和分层多少有关,一般来说,管理层次增多,跨度会小;反之,层次少,跨度会大。

(3)管理部门

按照类别对专业化分工的工作进行分组,以便对工作进行协调,即为部门化。部门可以根据职能来划分,可以根据产品类型来划分,可以根据地区来划分,也可以根据顾客类型来划分。组织中各部门的合理划分对发挥组织效能非常重要,如果划分不合理,就会造成控制、协调困难,从而浪费人力、物力、财力。

(4)管理职能

组织机构设计确定的各部门的职能,在纵向要使指令传递、信息反馈及时,在横向要使各部门相互联系、协调一致。

## 二、组织结构设计

现场监理组组织设计的好坏,关系到工程项目监理工作的成败。在现场监理组织设计中一般须考虑以下几项基本原则。

**1. 集权与分权统一的原则**

集权是指权力集中在主要领导手中;分权是指经过领导授权,将部分权力交给下级掌握。事实上,在组织中不存在绝对的分权,只是相对集权和相对分权的问题。在现场监理组织设计中,采取集权形式还是分权形式,要根据工作的重要性、总监理工程师的能力、精力及监理工程师的工作经验、工作能力等综合考虑确定。

**2. 专业分工与协作统一的原则**

分工就是按照提高监理的专业化程度和工作效率的要求,把现场监理组织的目标、任务分成各级、各部门、每个人的目标、任务,明确干什么、怎么干。

在分工中应强调:(1)尽可能按照专业化的要求来设置组织机构。(2)工作上要有严密分工,每个人所承担的工作,应力求达到较熟悉的程度,这样才能提高效率。(3)要注意分工的经济效益。

在组织中有分工还必须有协作,明确部门之间和部门内的协调关系与配合方法。

在协作中应强调:(1)主动协调是至关重要的。要明确甲部门与乙部门到底是什么关系,在工作中有什么联系与衔接,找出易出矛盾之点,加以协调。(2)对于协调中的各项关系,应逐步走上规范化、程序化,应有具体可行的协调配合办法。

**3. 管理跨度与管理分层统一的原则**

管理跨度与管理层次是成反比例关系。也就是说,管理跨度如果加大,那么管理层次就可以适当减少;反之,如果缩小管理跨度,那么管理层次肯定就会增多。一般来说,应该在通盘考虑决定管理跨度的因素后,在实际运用中根据具体情况确定管理层次。

4. 权责一致的原则

权责一致的原则就是在监理组织中明确划分职责、权力范围,同等的岗位职务赋予同等的权力,做到责任和权力相一致。从组织结构的规律来看,一定的人在一定的岗位上担任一定的职务,这样就产生了与岗位职务相应的权力和责任,只有做到有职、有权、有责,才能使组织系统得以正常运行。由此可见,组织的权责是相对于一定的岗位职务来说的,不同的岗位职务应有不同的权责。权责不一致对组织的效能损害是很大的。权大于责就很容易产生瞎指挥、滥用权力的官僚主义;责大于权就会影响管理人员的积极性、主动性、创造性,使组织缺乏活力。

5. 才职相称的原则

每项工作都可以通过分析确定完成该工作所需要的知识技能。同样,也可以对每个人通过考查其学历与经历,进行测验及面谈等,了解其知识、经验、才能、兴趣等,并进行评审比较。职务设计和人员评审都可以采用科学的方法,使每个人员能够做到他现有或可能的才能与职务上要求相适应,做到才职相称、人尽其才、才得其用、用得其所。

6. 效率原则

现场监理组织设计必须将效率原则放在重要地位。组织结构中的每个部门、每个人为了一个统一的目标,组合成最适宜的结构形式,实行最有效的内部协调,使事情办得简捷而正确,减少重复和扯皮,并且具有灵活的应变能力。现代化管理的一个要求就是组织高效化。一个组织办事效率的高低,是衡量这个组织中的结构是否合理的主要标准之一。

7. 弹性原则

组织结构既要有相对的稳定性,不要总是轻易变动,但又必须随组织内部和外部条件的变化,根据长远目标做出相应的调整与变化,使组织结构具有一定的弹性。

### 三、组织机构活动基本原理

1. 要素有用性原理

一个组织系统中的基本要素有人力、财力、物力、信息、时间等,这些要素都有作用,但实际情况常常是有的要素作用大,有的要素作用小;有的要素起核心主要的作用,有的要素起辅助次要作用;有的要素暂时不起作用,将来才起作用;有的要素在某种条件下、在某一方面、在某个地方不能发挥作用,但在另一条件下、在另一方面、在另一个地方就能发挥作用。

运用要素有用性原理,首先应看到人力、物力、财力等因素在组织活动过程中的有用性,充分发挥各要素的作用的大、小、主、次、好、坏,进行合理安排、组合和使用,做到人尽其才、财尽其利、物尽其用,尽最大可能提高各要素的有用率。

一切要素都有作用,这是要素的共性;然而要素不仅有共性,而且还有个性。例如同样是监理工程师,由于专业、知识、能力、经验等水平的差异,所起的作用也就不同。因此,管理者不但要看到一切要素都有作用,还要具体分析发现各要素的特殊性,以便充分发挥每一要素的作用。

2. 动态的相关性原理

组织系统处在静止状态是相对的,处在运动状态则是绝对的。组织系统内部各要素之间既相互联系,相互依存,又相互排斥,这种相互作用推动组织活动的进步与发展。这种相互作用的因子,叫作相关因子。充分发挥相关因子的作用,是提高组织管理效应的有效途径。事物在组合过程中,由于相关因子的作用,可以发生质变,使一加一可以等于二,也可以大于二,还可以小于二。"三个臭皮匠,顶个诸葛亮",就是相关因子起了积极作用;"一个和尚挑水吃,两个和尚抬水吃,三个和尚没水吃",就是相关因子起了内耗作用。整体效应不等于其各局部效应的简单相加,各局部效应之和与整体效应不一定相等,这就是动态相关性原理。

3. 主观能动性原理

人和宇宙的各种事物,运动是其共有的根本属性,它们都是客观存在的物质;不同的是,人是有生命的、有思想的、有感情的、有创造力的。人的特征是:会制造工具,使用工具进行劳动;在劳动中改造世界,同时也改造自己;能继承并在劳动中运用和发展前人的知识,使人的能动性得到发挥。

人是生产力中最活跃的因素,组织管理者的重要任务就是要把人的主观能动性发挥出来,当能动性发挥出来的时候就会取得很好的效果。

4. 规律效应性原理

规律就是客观事物的内部的、本质的、必然的联系。组织管理者管理过程中要掌握规律,按规律办事,把注意力放在抓事物内部的、本质的、必然的联系上,以达到预期的目标,取得良好的效应。规律与效应的关系非常密切,一个成功的管理者应懂得只有努力揭示规律,才有取得效应的可能;而要取得好的效应,就要主动研究规律,坚决按规律办事。

# 第二节　建设工程组织管理基本模式

建设监理的实行,使工程项目建设形成了三大主体(业主、承建商和监理单位)结构体系。三大主体在这个体系中形成平等的关系。它们为实现工程项目的总目标"联结、联合、结合"在一起,形成工程项目建设的组织系统。在市场经济条件下,维系着它们关系的主要是合同。工程项目承发包模式在很大程度上影响了项目建设中三大主体形成的项目组织结构形式。工程项目承发包模式与监理模式对项目规划、控制、协调起着重要作用。不同的模式有不同的合同体系和不同的管理特点。

## 一、平行承发包模式

1. 平行承发包模式特点

所谓平行承发包,是业主将工程项目的设计、施工以及设备和材料采购的任务经过分解分别发包给若干个设计单位、施工单位和材料设备供应厂商,并分别与各方签订工程承包合同(或供销合同)。各设计单位之间的关系是平行的,各施工单位之间的关系也是平行的,如图3-1所示。

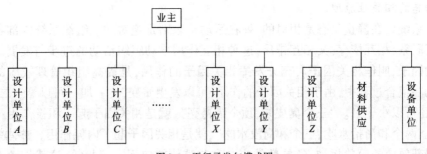

图 3-1 平行承发包模式图

(1)采用这种模式首先应合理地进行工程项目建设的分解,然后进行分类综合,以确定每个合同的发包内容,有利于择优选择承建商。

进行任务分解与确定合同数量、规模、结构等是决定合同数量和内容的重要因素。规模大、范围广、专业多的项目往往比规模小、范围窄、专业单一的项目数量要多。项目实施时间的长短、计划的安排也对合同数量有影响。例如,对分期建设的两个单项工程,就可以考虑分成两个分别发包。

(2)市场情况。首先要考虑市场结构,根据各类承建商的专业性质、规模大小在不同市场的分布状况的不同,项目的分解发包应力求使其与市场结构相适应。其次,合同任务和内容对市场要有吸引力。中小合同对中小承建商有吸引力,又不妨碍大承建商参与竞争。另外,还应按市场惯例做法、市场范围和有关规定来决定合同内容和大小。

(3)贷款协议要求,对两个以上贷款人的情况,可能对贷款人贷款使用范围具有不同要求,对贷款人资格有不同要求等,因此,需要在拟订合同结构时予以考虑。

2. 平行承发包模式优缺点

(1)优点

①有利于缩短工期目标。由于设计和施工任务经过分解分别发包,设计与施工阶段有可能形成搭接关系,从而缩短整个项目工期。

②有利于质量控制。整个工程经过分解分别发包给承建商,合同约束与相互制约使每一部分能够较好地实现质量要求。如主体与装修分别由两个施工单位承包,当主体工程不合格,装修单位不会同意在不合格的主体上进行装修,这相当于有了他人控制,比自己控制更有约束力。

③有利于业主择优选择承建商。在多数国家的建筑市场上专业性质强、规模小的承建商均占较大的比例。这种模式的合同内容比较单一、合同价值小、风险小,使它们有可能参与竞争。因此,无论大承建商还是小承建商都有机会竞争。业主可以在一个很大的范围内进行选择,为提高择优性创造了条件。

④有利于繁荣建设市场。这种平行承发包模式给各种承建商提供承包机会和生存机会,促进市场发展和繁荣。

(2)缺点

①合同数量多,会造成合同管理困难。合同乙方多,使项目系统内结合部位数量增加,组织协调工作量大。因此,应加强合同管理的力度,加强部门之间的横向协调工作,沟通各种渠道,使工程有条不紊地进行。

②投资控制难度大。一是总合同价不易短期确定,影响投资控制实施;二是工程招标任

务量大,需控制多项合同价格,增加了投资控制难度。

3. 监理模式

与平行承发包模式相适应的监理组织模式可以有以下几种形式。

(1)业主委托一家监理单位监理

如图3-2所示,这种监理组织模式要求监理单位有较强的合同管理与组织协调能力,并应做好全面规划工作。监理单位的项目监理组织可以组建多个监理分支机构对各承建商分别实施监理。项目总监应做好总体协调工作,加强横向联系,保证监理工作一体化。

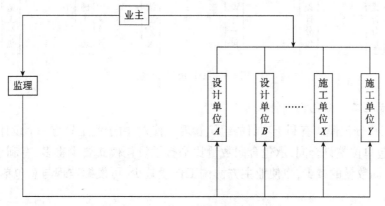

图 3-2　委托一家监理单位监理

(2)业主委托多家监理单位监理

如图3-3所示,采用这种模式,业主分别委托几家监理单位针对不同的承包商实施监理。由于业主分别与监理单位签订监理合同,所以应做好各监理单位的协调工作。采用这种模式,监理单位对象单一,便于管理;但工程项目监理工作被肢解,不利于总体规划与协调控制。

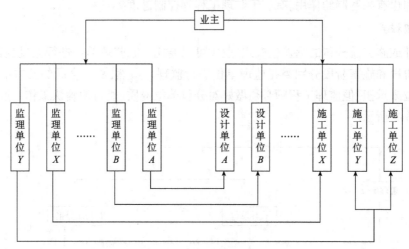

图 3-3　委托多家监理单位监理

## 二、设计或施工总分包模式

1. 设计或施工总分包模式特点

所谓设计或施工总分包就是将全部设计或施工的任务发包给一个设计单位或一个施工

单位作为总包单位,总包单位可以将其任务的一部分再分包给一个设计单位,形成一个设计主合同或一个施工主合同以及若干分包合同的结构模式,如图3-4所示。

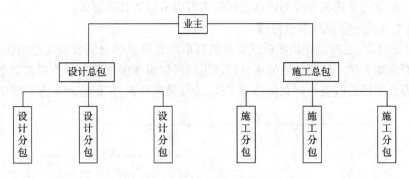

图3-4 设计、施工总分包

2. 设计或施工总分包模式特点

(1)施工总分包模式有利于项目的组织管理。首先,由于业主只与一个设计总包单位和一个施工总包单位签订合同,承包合同数量比平行承发包模式要少得多,有利于合同管理;其次,由于合同数量的减少,也使业主方协调工作量减少,可发挥监理与总包单位多层次协调的积极性。

(2)有利于投资控制。总包合同价格可以较早确定,并且监理也易于控制。

(3)有利于质量控制。由于总包与分包方建立内部的责、权、利关系,有分包方的自控,有总包方的监督,有监理的检查认可,对质量控制有利。但监理工程师应严格控制总包单位"以包代管",否则会对质量控制造成不利影响。

(4)有利于工期控制。即有利于总体进度的协调控制。总包单位具有控制的积极性,分包单位之间也有相互制约作用,有利于监理工程师控制进度。

3. 监理模式

对设计或施工总分包的承发包模式,业主可以委托一家监理单位进行全过程监理,也可以按设计阶段和施工阶段分别委托监理单位进行监理。虽然,承包合同的乙方的最终责任由总包单位来承担,但监理工程师必须做好对分包单位资质、能力的确认工作。监理模式如图3-5、图3-6所示。

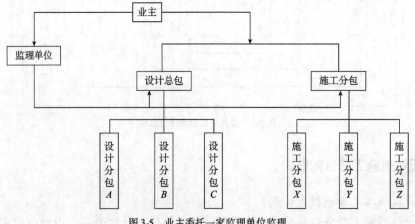

图3-5 业主委托一家监理单位监理

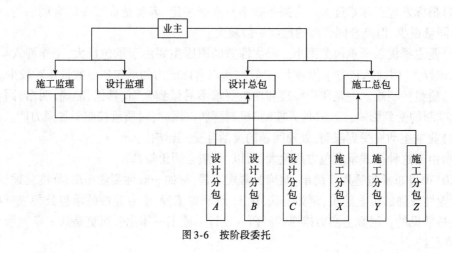

图 3-6　按阶段委托

### 三、项目总承包模式

1. 工程项目总承包模式特点

所谓工程项目总承包是指业主将工程设计、施工、材料和设备采购等一系列工作全部发包给一家公司，由其进行实质性设计、施工和采购工作，最后向业主交出一个已达到动用条件的工程项目。按这种模式发包的工程也称"交钥匙工程"，如图 3-7 所示。

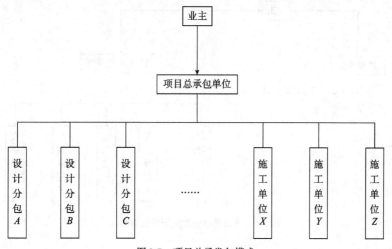

图 3-7　项目总承发包模式

2. 工程项目总承包模式优缺点

(1) 业主与承包方之间只有一个主合同，使合同管理范围整齐、单一。

(2) 协调工程量较小。监理工程师主要与总承包单位进行协调。相当一部分协调工作量转移给项目总承包单位内部以及它与分包之间，这就使监理的协调量大为减轻，但是并非难度减小，这要看具体情况。

(3) 设计与施工由一个单位统筹安排，使两个阶段能够有机融合，一般都能做到设计阶段与施工阶段相互搭接，因此对进度目标控制有利。

(4) 对投资控制工作有利，但这并不意味着项目总承包的价格低。

(5)招标发包工作难度大。合同条款不易准确确定,容易造成较多的合同纠纷。因此,虽然合同量最少,但是合同管理的难度一般较大。

(6)业主择优选择承包范围小。择优性差的原因主要由于承包量大,工作涉入早,工程信息未知数大,因此承包方承担较大的风险,所以有此能力的承包单位数量相对较少。

(7)质量控制难。一是质量标准和功能要求不易做到全面、具体、准确、明白,因而质量控制标准制约受到影响;二是"他人控制"机制薄弱。因此,对质量控制要加强力度。

(8)业主主动性受到限制,处理问题的灵活性受到影响。

(9)由于这种模式承发包方风险大,所以,一般合同价较高。

(10)项目总承包适用于简单、明确的常规工程,例如一般性商业用房、标准化建筑等;对一些专业性较强的工业建筑,例如钢铁、化工、水利等工程,由专业性的承包公司进行项目总承包也是常见的。国际上实力雄厚的科研－设计－施工一体化公司更是从一条龙服务中直接获得项目。

3. 监理模式

在项目总承包模式下,由于业主和总承包单位签订的是总承包合同,业主应委托一家监理单位提供监理服务,如图3-8所示。在这种模式条件下,监理工作时间跨度大,监理工程师应具备较全面的知识,重点做好合同管理工作。虽然总承包单位对承包合同承担乙方的最终责任,但分包单位的资质、能力直接影响着工程质量、进度等目标的实现,所以在这种模式条件下,监理工程师必须做好对分包单位资质的审查、确认工作。

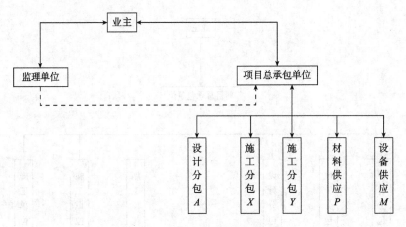

图3-8 项目总承包模式下的监理模式

### 四、项目总承包管理模式

1. 项目总承包管理模式特点

所谓项目总承包管理是指业主将项目设计和施工的主要部分发包给专门从事设计与施工组织管理单位,再由其分包给若干设计、施工和材料设备供应厂家,并对他们进行项目管理,如图3-9所示。

项目总承包管理与项目总承包不同之处在于:前者不直接进行设计与施工,没有自己的设计和施工力量,而是将承接的设计与施工任务全部分包出去。他们专心致力于工程项目管理。后者有自己的设计、施工力量,直接进行设计、施工、材料和设备采购等工作。

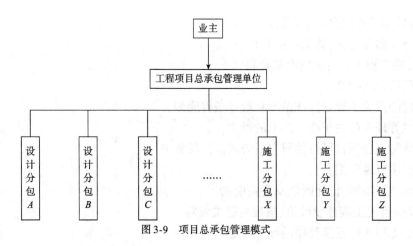

图 3-9 项目总承包管理模式

2. 项目总承包管理模式优缺点

(1) 这种模式与项目总承包类似,合同管理、组织协调比较有利,进度和投资控制也有利。由于总承包管理单位与设计、施工单位是总承包与分包关系,后者才是项目实施的基本力量,所以监理工程师对分包的确认工作就成了十分关键的问题。

(2) 项目总承包管理单位自身经济实力一般比较弱,而承担的风险相对较大,因此工程项目采用这种承发包模式应持慎重态度。

3. 监理模式

采用工程项目总承包管理模式的总承包单位一般属管理型的"智力密集型"企业,并且其主要的工作是项目管理,由于业主与总承包方签订一份总承包合同,因此业主宜委托一家监理单位进行监理,这样便于监理工程师对总承包单位进行分包等活动的管理。虽然总承包单位和监理单位均是进行工程项目管理,但两者的性质、立场、内容等均有较大的区别,不可互为取代。

# 第三节 建设工程监理实施程序与原则

## 一、建设工程监理实施程序

1. 确定项目总监理工程师,成立项目监理组织

每一个拟监理的工程项目,社会监理单位都应根据工程项目的规模、性质、业主对监理的要求,委派称职的人员担任项目的总监理工程师,代表监理单位全面负责该项目的监理工作。总监理工程师对内向监理单位负责,对外向业主负责。

在总监理工程师的具体指导下,组建项目的监理班子,并根据签订的监理委托合同,制订监理规划和具体的实施计划,开展监理工作。

一般情况下,社会监理单位在承接项目监理任务时,在参与项目监理的投标、拟订监理方案(大纲),以及与业主商签监理委托合同时,即应选派称职的人员主持该项目工作。在监理任务确定并签订监理委托合同后,该主持人即可作为项目总监理工程师。这样,项目的总监理工程师在承接任务阶段即早已介入,从而更能了解业主的建设意图和对监理工作的

要求,并与后续工作能更好地衔接。

2. 进一步熟悉情况,收集有关资料

(1) 反映工程项目特征的有关资料

①工程项目的批文;

②规划部门关于规划红线范围和设计条件通知;

③土地管理部门关于准予用地的批文;

④批准的工程项目可行性研究报告或设计任务书;

⑤工程项目地形图;

⑥工程项目勘测、设计图纸及有关说明。

(2) 反映当地工程建设政策、法规的有关资料

①关于工程建设报建程序的有关规定;

②当地关于拆迁工作的有关规定;

③当地关于工程建设应纳有关税费的规定;

④当地关于工程项目建设管理机构资质管理规定;

⑤当地关于工程项目建设实行建设监理的有关规定;

⑥当地关于工程建设招标投标制的有关规定;

⑦当地关于工程造价管理的有关规定等。

(3) 工程所在地区技术经济状况等建设条件的资料

①气象资料;

②工程地质及水文地质资料;

③与交通运输(包括铁路、公路、航运)有关的可提供的能力、时间及价格等的资料;

④与供水、供电、供热、供燃气、电信有关的可提供的容(用)量、价格等的资料;

⑤勘测设计单位状况;

⑥土建、安装施工单位状况;

⑦建筑材料及构件、半成品的生产、供应情况;

⑧进口设备及材料的有关到货口岸、运输方式的情况等。

(4) 类似工程项目建设情况的有关资料

①类似工程项目投资方面的有关资料;

②类似工程项目建设工期的有关资料;

③类似工程项目的其他技术经济指标等。

3. 编制工程项目的监理规划

工程项目的监理规划,是开展项目监理活动的纲领性文件,其内容将在第四章中进行介绍。

4. 制定各专业监理实施细则

在监理规划的指导下,为具体指导投资控制、质量控制、进度控制的进行,还需结合工程项目实际情况,制定相应的实施细则。有关内容将在第四章进行介绍。

5. 根据制定的监理细则,规范化地开展监理工作

作为一种科学的工程项目管理制度,监理工作的规范化体现在:

(1) 工作的时序性,即监理的各项工作都是按一定的逻辑顺序先后展开的,从而使监理工作能有效地达到目标而不致造成工作状态的无序和混乱。

(2) 职责分工的严密性。工程建设监理工作是由不同专业、不同层次的专家群体共同来完

成的,他们之间严密的职责分工,是协调进行监理工作的前提和实现监理目标的重要保证。

(3)工作目标的确定性。在职责分工的基础上,每一项监理工作应达到的具体目标都应是确定的,完成的时间也应有时限规定,从而能通过报表资料对监理工作及其效果进行检查和考核。

### 6. 参与工程项目竣工预验收,签署工程建设监理意见

工程项目施工完成后,应由施工单位向建设单位提交工程竣工报告,申请工程竣工预验收。监理单位参与预验收工作,在预验收中发现问题,应与施工单位沟通,提出要求,签署工程建设监理意见。

### 7. 向业主提交工程建设监理档案资料

工程项目建设监理业务完成后,向业主提交的监理档案资料应包括:监理设计变更、工程变更资料、监理指令性文件、各种签证资料等档案资料。

### 8. 监理工作总结

监理工作总结应包括以下内容。

第一部分,向业主提交的监理工作总结。其内容主要包括:监理委托合同履行情况概述;就任务或监理目标完成情况的评价;由业主提供的供监理活动使用的办公用房、车辆、试验设施等的清单;表明监理工作终结的说明等。

第二部分,向社会监理单位提交的监理工作总结。其内容主要包括:监理工作的经验,可以是采用某种监理技术、方法的经验,也可以是采用某种经济措施、组织措施的经验,以及签订监理委托合同方面的经验,如何处理好与业主、承包单位关系的经验等。

第三部分,对监理工作中存在的问题及改进的建议,及时加以总结,以指导今后的监理工作,并向政府有关部门提出政策建议,不断提高我国工程建设监理的水平。

## 二、建设工程监理实施原则

监理单位受业主委托对工程项目实施监理时,应遵守以下基本原则。

### 1. 公正、独立、自主的原则

监理工程师建设监理中必须尊重科学、尊重事实,组织各方协同配合,维护有关各方的合法权益。为使这一职能顺利实施,监理工程师必须坚持公正、独立、自主的原则。业主与承建商虽然都是独立运动的经济主体,但它们追求的经济目标有差异,各自的行为也有别,监理工程师应在按合同约定的权、责、利关系基础上,协调双方的一致性,即只有按合同的约定建成项目,业主才能实现投资的目标,承建商才能实现自己生产的产品价值,取得工程款和实现盈利。

### 2. 权责一致的原则

工程师履行其职责而从事的监理活动,是根据建设监理法规和受业主的委托和授权而进行的。监理工程师承担的职责与业主的权限相一致。也就是说,业主向监理工程师的授权,应以能保证其正常履行监理的职责为原则。

监理活动的客体是承建商的活动,但监理工程师与承建商之间并无经济合同关系。监理工程师之所以能行使监理职权,依赖业主的授权。这种权利的授予,除体现在业主与监理单位之间的工程建设监理合同中外,还应作为业主与承建商之间工程承包合同的合同条件。因此,监理工程师在明确业主提出的监理目标和监理工作内容要求后,应与业主协商明确相应的授权,达成共识后,明确反映在监理委托合同中及承包合同中。据此,监理工程师才能

开展监理活动。

总监理工程师代表监理单位全面履行工程建设监理合同,承担合同中的监理代表业主所承担的业务和责任。因此,在监理合同实施中,监理单位应结合监理工程师充分授权,体现权责一致的原则。

3. 总监理工程师负责制的原则

总监理工程师是项目监理全部工作的负责人。总监理工程师负责制的内涵包括:

(1)监理工程师是项目监理的责任主体。总监理工程师是实现项目监理目标的最高责任者。责任是总监理工程师负责的核心,它构成对总监理工程师的工作压力与动力,也是确定总监理工程师权力和利益的依据。所以,总监理工程师应是向业主和监理单位所负责的承担者。

(2)总监理工程师是项目监理的权力主体。根据总监理工程师承担责任的要求,总监理工程负责制体现了总监理工程师全面领导工程项目建设监理工作的权利,包括组建项目监理组织,主持编制监理规划,组织实施监理活动,对监理工作进行总结、监督、评价。

(3)总监理工程师是项目监理的利益主体。利益主体的概念主要体现在监理项目中他对国家的利益负责,对业主投资项目的效益负责,同时也对监理项目的监理效益负责,并负责项目监理机构内所有监理人员利益的分配。

要建立和健全总监理工程师负责制,就要求明确责、权、利关系,健全项目监理组织,具有科学的运行制度、现代化的管理手段,形成以总监理工程师为首的高效能的决策指挥体系。

4. 严格监理、热情服务的原则

监理工程师与承建商的关系,以及处理业主与承建商之间的利益关系,一方面应坚持严格按合同办事,严格监理的要求;另一方面,应立场公正,为业主提供热情服务。

严格监理,就是监理人员严格按照国家政策、法规、规范、标准和合同控制项目目标,严格把关,依照既定的程序和制度,认真履行职责,建立良好的工作作风。作为监理工程师,要做到严格监理,必须提高自身素质和监理水平。

监理工程师必须为业主提供热情的服务,"应运用合理的技能,谨慎而勤奋地工作"。由于业主不精通工程建设业务,监理工程师应按监理合同要求多方位、多层次为业主提供良好的服务,维护业主的正当权益。但是,不顾承建商的正当经济利益,一味向承建商转嫁风险,也非明智之举。例如,一味压低标价,或一味压缩工期,使承建商得不到正常的工程利润,甚至入不敷出,表面上看,好像为业主节约了投资,维护了业主的经济利益,但若造成工程难以为继,拖长工期,到头来反而得不偿失,给业主带来更大的经济损失。此类教训应引以为戒。

5. 综合效益的原则

社会建设监理活动既要考虑业主的经济效益,也必须考虑与社会效益、环境效益的有机统一,符合"公众"的利益。个别业主为谋求自身狭隘的经济利益,不惜损害国家、社会的整体利益,如有些项目存在严重的环境污染问题。工程建设监理活动虽经业主的委托和授权才得以进行,但监理工程师应严格遵守国家的建设管理法规、法律、标准等,以高度负责的态度和责任感,既对业主负责,谋求最大的经济效益,又要对国家和社会负责,取得最佳的综合效益。只有在符合宏观经济效益、社会效益和环境效益的条件下,业主投资项目的微观经济效益也才能得以实现。

6. 预防为主的原则

工程建设监理活动的产生与发展的前提条件,是拥有一批具有工程技术、管理知识和实践经验、精通法律与经济的专门高素质人才,形成专门化、社会化的高智能工程建设监理单位,为业主提供服务。由于工程项目的"一次性"、"单件性"等特点,使工程项目建设过程存在很多风险,监理工程师必须具有预见性,并把重点放在"预控"上,"防患于未然"。在制定监理规划,编制监理细则和实施监理控制过程中对工程项目投资控制和预控措施予以防范;此外,还应考虑多个不同的措施与方案,做到"事前有预测,情况变了有对策",避免被动,并可收到事半功倍之效。

7. 实事求是的原则

监理工作中监理工程师应尊重事实,以理服人。监理工程师的任何指令、判断应有事实依据,有证明、检验、试验资料,这是最具有说服力的。由于经济利益或认识上的关系,监理工程师与承建商对某些问题的认识、看法可能存在分歧,监理工程师不应以权压人,而应晓之以理。所谓"理"即具有说服力的事实依据,做到以"理"服人。

## 第四节 项目监理组织机构

监理单位接受业主委托实施监理之前,首先应建立与工程项目监理活动相适应的监理组织,根据监理工作内容及工程项目特点,选择监理组织形式。

### 一、建立项目监理组织机构的步骤

监理单位在组织项目监理机构时,一般按以下步骤进行,如图 3-10 所示。

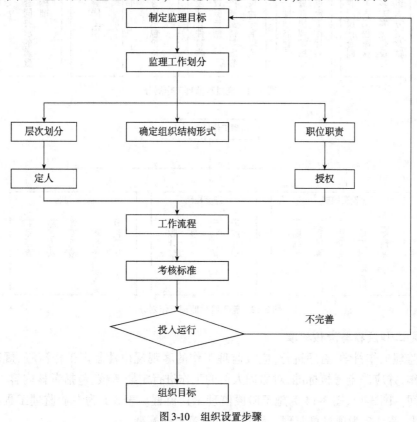

图 3-10 组织设置步骤

1. 确定建设监理目标

建设监理目标是项目监理组织设立的前提。项目监理组织应根据工程建设监理合同中确定的监理目标,明确划分为分解目标。

2. 确定工作内容

根据监理目标和监理合同中规定的监理任务,列出监理工作内容,并进行分类、归并及组合,是一项重要的组织工作。对各项工作进行归并及组合应以便于监理目标控制为目的,并考虑监理项目的规模、性质、工期、工程复杂程度以及监理单位自身技术业务水平、监理人员数量、组织管理水平等。

如果实施阶段全过程监理,监理工作划分可按设计阶段和施工阶段分别归并和组合,如图 3-11 所示;如果进行施工阶段监理,可按投资、进度、质量目标进行归并和组合,如图 3-12 所示。

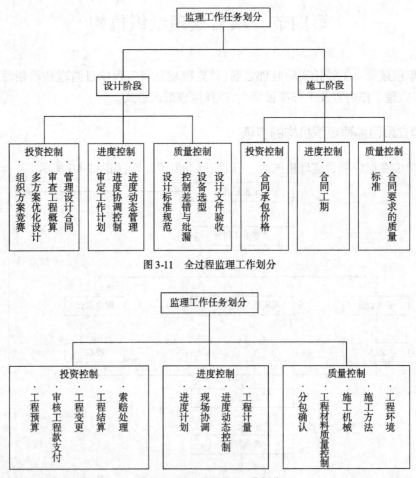

图 3-11 全过程监理工作划分

图 3-12 施工阶段监理工作划分

3. 制定工作流程与考核标准

为使监理工作科学、有序进行,应按监理工作的客观规律性制定工作流程,规范化地开展监理工作,并应确定考核标准,对监理人员的工作进行定期考核,包括考核内容、考核标准及考核时间。图 3-13、图 3-14 为施工阶段监理工作流程。表 3-1 为专业监理工程师岗位职责考核标准,表 3-2 为项目总监理工程师岗位职责考核标准。

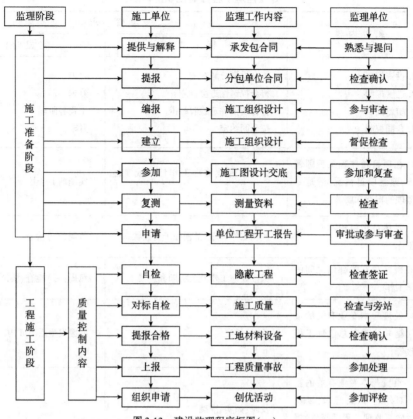

图 3-13 建设监理程序框图(一)

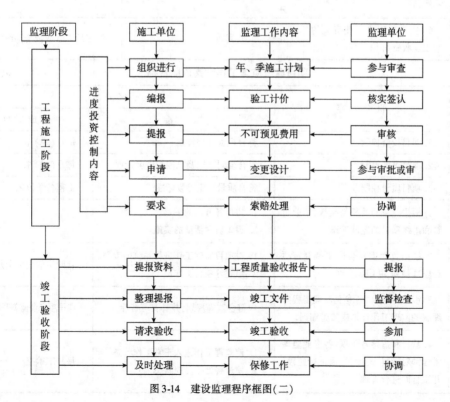

图 3-14 建设监理程序框图(二)

## 专业监理工程师岗位职责标准

表 3-1

| 项目 | 职责内容 | 考核要求 | |
|---|---|---|---|
| | | 标　准 | 完成时间 |
| 工作指标 | 1. 投资控制 | 符合投资分解规划 | 月末 |
| | 2. 进度控制 | 符合控制性进度计划 | 月末 |
| | 3. 质量控制 | 符合质量评定验收标准 | 工程各阶段 |
| | 4. 合同控制 | 按合同约定 | 月末 |
| 基本职责 | 1. 在项目总监理工程师领导下,熟悉项目情况,清楚专业监理的特点和要求 | 制订本专业监理工作计划或实施细则 | 实施前1个月 |
| | 2. 具体负责组织本专业监理工作 | 监理工作有序,工程处于受控状态 | 每周(月)检查 |
| | 3. 做好与有关部门之间的协调工作 | 保证处理工作及工程顺利进展 | 每周(月)检查、协调 |
| | 4. 处理与本专业有关的重大问题并及时向总监理工程师报告 | 及时、如实 | 问题发生后10d内 |
| | 5. 负责与本专业有关的签证。对外通知、备忘录,以及及时向总监理工程师报告、报表资料 | 及时、如实、准确 | |
| | 6. 负责整理本专业有关的竣工验收资料 | 完整、准确、真实 | 竣工后10d或依合同约定 |

## 项目建设监理工程师岗位职责标准

表 3-2

| 项目 | 职责内容 | 考核要求 | |
|---|---|---|---|
| | | 标　准 | 完成时间 |
| 工作指道 | 1. 项目投资控制 | 符合投资分解规划 | 每月(季)末 |
| | 2. 项目进度控制 | 符合合同工期及总控制进度计划 | 每月(季)末 |
| | 3. 项目质量控制 | 符合质量评定验收标准 | 工程各阶段末 |
| 基本职责 | 1. 根据业主的委托与授权,企业负责和组织项目的监理工作 | 1. 协调各方面的关系<br>2. 组织监理活动的实施 | |
| | 2. 根据监理委托合同主持制定项目监理规划,并组织实施 | 1. 对项目监理工作进行系统的策划<br>2. 组建好项目工作班子 | 合同生效后1个月 |
| | 3. 审核各子项、各专业监理工程师编制的监理工作计划或实施细则 | 应符合监理规划,并具有可行性 | 各子项专业监理开展前15d |
| | 4. 监督和指导各子项、各专业监理工程师对资料、进度、质量进行监控,并按合同进行管理 | 1. 使监理工作进入正常工作状态<br>2. 使过程处于受控状态 | 每月末检查 |

续上表

| 项目 | 职责内容 | 考核要求 | |
|---|---|---|---|
| | | 标准 | 完成时间 |
| 基本职责 | 5.做好建设过程中有关方面的协调工作 | 使工程处于受控状态 | 每月末检查、协调 |
| | 6.签署监理组对外发出的文件、报表及报告 | 1. 及时<br>2. 完整、准确 | 每月(季)末 |
| | 7.审核、签署项目的监理档案资料 | 1. 完整<br>2. 准确、真实 | 竣工后 15d 或依合同约定 |

## 二、项目监理机构的组织形式

监理组织形式应根据工程项目的特点、工程项目建设承发包模式、业主委托的任务以及监理单位自身情况而确定,常用的监理组织形式如下。

1. 直线制监理组织

这种组织形式是最简单的,它的特点是组织中各种职位是按照垂直系统直线排列的,它可以适用于监理项目能划分为若干相对独立的大中型建设项目,如图 3-15 所示。总监理工程师负责整个项目的规划、组织和指导,并着重整个项目范围内各方面的协调工作。子项目监理组分别负责项目的目标值控制,具体领导现场专业或专项监理组织的工作。

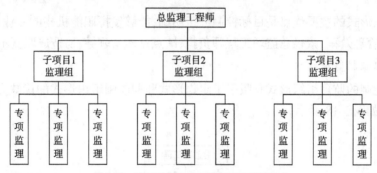

图 3-15 按子项分解的直线制监理组织形式

还可按建设阶段分解设立直线制监理组织形式,如图 3-16 所示。此种形式适用于大中型以上项目,且承包包括设计和施工的全过程工程建设监理任务。

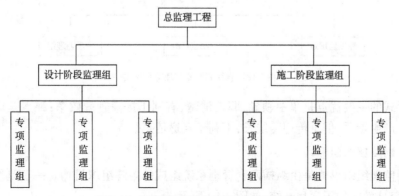

图 3-16 按建设阶段设立直线制监理组织形式

这种组织形式的主要特点是机构简单、权力集中、命令统一、职责分明、决策迅速、隶属关系明确;缺点是实行没有职能机构的"个人管理",这就要求总监理工程师博晓各种业务,通晓多种知识技能,成为"全能"式人物。

2. 职能制监理组织

职能制监理组织形式,是总监理工程师下设一些职能机构,分别从职能角度对基层监理组进行义务管理。这些职能机构可以在总监理工程师授权的范围内,就其主管的义务范围,向下下达命令和指标,如图3-17所示。此种形式适用于工程项目在地理位置上相对集中的工程。

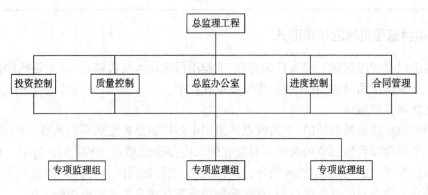

图3-17 职能制监理组织形式

这种组织形式的主要优点是目标控制分工明确,能够发挥职能机构的专业作用,专家参加管理,提高管理效率,减轻总监理工程师负担;缺点是多头领导,易造成职责不清。

3. 直线职能制监理组织

直线职能制的监理组织形式是吸引了组织形式和职能制组织形式的优缺点而构成的一种组织形式,如图3-18所示。

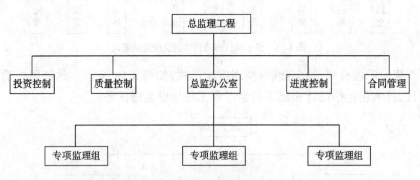

图3-18 直线制职能监理组织形式

这种形式的主要优点是集中领导、职责清楚,有利于提高管理效率;缺点是职能部门与指挥部门易产生矛盾,信息传递路线长,不利于互通信息。

4. 矩阵制监理组织形式

矩阵制监理组织形式是由纵横两套管理系统组成的矩阵组织机构。一套是纵向的职能系统,另一套是横向的子项目系统,如图3-19所示。

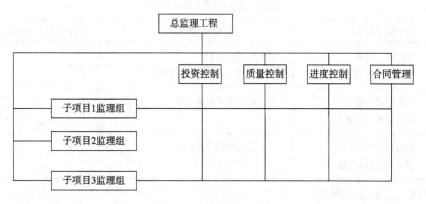

图 3-19　矩阵制监理组织形式

这种形式的优点是加强了各职能的横向联系,具有较大的机动性和适应性,把上下左右集权与分权实行最优的结合,有利于解决复杂难题,有利于监理人员义务能力的培养;缺点是纵横向协调工作最大,处理不当会造成扯皮现象或产生矛盾。

## 三、项目监理机构的人员配备及职责分工

监理组织的人员配备要根据工程特点、监理任务及合理的监理深度与密度,优化组合,形成整体高素质的监理组织。

1. 项目监理组织的人员机构

项目监理组织的人员要有合理的人员结构才能适应监理工作的要求。合理的人员结构包括以下两方面的内容。

(1)要有合理的专业结构。即项目监理组应由与监理项目的性质(如是工业项目,或是民用项目,或是专业性强的生产项目)及业主对项目监理的要求(是全过程监理,或是某一阶段如设计阶段或施工阶段的监理;是投资、质量、进度的多目标控制,或是某一目标的控制)相称职的各专业人员组成,也就是各专业人员要配套。

一般来说,监理组织应具备与所承担的监理任务相适应的专业人员。但是,当监理项目局部具有某些特殊性,或业主提出某些特殊的监理要求而需要借助于采用某种特殊的监控手段时,如局部的钢结构、网架、罐体等质量监控需采用无损探伤、X 光及超声探测仪;水下及地下混凝土桩基,需采用遥测仪等,此时将这些局部的、专业性很强的监控工作另行委托给相应资质的咨询监理机构来承担,也应视为保证了人员合理的专业结构。

(2)监理的技术职务、职称结构。监理工作虽是一种高智能的技术性劳动服务,但绝非不论监理项目的要求和需要,追求监理人员的技术职务、职称越高越好。合理的技术职称结构应是高级职称、中级职称和初级职称应有与监理工作要求相称的比例。一般来说,决策阶段、设计阶段的监理,具有中级及中级以上职称的人员在整个监理人员中占绝大多数,初级职称人员仅占少数。施工阶段的监理,应有较多的初级职称人员从事实际操作,如旁站、填记日志、现场检查、计量等。这里说的初级职称指助理工程师、助理经济师、技术员、经济员,还可包括具有相应能力的实践经验丰富的工人(要求这部分人员能看懂图纸,能正确填报原始凭证)。监理人员要求的技术职称结构如表 3-3 所示。

监理人员的技术职称结构表 表3-3

| 监理组织层次 | | 主 要 职 能 | 要求对应的技术职责 | | |
|---|---|---|---|---|---|
| 项目监理部 | 总监理工程师 专业监理工程师 | 项目监理的策划 项目监理实施的组织与协调 | 高级 | 中级 | 初级 |
| 子项监理组 | 子项监理工程师 专业监理工程师 | 具体组织子项监理义务 | | | |
| 现场监理员 | 质监员、计量员 预算员、计划员等 | 计量实务的执行与作业 | | | |

2. 监理人员数量的确定

1)确定因素

(1)工程建设强度

工程建设强度是指单位时间内投入的工程资金的数量。它是衡量一项工程紧张程度的标准。

$$工程建设强度 = \frac{投资}{工期}$$

其中,投资是指由监理单位承担的那部分工程的建设投资,工期也是指这部分工程的工期。一般投资费用可按工程估、概算或合同计算,工期是根据进度总目标及其分目标计算。

显然,工程建设强度越大,投入的监理人力就越多。工程建设强度是确定人数的重要因素。

(2)工程复杂程度

每项工程都具有不同的情况。地点、位置、气候、性质、空间范围、工程地质、施工方法、后勤供应等不同,则投入的人力也就不同。根据一般工程的情况,可按以下各项考虑工程复杂程度:

①设计活动多少;

②工程地点位置;

③气候条件;

④地形条件;

⑤工程地质;

⑥施工方法;

⑦工程性质;

⑧工期要求;

⑨材料供应;

⑩工程分散程度等。

根据工程复杂的不同,可将各种情况的工程分为若干级别,不同级别的工程需要配备的人员数量有所不同。例如,将工程复杂程度按五级划分:简单、一般、一般复杂、复杂、很复杂。显然,简单级别的工程需要的人员少,而复杂的项目就要所配置人员较多。

工程复杂程度定级可采用定量办法:将构成工程复杂程度的每一因素再划分为各种不同情况,根据工程实际情况予以评分,累计平均后根据分值大小以确定它的复杂程度等级。

如按十分制计评,则平均分值1~3分者为简单工程,平均分值为3~5、5~7、7~9者依次为一般、一般复杂、复杂工程,9分以上为很复杂工程。

(3)工程监理单位的业务水平

每个监理单位的业务水平有所不同,人员素质、专业能力、管理水平、工程经验、设备手段等方面的差异影响监理效率的高低。高水平的监理单位可以投入较少人力完成一个工程项目的监理工作,而一个经验不多或管理水平不高的监理单位则需要投入较多的人力。因此,各工程监理单位应当根据自己的实际情况制定监理人员需要量定额。

具体到一个工程项目中,还应视配备的具体监理人员的水平和设备手段来加以调整。

(4)监理组织结构和任务职能的分工

监理组织情况牵涉具体人员配备,务必使监理机构与任务职能分工的要求得到满足,因而还需要将人员做进一步的调整。

当然,在有业主方人员参与的监理班子中,或由施工方代表承担某些可由其进行的测试工作时,监理人员数量可适当减少。

2)监理人员的数量计算方法

(1)监理人员需要量定额

根据工程复杂程度等级按一个单位的工程建设强度来制定。表3-4为监理人员需要量定额。

**监理人员需要量定额**(每100万美元/年) 表3-4

| 工程复杂程度 | 监理工程师 | 监 理 员 | 行政文秘人员 |
|---|---|---|---|
| 简单 | 0.20 | 0.75 | 0.1 |
| 一般 | 0.25 | 1.00 | 0.1 |
| 一般复杂 | 0.35 | 1.10 | 0.25 |
| 复杂 | 0.50 | 1.50 | 0.35 |
| 很复杂 | >0.50 | >1.50 | >0.35 |

(2)确定工程建设强度

例如:某工程分为二个子项目。合同总价为3 900万美元,其中子项目为2 100万美元,子项目2个合同价为1 800万美元,工期30个月。

$$工程建设强度 = 3\,900 \div 30 \times 12 = 1\,560 \text{ 万美元/年}$$

即15.6×100万美元/年。

(3)确定工程复杂程度

按工程复杂程度的十个因素,根据本工程实际情况分别按十分制打分。具体情况见表3-5。

**工程复杂程度影响因素及分数** 表3-5

| 项 次 | 因 素 | 子项目1 | 子项目2 |
|---|---|---|---|
| 1 | 设计活动 | 5 | 6 |
| 2 | 工程位置 | 9 | 5 |
| 3 | 气候条件 | 5 | 5 |
| 4 | 地形条件 | 7 | 5 |

续上表

| 项　次 | 因　素 | 子项目1 | 子项目2 |
|---|---|---|---|
| 5 | 工程地质 | 4 | 7 |
| 6 | 施工方法 | 4 | 6 |
| 7 | 工期要求 | 5 | 5 |
| 8 | 工程性质 | 6 | 6 |
| 9 | 材料供应 | 4 | 5 |
| 10 | 工程分散程度 | 5 | 5 |
| | 平均分值 | 5.4 | 5.5 |

根据计算结果,此工程列为一般复杂等级。

(4)根据工程复杂程度和工程建设强度定额

从定额可查到定额系数如下:监理工程师为0.35,监理员为1.1,行政文秘为0.25。各类监理人员数量如下:

监理工程师:$0.35 \times 15.6 = 5.46$(按5~6人考虑);

监理员:$1.1 \times 15.6 = 17.16$(按17人考虑);

行政文秘人员:$0.25 \times 15.6 = 3.9$(按4人考虑)。

(5)根据实际情况确定监理人员数量

本工程项目的监理组织结构如图3-20所示。

根据监理组织结构情况决定每个机构各类监理人员如下:

监理总部(含总监、总监助理和总监办公室):监理工程师2人,监理人员2人,行政文秘人员2人。

子项目1监理组:监理工程师2人,监理人员8人,行政文秘人员1人。

子项目2监理组:监理工程师2人,监理员7人,行政文秘人员1人。

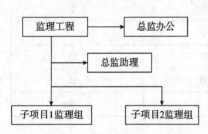

图3-20　工程项目监理组织结构

# 第五节　项目监理组织协调

监理组织在工程项目监理过程中,要顺利有效地实现建设工程项目监理工作目标,除了需要监理人员具有扎实的专业知识和对监理程序的有效执行外,还要求监理人员有较强的组织协调能力。监理人员通过组织协调工作,促使影响监理目标实现的各方主体相互配合,使监理工作得以顺利实施和运行。在工程项目监理过程中,建设单位、监理单位和承包单位是三个平行独立的主体,建设单位和监理单位之间是委托与被委托的关系,监理单位与承包单位之间是监理与被监理的关系。监理单位既要维护建设单位的利益,又要维护承包单位的合法权益,正确处理三者的关系,此外还必须处理好工程项目与其外部环境之间的关系。处理好这些关系的有效手段之一就是组织协调。

## 一、组织协调的概念

协调就是联结、联合、调和所有的活动及力量,使各方和谐配合,促使各方协同一致,以实现预定目标。协调工作贯穿于整个建设工程项目实施及其管理过程中。

建设工程项目系统是一个由人、财、物质、技术、信息等要素构成的人造系统。采用系统方法分析,建设工程的协调一般有三大类:一是"人/人界面";二是"系统/系统界面";三是"系统/环境界面"。

项目监理机构的协调工作就是存在于"人/人界面"、"系统/系统界面"、"系统/环境界面"之间,对所有的活动及力量联结、联合、调和的工作。系统方法强调把系统作为一个整体来研究和处理,整体的作用要比各子系统的作用之和大。当然协调不好就会出现相反的情况,要实现建设工程项目系统目标,必须重视协调工作,发挥系统整体功能。在建设工程监理中,要保证项目的参与各方围绕建设工程项目建设活动开展工作,使项目目标顺利实现,组织协调工作最为重要,也最为困难,是监理工作成功的关键。只有通过积极的组织协调才能实现整个系统全面控制的目的。

## 二、项目监理组织协调内容

项目监理组织协调的内容主要包括项目监理组织内部的协调工作、监理单位与建设单位的协调工作、监理单位与承包单位的协调工作、监理单位与其他单位的协调工作等四个方面。

1. 项目监理组织内部的协调工作

项目监理组织内部的协调工作主要包括组织内部人际关系的协调工作、内部组织关系的协调工作、内部需求关系的协调工作等三方面内容。

(1)项目监理组织内部人际关系的协调。项目监理组织是由人组成的人造系统,其工作效率很大程度上取决于人际关系的协调程度。监理单位要实现监理目标,首先要处理好成员间的关系,即协调人际关系,做好成员的激励工作。

(2)项目监理机构内部组织关系的协调。项目监理组织是由若干部门(功能块或子系统)组成的组织体系,每个部门都有各自的工作目标和任务。如果每个部门都从组织的整体利益出发,理解和履行自己的职责,则整个组织就会处于有序的良性状态;否则,整个系统便处于无序的紊乱状态,导致功能失调,效率下降。

(3)项目监理组织内部需求关系的协调。工程项目监理实施过程中有人员需求,试验、检测设备需求,材料需求等,内部需求平衡十分重要,直接关系到部门、人员的工作积极性、工作效率和组织目标的实现。

协调需求关系要做好以下工作:

①对监理设备、材料的平衡。建设工程项目监理工作开始时,要做好监理规划和监理实施细则的制定工作,提出合理的监理资源配置,要做到及时、够用和满足工作要求。

②对监理人员的平衡。要抓住调度环节,注意各专业监理工程师的配合。工程项目一般包括多个分部分项工程,复杂性和技术要求各不相同,存在监理人员配备、衔接和调度合理的问题。

2. 监理单位与建设单位的协调

工程项目监理实践证明,监理目标的顺利实现和与建设单位协调工作有直接关系。我

国长期实行的计划经济体制造成建设单位的合同意识差、随意性大,不适应社会主义市场经济的需要。主要体现为:

(1)不把合同规定的权力交给监理单位,致使监理工程师有职无权,发挥不了作用。

(2)科学管理意识差,在建设工程目标确定上压工期、压造价,在建设工程实施过程中变更多或不按质量标准要求办事,给监理工作的质量、进度、投资控制带来困难。

(3)建设单位对监理工作不重视、不支持,监理单位与业主的协调是监理工作的重点和难点。监理应做好以下工作,加强与建设单位的协调:

①要理解建设工程项目总目标、理解建设单位意图,通过协调工作取得建设单位的认可和支持,顺利进行监理,实现目标。

②做好监理宣传工作,增进建设单位对监理工作的理解,特别是对建设工程项目监理的职责及监理程序的理解;主动协助建设单位处理建设工程项目中的事务性工作,以规范化、标准化、制度化的工作影响和促进双方工作的协调一致。

③尊重建设单位,与其一起投入建设工程全过程管理,虽然工程项目有既定的目标,但是在建设工程实施监理过程中,还必须执行建设单位的指令、征求建设单位的意见,使建设单位满意。对建设单位提出的不适当的要求,只要不属于原则问题,可先执行,然后利用适当时机、采取适当方式加以说明或解释;对于原则性问题,可采取书面报告等方式说明原委,尽量避免发生误解和冲突,保证建设工程顺利实施。

3.监理单位与承包单位的协调

监理工程单位对质量、进度和投资的控制目标是通过承包单位的工作结果体现出来的。监理工作主要是与承包单位打交道,处理好与承包单位之间的关系,取得承包单位的支持和配合,做到以下几点:一是坚持原则,实事求是,严格执行规范、规程,讲究科学态度。监理单位在监理工作中应紧紧围绕建设工程总目标,强调各方利益的一致性。二是正确认识协调不仅是方法、技术问题,更多的是语言艺术、感情交流和用权适度问题。有时尽管协调意见是正确的,但出于方式表达不妥,反而会激化扩大矛盾。高超的协调能力则能起到事半功倍的效果,令双方都满意。

(1)与设计单位的协调。监理单位必须协调与设计单位的工作,以加快工程进度,确保质量,降低消耗。

①尊重设计单位的意见,在设计单位向施工单位介绍工程概况、设计意图、技术要求、施工难点时,注意设计标准过高、设计遗漏、图纸差错等问题,并将其解决在施工之前;施工阶段,严格按图施工;结构工程验收、专业工程验收、竣工验收等工作,邀请设计单位代表参加;若发生质量事故,认真听取设计单位的处理意见等。

②施工中发现设计问题,应及时向设计单位提出,以免造成更大的直接损失;若监理单位有比原设计更先进的新技术、新工艺、新材料、新结构、新设备时,可主动向设计单位推荐。为使设计单位有修改设计的时间,不影响施工进度,协调各方达成协议,可约定期限,争取设计单位、施工单位的理解和配合。

③注意信息传递的及时性和程序性。监理工作联系单、工程变更单的传递,要按规定的程序进行。在施工监理的条件下,监理单位与设计单位都是受业主委托工作的,两者之间并没有合同关系,所以监理单位主要是和设计单位做好交流工作,协调要靠业主的支持。设计单位应就其设计质量对建设单位负责,《中华人民共和国建筑法》指出:工程监理人员发现工程设计不符合建筑工程质量标准或者合同约定的质量要求的,应当报告建设单位要求设计

单位改正。

（2）与施工单位的协调工作内容。监理单位必须做好与施工单位的协调工作，保证三大目标的实现。协调工作的主要内容如下。

①与承包单位的项目经理关系的协调。从承包单位的项目经理角度说，希望监理工程师公正、通情达理、理解别人；希望从监理工程师处得到明确而不是含糊的指示，并且能够对他们所询问的问题给予及时的答复；希望监理工程师的指示能够在他们工作之前发出。他们对采用教条的、机械的、说教式工作方法的监理工程师最为反感，监理工程师应该非常清楚这一点。一个既懂得坚持原则又善于理解承包单位项目经理的意见，工作方法灵活，随时可能提出或愿意接受变通办法的监理工程师，能够很顺利的完成监理工作。

②进度问题的协调。影响进度的因素错综复杂，进度问题的协调工作也十分复杂。实践证明，要做好两项协调工作：一是建设单位和承包商双方共同商定一级网络计划，由双方主要负责人签字，作为工程施工合同的附件；二是设立按时竣工奖，由监理工程师按一级网络计划检查考核，分期支付阶段工期奖，如果整个工程最终不能完成工期，由建设单位从工程款中将已付的阶段工期奖扣回并按合同规定予以处理。

③质量问题的协调。在质量控制方面应实行监理工程师质量签字认可制度，对没有出厂证明、不符合使用要求的原材料、设备和构件，不准使用；对工序交接实行报验签证；对不合格的工程部位不予验收签字，也不予计算工程量，不予支付工程款；在建设工程实施过程中，设计变更或工程内容的增减是经常出现的，有些是合同签订时无法预料和明确规定的。对于这种变更，监理工程师要认真研究，合理计算价格，与有关方面充分协调达成一致意见，并实行监理工程师签证制度。

④对承包单位违约行为的处理。在施工过程中，监理工程师对承包单位的某些违约行为进行处理是难免的事情。当发现承包单位采用不适当的方法施工或是用不符合合同规定的材料时，监理工程师除立即制止外，可能还要采取相应的处理措施。遇到这种情况，监理工程师应该考虑的是自己的处理意见是否属于监理权限，根据合同要求，自己应该怎么做等。在发现质量缺陷并需要采取措施时，监理单位必须立即通知承包单位。监理工程师要有时间概念，否则承包单位有权认为监理单位对已完成的工程内容是满意或认可的。

⑤合同争议的协调。对于工程中的合同争议，监理工程师应首先采用协商解决的方式，协商不成时由当事人向公司管理机关申请调解。只有当对方严重违约使自己的利益受到重大损失，已不能得到补偿时才采用仲裁或诉讼手段。如果遇到非常棘手的合同争议问题，不妨暂时搁置等待时机，另谋良策。

⑥对分包单位的管理。主要是对分包单位明确合同管理范围，分层次管理。将总包合同作为一个独立的合同单元进行投资、进度、质量控制和合同管理，不直接和分包合同发生关系。对分包合同中的工程质量、进度直接跟踪监控，通过总包商进行调控、纠偏。分包商在施工中发生的问题，由总包商负责协调处理，必要时监理工程师帮助协调。当分包合同条款与总包合同抵触，以总包合同条款为准。此外，分包合同不能解除总包商对总包合同所承担的任何责任和义务。分包合同发生的索赔问题一般由总包商负责，涉及总包合同中建设单位义务和责任时，由总包商通过监理工程师向建设单位提出索赔，由监理工程师进行协调。

⑦处理好人际关系。在监理过程中，监理工程师处于一种十分特殊的位置，建设单位希望得到独立、专业的高质量服务，而承包单位则希望监理单位能对合同条件有公正的解释。因此，监理工程师必须善于处理各种人际关系，既要严格遵守执业道德，礼貌而坚决地拒收

任何礼物,以保证行为的公正性,也要利用各种机会增进与各方面人员的友谊与合作,以利于监理工作的顺利进行。

4. 监理单位与其他单位的协调

建设工程项目的开展还受政府部门及其他单位的影响。如政府部门、金融组织、社会团体、新闻媒介等,它们对建设工程项目起着控制、监督、支持、帮助作用,这些关系若协调不好,建设工程项目实施也会严重受阻。

(1)与政府部门的协调。

①工程质量监督站是由政府授权的工程质量监督的实施机构,主要是核查勘察设计单位、施工单位和监理单位的资质,对委托监理的工程,监督这些单位的质量行为和工程质量。监理单位在进行工程质量控制和质量问题处理时,要做好与工程质量监督站的交流和协调。

②重大质量事故发生时,在承包单位采取急救、补救措施的同时,应敦促承包单位立即向政府有关部门报告情况,接受检查和处理。

③建设工程合同应送公证机关公证,并报政府建设管理部门备案;征地、拆迁、移民要争取政府有关部门支持和协作;现场消防设施的配置,宜请消防部门检查认可;要敦促承包单位在施工中注意防止环境污染,坚持做到文明施工。

(2)协调与社会团体的关系。一些大中型建设工程项目建成后,不仅会给建设单位带来效益,还会给该地区的经济发展带来好处,同时给当地人民生活带来方便,因此必然会引起社会各界关注。建设单位和监理单位要把握机会,争取社会各界对建设工程项目的关心和支持,这是一种争取良好社会环境的协调。

以上协调,从组织协调的范围看是属于远外层的管理。根据目前的工程监理实践,对远外层关系的协调应由建设单位主持,监理单位主要是协调近外层关系。如建设单位将部分或全部远外层关系协调工作委托监理单位承担,则应在委托监理合同专用条件中明确委托的工作和相应的报酬。

### 三、项目监理组织协调方法

1. 会议法

会议协调法是建设工程监理中最常用的一种协调方法。实践中常用的会议协调法包括第一次工地会议、监理例会、专业性监理会议等。

2. 交谈法

在实践中,并不是所有问题都需要开会来解决,也可以采用交谈的方法解决,包括面对面的交谈和电话交谈两种形式。无论是内部协调还是外部协调,这种方法使用频率都是相当高的,其优点是:

(1)保持信息畅通。由于交谈本身没有合同效力及其方便性和及时性,所以建设工程参与各方之间及监理机构内部都愿意采用这一方法。

(2)寻求协作和帮助。在寻求别人帮助和协作时往往要及时了解对方的反应和意见,以便采取相应的对策。另外,相对于书面寻求协作,人们更难以拒绝面对面的请求,采用交谈方式请求协作和帮助比采用书面方法实现的可能性要大。

(3)及时发布工程指令。在实践中,监理工程师一般都采用交谈方式先发布口头指令,这样既可以使对方及时执行指令,也可以和对方进行交流,了解对方是否正确理解指令,然后再以书面形式加以确认。

### 3. 书面法

当会议或者交谈不方便或不需要时，或者需要精确地表达自己的意见时，就会用到书面协调的方法。书面协调方法的特点是具有合同效力，一般常用于以下几方面：

(1) 不需双方直接交流的书面报告、报表、指令和通知等。

(2) 需要以书面形式向各上提供详细信息和情况通报的报告。

(3) 事后对会议记录、交谈内容或口头指令的书面确认。

### 4. 访问法

访问法主要用于外部协调，有走访和邀访两种形式。走访是指监理工程师在建设工程施工前或施工过程中对与工程施工有关的各政府部门、公共事业机构、新闻媒介或工程毗邻单位等进行访问，向他们解释工程项目的情况，了解他们的意见。邀访是指监理工程师邀请上述各单位（包括建设单位）代表到施工现场对工程进行指导性巡视，了解现场工作。在多数情况下，他们并不了解工程项目，不清楚现场的实际情况，容易进行些不恰当的干预，会对工程产生不利影响。这时，采用访问法是一个相当有效的协调方法。

### 5. 情况介绍法

情况介绍法通常与其他协调方法结合在一起使用，它可能是在一次会议前，或是交谈前，或是走访或邀访前向对方进行的情况介绍，形式上主要是口头的、有时也伴有书面的介绍，往往作为其他协调的引导，目的是使别人首先了解情况。因此，监理工程师要重视任何场合下的介绍，要使别人能够理解所介绍的内容、问题和困难及想得到的协助等。

总之，组织协调是一种管理艺术和技巧，监理工程师尤其是总监理工程师需要掌握领导科学、心理学、管理学、组织和个体行为科学方面的知识和技能，如激励、交际、表扬和批评的艺术、开会的艺术、谈话的艺术、谈判的技巧等。只有这样，监理工程师才能进行有效的协调。

## 思考题与习题

1. 组织的含义。
2. 组织构成因素。
3. 组织结构设计的原则。
4. 建筑工程组织管理基本模式有哪些？
5. 建筑工程监理实施程序与原则是什么？
6. 直线制监理组织形式的特点是什么？
7. 如何做好项目监理机构的人员配备？
8. 如何做好项目监理组织协调工作？常用的协调方法有哪些？

# 第四章 建设工程监理规划

## 第一节 建设工程监理规划概述

建设工程监理规划是工程监理企业接受业主委托后,在总监理工程师主持下编制,经工程监理企业技术负责人批准,用来指导项目监理机构全面开展监理工作的纲领性文件。

### 一、建设工程监理工作文件构成

建设工程监理工作文件是指监理企业投标时编制的监理大纲、监理合同签订以后编制的监理规划和专业监理工程师编制的监理实施细则。它们共同构成监理规划系列性文件。

1. 监理大纲

监理大纲又称监理方案,它是监理企业在业主委托监理的过程中为承揽监理业务而编写的监理方案性文件。它的主要作用有两个,一是使业主认可大纲中的监理方案,从而承揽到监理业务;二是为项目监理机构开展监理工作制定基本的方案。监理大纲的编制人员应当是监理企业经营部门或技术管理部门人员,也应包括拟定的总监理工程师。项目监理大纲是项目监理规划编写的直接依据。

监理大纲的内容应当根据业主所发布的监理招标文件的要求而制定,一般来说,应该包括如下主要内容:

(1)拟派往项目监理机构的监理人员情况介绍

在监理大纲中,监理企业需要介绍拟派往所承揽或投标工程的项目监理机构的主要监理人员,并对他们的资格情况进行说明。其中,应该重点介绍拟派往投标工程的项目总监理工程师的情况,这往往决定承揽监理业务的成败。

(2)拟采用的监理方案

监理企业应当根据业主所提供的工程信息,并结合自己为投标所初步掌握的工程资料,制订出拟采用的监理方案。监理方案的具体内容包括:项目监理机构的方案、建设工程三大目标的具体控制方案、工程建设各种合同的管理方案、项目监理机构在监理过程中进行组织协调的方案等。

(3)将提供给业主的阶段性监理文件

在监理大纲中,监理单位还应该明确未来工程监理工作中向业主提供的阶段性的监理文件,这将有助于满足业主掌握工程建设过程的需要,有利于监理企业顺利承揽该建设工程的监理业务。

2. 监理规划

监理规划是工程监理企业接受业主委托并签订工程建设监理合同之后,由项目总监理工程师主持,根据委托监理合同,在监理大纲的基础上,结合项目的具体情况,广泛充分地研究和分析工程的目标、技术、管理、环境以及参与工程建设各方的情况后制定的。监理规划是经监理单位技术负责人批准,用来指导项目监理机构全面开展监理工作的指导性文件。

监理规划是根据监理大纲的有关内容编写的。从内容范围上讲,监理大纲与监理规划都是围绕着整个项目监理机构所开展的监理工作来编写的,但监理规划的内容要比监理大纲更翔实、更全面。

3. 监理实施细则

监理实施细则又简称监理细则。如果把工程建设监理看作一项系统工程,那么监理细则就好比这项工程的施工图设计。它与项目监理规划的关系可以比作施工图与初步设计的关系。也就是说,监理细则是在项目监理规划基础上,由项目监理机构的专业监理工程师针对建设工程中某一专业或某一方面的监理工作编写,并经总监理工程师批准实施的操作性文件。

项目监理细则在编写时间上滞后于项目监理规划。编写主持人一般是项目监理组织的某个部门的负责人,其内容主要是围绕着自己部门的主要工作来编写的。它的作用是指导本专业或本子项目具体监理业务的开展。

4. 三者之间的关系

监理大纲、监理规划、监理实施细则是相互关联的,都是建设工程监理工作文件的组成部分,它们之间存在着明显的依据性关系;在编写监理规划时,一定要严格根据监理大纲的有关内容来编写;在制定监理实施细则时,一定要在监理规划的指导下进行。

一般来说,监理单位开展监理活动应当编制以上工作文件。但这也不是一成不变的,就像工程设计一样。对于简单的监理活动只编写监理实施细则就可以了,而有些建设工程也可以制定较详细的监理规划,而不再编写监理实施细则。

## 二、建设工程监理规划的作用

建设工程监理规划的作用主要体现在以下四个方面:

1. 指导监理企业的项目监理组织全面开展监理工作

工程建设监理的中心任务是协助业主实现项目总目标。实现建设工程总目标是一个系统的过程。它需要制订计划,建立组织,配备监理人员,进行有效的领导,实施工程的目标控制。只有系统地做好上述工作,才能完成工程建设监理的任务,实现工程的目标控制。在实施建设监理的过程中,监理企业要集中精力做好目标控制工作。但是,如果不事先对计划、组织、人员配备、领导等各项工作做出科学的安排就无法实现有效控制。因此,项目监理规划需要对项目监理组织开展的各项监理工作做出全面、系统的组织和安排。它包括确定监理目标,制订监理计划,安排目标控制、合同管理、信息管理、组织协调等各项工作,并确定各项工作的方法和手段。

2. 监理规划是工程建设监理主管机构对监理企业实施监督管理的重要依据

工程建设监理主管机构对社会上所有监理企业都要实施监督、管理和指导,对其管理水平、人员素质、专业配套和监理业绩要进行查核和考评以确认它的资质和资质等级,以使我国整个工程建设监理能够达到应有的水平。要做到这一点,除了进行一般性的资质管理工作之外,更为重要的是通过监理企业的实际监理工作来认定它的水平。而监理企业的实际水平可从监理规划和它的实施中充分地表现出来。因此,建设监理主管机构对监理企业进行考核时应当十分重视对监理规划的检查,它是建设监理主管机构监督、管理和指导监理企业开展工程建设监理活动的重要依据。

3. 监理规划是业主确认监理企业履行工程建设监理合同的重要依据

监理单位如何履行监理合同,如何落实业主委托监理单位所承担的各项监理服务工作,作为监理的委托方,业主不但需要而且应当了解和确认监理单位的工作。同时,业主有权监督监理单位全面、认真地执行监理合同。而监理规划正是业主了解和确认这些问题的最好资料,是业主确认监理单位是否履行监理合同的主要说明性文件。监理规划应当能够全面而详细地为业主监督监理合同的履行提供依据。

实际上,监理规划的前期文件,即监理大纲,是监理规划的框架性文件。而且,经由谈判确定的监理大纲应当纳入监理合同的附件之中,成为监理合同文件的组成部分。

4. 监理规划是监理企业重要的存档资料

从监理单位内部管理制度化、规范化、科学化的要求出发,需要对各项目监理机构(包括总监理工程师和专业监理工程师)的工作进行考核,其主要依据就是经过内部主管负责人审批的监理规划。通过考核,可以对有关监理人员的监理工作水平和能力做出客观、正确评价,从而有利于今后在其他工程上更加合理地安排监理人员,提高监理工作效率。

从建设工程监理控制的过程可知,项目监理规划的内容随着工程的进展而逐步调整、补充和完善,它在一定程度上真实地反映了一个工程项目监理的全貌,是最好的监理过程记录。因此,它是每一家监理企业的重要存档资料。

## 第二节 建设工程监理规划的编制

工程建设监理规划是在工程建设监理合同签订后制定的指导监理工作开展的纲领性文件,是由项目总监理工程师和项目监理机构充分分析和研究建设工程的目标、技术、管理、环境以及参与工程建设的各方等方面的情况后制定的。它对工程建设监理工作全面规划和进行监督指导起到了重要作用。监理规划中就应当有明确具体的、符合该工程要求的工作内容、工作方法、监理措施、工作程序和工作制度,并应具有可操作性。

### 一、监理规划编制要求

1. 监理规划的基本内容构成应当力求统一

监理规划作为指导项目监理组织全面开展监理工作的指导性文件,在总体内容组成上应力求做到统一。这是监理规范、统一的要求,是监理制度化的要求,是监理科学性的要求。

监理规划的基本构成内容的确定,首先应考虑整个建设监理制度对工程建设监理的内容要求。《工程建设监理规定》第九条明确指出,工程建设监理的主要内容是控制工程建设的投资、建设工期和工程质量,进行工程建设合同管理,协调有关单位间的工作关系。《工程建设监理规定》的上述要求,无疑将成为项目监理规划的基本内容,同时应当考虑监理规划的基本作用。监理规划的基本作用是指导项目监理组织全面开展监理工作。所以,对整个监理工作的计划、组织、控制将成为监理规划必不可少的内容。这样,监理规划构成的基本内容就可以在上面的原则下统一起来。对于一个具体工程项目的监理规划,则要根据监理企业与项目业主签订的监理合同所确定的监理实际范围和深度来加以取舍。

归纳起来,项目监理规划基本组成内容,应当包括:目标规划、项目组织、监理组织、合同管理、信息管理和目标控制。这样,就可以将监理规划的内容统一起来。监理规划统一的内容要求应当在建设监理法规文件或工程建设监理合同中明确下来。例如,美国政府工程监理合同标准文本中就有专门的关于监理规划的条款,其中,明确规定监理规划的内容由九部分组成,即工程项目说明、工程项目目标、三方义务说明、项目结构分解、组织结构、监理人员工作义务、职责关系、进度计划、协调工作程序。

2. 监理规划的具体内容应具有针对性

监理规划基本构成内容应当统一,但各项内容要有针对性。因为监理规划是指导一个特定工程项目监理工作的技术组织文件,它的具体内容要适应于这个工程项目。而所有工程项目都具有单一性和一次性特点,也就是说每个项目都不相同。而且,每一个监理企业和每一位项目总监理工程师对一个具体项目在监理思想、方法和手段上都有独到之处。因此在编写监理规划具体内容时必然是"百花齐放"。只要能够对本项目有效地实施监理、圆满地完成所承揽的监理业务就是一个合格的监理规划。

所以,针对一个具体工程项目的监理规划,有它自己的投资、进度、质量目标;有它自己的项目组织形式;有它自己的监理组织机构;有它自己的信息管理的制度;有它自己的合同管理措施;有它自己的目标控制措施;有它自己的目标控制措施、方法和手段。只有具有针对性,监理规划才能真正起到指导监理工作的作用。

3. 监理规划应当遵循建设工程的运行规律

监理规划是针对一个具体建设工程编写的,而不同的建设工程具有不同的工程特点、工程条件和运行方式。这也决定了建设工程监理规划的内容与工程运行客观规律应具有一致性,必须把握、遵循建设工程运行的规律。只有把握建设工程运行的客观规律,监理规划的运行才是有效的,才能实施对这项工程的有效监理。

此外,监理规划要随着建设工程的展开进行不断的补充、修改和完善。它用开始的"粗线条"或"近细远粗"逐步变得完整、完善起来。在建设工程的运行过程中,内外因素和条件不可避免地要发生变化,造成工程的实施情况偏离计划,往往需要调整计划乃至目标,这就必然造成监理规划在内容上也要相应地调整,其目的是使建设工程能够在监理规划的有效控制之下,不能让它变得无法驾驭。

监理规划要把握建设工程运行的客观规律,就需要不断地收集大量的编写信息。如果掌握的工程信息很少,就不可能对监理工作进行详尽的规划。例如,随着设计的不断进展、工程招标方案的出台和实施,工程信息量越来越多,监理规划的内容也就越来越趋于完整。就一项建设工程的全过程监理规划来说,想一气呵成的做法是不实际的,也是不科学的。即使编写出来也是一纸空文,没有任何实施的价值。

4. 项目监理工程是监理规划编写的主持人

监理规划应当在项目总监理工程师主持下编写制定,这是工程建设监理实行项目总监理工程师负责制的要求,同时,要广泛征求各专业和各子项目监理工程师的意见并吸收他们中的一部分共同参与编写。编写之前,编写组要搜集有关工程项目的状况资料和环境资料作为规划的依据。

监理规划在编写过程中应当听取项目业主的意见,最大限度地满足他们的合理要求,为进一步搞好服务奠定基础。

监理规划编写过程中还要听取被监理方的意见。这不仅包括承建工程项目的单位(当然他们是重要的和主要的),还应当向富有经验的承包商广泛地征求意见,这样做会带来意想不到的好处。作为监理企业的业务工作,在编写监理规划时还应当按照本单位的要求进行编写。

5. 监理规划的分阶段编写

如前所述,监理规划的内容与工程进展密切相关,没有规划信息也就没有规划内容。因此,监理规划的编写需要有一个过程。我们可以将编写的整个过程划分为若干个阶段,每个编写阶段都可与工程实施阶段相适应。这样,项目实施各阶段所输出的工程信息成为相应规划信息,从而使监理规划编写能够遵循管理规律,变得有的放矢。

监理规划编写阶段可按项目实施阶段来划分,例如,可划分为设计阶段、施工招标阶段和施工阶段。设计的前期阶段,即设计准备阶段应完成规划的总框架并将设计阶段的监理工作进行"近细远粗"地规划,使规划内容与已经把握住的工程信息紧密结合,既能有效地指导下阶段的监理工作,又为未来的工程实施进行筹划;设计阶段结束,大量的工程信息能够提供出来,所以施工招标阶段监理规划的大部分内容都能够落实;随着施工招标的进展,各承包单位逐步确定下来,工程承包合同逐步签订,施工阶段监理规划所需工程信息基本齐备,足以编写出完整的施工阶段监理规划。在施工阶段,有关监理规划工作主要是根据进展情况进行调整、修改,使它能够动态地调整整个工程项目的正常进行。

无论监理规划的编写如何进行阶段划分,它都必须起到指导监理工作的作用,同时还要留出审查、修改的时间。所以,监理规划编写要事先规定时间。

6. 监理规划的表达方式应当格式化、标准化

现代科学管理应当讲究效率、效能和效益,其表现之一就是使控制活动的表达方式格式化、标准化,从而使控制的规划显得更明确、更简洁、更直观。因此,需要选择最有效的方式和方法来表示监理规划的各项内容。比较而言,图、表和简单的文字说明应当是采用的基本方法。我国的建设监理制度应当走规范化、标准化的道路,这是科学管理与粗放型管理在具体工作上的明显区别。可以这样说,规范化,标准化是科学管理的标志之一。所以,编写建设工程监理规划各项内容时应当采用什么表格、图示以及哪些内容需要采用简单的文字说明应当做出统一规定。

7. 监理规划应该经过审核

监理规划在编写完成后需进行审核并经批准。监理单位的技术主管部门是内部审核单位,其负责人应当签认。监理规划是否要经过业主的认可,由委托监理合同或双方协商确定。从监理规划编写的上述要求来看,它的编写既需要由主要负责者(项目总监理工程师)主持,又需要形成编写班子。同时,项目监理机构的各部门负责人也有相关的任务和责任。

监理规划涉及建设工程监理工作的各方面,所以,有关部门和人员都应当关注它,使监理规划编制得科学、完备,真正发挥全面指导监理工作的作用。

## 二、监理规划编制依据

1. 工程项目外部环境调查研究资料

(1) 自然条件

包括:工程地质、工程水文、历年气象、区域地形、自然灾害情况等。

(2) 社会和经济条件

包括:政治局势、社会治安、建筑市场状况、材料和设备厂家、勘察和设计单位、施工单

位、工程咨询和监理企业、交通设施、通信设施、公用设施、能源和后勤供应、金融市场情况等。

2. 工程建设方面的法律、法规

(1)国家颁布的有关工程建设的法律、法规

这是工程建设相关法律、法规的最高层次。在任何地区或任何部门进行工程建设,都必须遵守国家颁布的工程建设方面的法律、法规。

(2)工程所在地或所属部门颁布的工程建设相关的法规、规定和政策

一项建设工程必然是在某一地区实施的,也必然是归属于某一部门的。这就要求工程建设必须遵守建设工程所在地颁布的工程建设相关的法规、规定和政策,同时也必须遵守工程所属部门颁布的工程建设相关规定和政策。

(3)工程建设的各种标准、规范

工程建设的各种标准、规范也具有法律地位,也必须遵守和执行。

3. 政府批准的工程建设文件

(1)政府工程建设主管部门批准的可行性研究报告、立项批文;

(2)政府规划部门确定的规划条件、土地使用条件、环境保护要求、市政管理规定。

4. 建设工程监理合同

(1)监理企业和监理工程师的权利和业务;

(2)监理工作范围和内容;

(3)有关监理规划方面的要求。

5. 其他建设工程合同

在编写监理规划时,也要考虑其他建设工程合同关于业主和承建单位权利和义务的内容。

6. 监理大纲

监理大纲中的监理组织计划,拟投入的主要监理人员,投资、进度、质量控制方案,合同管理方案,信息管理方案,定期提交给业主的监理工作阶段性成果等内容都是监理规划编写的依据。

### 三、监理规划的主要内容

工程建设监理规划应将监理合同规定的监理企业承担的责任及监理任务具体化,并在此基础上制定实施监理的具体措施。编制的工程建设监理规划,是编制建设监理细则的依据,是科学、有序地开展工程项目建设监理工作的基础。工程建设监理是一项系统工程。即是一项"工程",就要进行事前的系统策划和设计。监理规划就是进行此项工程的"初步设计"。各专业监理的实施细则是此项工程的"施工图设计"。

工程建设监理规划通常包括以下内容:

1. 工程项目概况

建设工程的概况部分主要编写以下内容:

(1)建设工程名称。

(2)建设工程地点。

(3)建设工程组成及建筑规模。

(4)主要建筑结构类型。

(5)预计工程投资总额。预计工程投资总额可以按以下两种费用编列:
①建设工程投资总额;
②建设工程投资组成简表。
(6)建设工程计划工期,可以以建设工程的计划持续时间或以建设工程开、竣工的具体日历时间表示。
①以建设工程的计划持续时间表示:建设工程计划工期为"××个月"或"××天";
②以建设工程的具体日历时间表示:建设工程计划工期由＿＿年＿＿月＿＿日至＿＿年＿＿月＿＿日。
(7)工程质量要求;应具体提出建设工程的质量目标要求。
(8)建设工程设计单位及施工单位名称。
(9)建设工程项目结构图与编码系统。

2. 监理工作范围

建设监理工作范围是指工程监理企业所承担的工程项目建设监理的任务范围。如果工程监理企业是承担全部工程项目的工程建设监理任务,那么监理的范围为全部工程项目的建设全过程,否则应按工程监理企业所承担的建设工程项目的建设标段或子项目划分确定工程项目建设监理范围。

3. 工程项目建设监理工作内容

1)立项阶段监理主要内容
(1)协助业主准备项目报建手续;
(2)项目可行性研究咨询、监理;
(3)技术经济论证;
(4)编制工程建设匡算。

2)设立阶段建设监理工作的主要内容
(1)结合工程项目特点,收集设计所需的技术经济资料;
(2)编写设计要求文件;
(3)组织工程项目设计方案竞赛或设计招标,协助业主选择勘察设计单位;
(4)拟订和商谈设计委托合同内容;
(5)向设计单位提供设计方案的比选;
(6)配合设计单位开展技术经济分析,搞好设计方案的比选,优化设计;
(7)配合设计进度,组织设计与有关部门,如消防、环保、土地、人防、防汛、园林,以及供水、供电、供热、电信等部门的协调工作;
(8)组织各设计单位之间的协调工作;
(9)参与主要设备、材料的选型;
(10)审核工程估算、概算、施工图预算;
(11)审核主要设备、材料清单;
(12)审核工程项目设计图纸;
(13)检查和控制设计进度;
(14)组织设计文件的报批。

3)施工招标阶段建设监理工作的主要内容
(1)拟订工程项目施工招标方案并征得业主同意;

(2)准备工程项目施工招标条件;
(3)办理施工招标申请;
(4)编写施工招标文件;
(5)标底经业主认可后,报送所在地方建设主管部门审核;
(6)组织工程项目施工招标工作;
(7)组织现场勘察与答疑会,回答投标人提出的问题;
(8)组织开标、评标及决标工作;
(9)协助业主与中标单位商签承包合同。

4)材料物资采购供应的建设监理工作

对于由业主负责采购供应的材料、设备等物资,监理工程师应负责进行制订计划、监督合同执行和供应工作。具体监理工作的主要内容有:

(1)制订材料物资供应计划和相应的资金需求计划;
(2)通过质量、价格、供货期、售后服务等条件的分析和比选,确定材料、设备等物资的供应厂家;调查主要设备现有的使用用户,并勘察生产厂家的质量保证系统;
(3)拟订并商签材料、设备的订货合同。

5)施工准备阶段监理

(1)审查施工单位选择的分包单位的资质;
(2)监督检查施工单位质量保证体系及安全技术措施,完善质量管理程序与制度;
(3)参加设计单位向施工单位的技术交底;
(4)审查施工单位上报的实施性施工组织设计,重点对施工方案、劳动力、材料、机械设备的组织及保证工程质量、安全、工期和控制造价等方面的措施进行监督,并向业主提出监理意见;
(5)在单位工程开工前检查施工单位的复测资料,特别是两个相邻施工单位之间的测量资料、控制桩橛是否交接清楚,手续是否完善,质量有无问题,并对贯通测量、中线及水准桩的设置、固桩情况进行审查;
(6)对重点工程部位的中线、水平控制进行复查;
(7)监督落实各项施工条件,审批一般单项工程、单位工程的开工报告,并报业主备查。

6)施工阶段监理工作的主要内容

(1)施工阶段的质量控制。

①对所有的隐蔽工程在进行隐蔽以前进行检查和办理签证,对重点工程要派监理人员驻点跟踪监理,签署重要的分项工程、分部工程和单位工程质量评定表;

②对施工测量、放样等进行检查,对发现的质量问题应及时通知施工单位纠正,并做好监理记录;

③检查确认运到现场的工程材料、构件和设备质量,并应查验试验、化验报告单、出厂合格证是否齐全、合格,监理工程师有权禁止不符合质量要求的材料、设备进入工地和投入使用;

④监督施工单位严格按照施工规范、设计图纸要求进行施工,严格执行施工合同;

⑤对工程主要部位、主要环节及技术复杂工程加强检查;

⑥检查施工单位的工程自检工作,数据是否齐全,填写是否正确,并对施工单位质量评定自检工作作出综合评价;

⑦对施工单位的检验测试仪器、设备、度量衡定期检验,不定期地进行抽验,保证度量资料的准确;

⑧监督施工单位对各类土木和混凝土试件按规定进行检查和抽查;

⑨监督施工单位认真处理施工中发生的一般质量事故,并认真做好监理记录;

⑩对大、重大质量事故以及其他紧急情况,应及时报告业主。

(2)施工阶段的进度控制。

①监督施工单位严格按施工合同规定的工期组织施工;

②对控制工期的重点工程,审查施工单位提出的保证进度的具体措施,如发生延误,应及时分析原因,采取对策;

③建立工程进度台账,核对工程形象进度,按月、季向业主报告施工计划执行情况、工程进度及存在的问题。

(3)施工阶段的投资控制。

①审查施工单位申报的月、季度计量报表,认真核对其工程数量,不超计、不漏计,严格按合同规定进行计量支付签证;

②保证支付签证的各项工程质量合格、数量准确;

③建立计量支付签证台账,定期与施工单位核对清算;

④按业主授权和施工合同的规定审核变更设计。

(4)施工阶段的安全监理。

①发现存在安全事故隐患的,要求施工单位整改或停工处理;

②施工单位不整改或不停止施工的,及时向有关部门报告。

7)施工验收阶段监理工作的主要内容

(1)督促、检查施工单位及时整理竣工文件和验收资料,受理单位工程竣工验收报告提出监理意见;

(2)根据施工单位的竣工报告,提出工程质量检验报告;

(3)组织工程预验收,参加业主组织的竣工验收。

8)合同管理工作的主要内容

(1)拟定本建设工程合同体系及合同管理制度,包括合同草案的拟订、会签、协商、修改、审批、签署、保管等工作制度及流程;

(2)协助业主拟定工程的各类合同条款,并参与各类合同的商谈;

(3)合同执行情况的分析和跟踪管理;

(4)协助业主处理与工程有关的索赔事宜及合同争议事宜。

9)委托的其他服务

监理单位及其监理工程师受业主委托,还可承担以下几方面的服务:

(1)协助业主准备工程条件,办理供水、供电、供气、电信线路等申请或签订协议;

(2)协助业主制订产品营销方案;

(3)为业主培训技术人员。

4.监理工作目标

建设工程的监理目标是指监理单位所承担的建设工程的监理控制预期达到的目标,通常以工程项目的建设投资、进度、质量三大控制目标来表示。

(1)投资目标:以_____年预算为基价,静态投资为____万元(或合同价为____万元)。

(2)工期目标:＿＿个月或自＿＿年＿＿月＿＿日至＿＿年＿＿月＿＿日。

(3)质量等级:建设工程质量合格及业主的其他要求。

5.监理工作依据

(1)工程建设方面的法律、法规;

(2)政府批准的工程建设文件;

(3)建设工程监理合同;

(4)其他建设工程合同。

6.项目监理机构的组织形式

(1)监理单位履行施工阶段的委托监理合同时,必须在施工现场建立项目监理机构。项目监理机构在完成委托监理合同约定的监理工作后方可撤离施工现场。

(2)项目监理机构的组织形式和规模,应根据委托监理合同规定的服务内容、服务期限、工程类别、规模、技术复杂程度、工程环境等因素确定。

(3)监理人员应包括总监理工程师、专业监理工程师和监理员,必要时可配备总监理工程师代表。项目监理机构的监理人员应专业配套、数量满足工程项目监理工作的需要。监理人员数量一般不少于3人。

(4)监理单位应于委托监理合同签订后 10d 内将项目监理机构的组织形式、人员构成及对总监理工程师的任命书面通知业主。当总监理工程师需要调整时,监理单位应征得业主同意,并书面通知业主;当专业监理工程师需要调整时,总监理工程师应书面通知业主和承包单位。

7.项目监理机构的人员配备计划

监理机构人员的配备,应根据被监理工程的类别、规模、技术复杂程度和能够对工程监理有效控制的原则进行配备。监理人员包括:总监理工程师、总监理工程师代表、专业监理工程师(以上统称为监理工程师);测量、试验人员和现场旁站人员(以上统称监理员)以及必要的文秘、行政事务人员等。

监理人员的组合应合理。监理工程师办公室各专业部门负责人等各类高级监理人员一般应占监理总人数的10%以上;各类专业监理工程师中中级专业监理人员,一般应占监理总人数的40%;各类专业工程师助理及辅助人员等初级监理人员,一般应占监理总人数的40%;行政及事务人员一般应控制在监理总人数的10%以内。

监理人员的数量要满足对工程项目进行质量、进度、费用监理和合同管理的需要,一般应按每年计划完成的投资额并结合工程的技术等级、工程种类、复杂程度、设计深度、当地气候、工地地形、施工工期、施工方法等项实际因素,综合进行测算确定。

8.项目监理机构的人员岗位职责

详见第三章第四节。

9.监理工作程序

监理工作程序比较简单明了的表达方式是监理工作流程图,一般可对不同的监理工作内容分别制定监理工作程序。

(1)分包单位资质审查基本程序,如图4-1所示。

(2)工程延期管理基本程序,如图4-2所示。

(3)工程暂停及复工管理的基本程序,如图4-3所示。

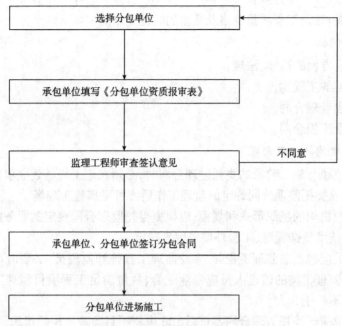

图 4-1 分包单位资质审查基本程序

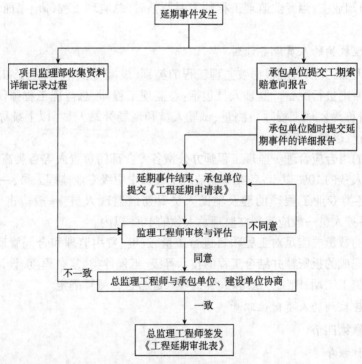

图 4-2 工程延期管理基本程序

10. 监理工作方法及措施

建设工程监理控制目标的方法与措施应重点围绕投资控制、进度控制、质量控制这三大控制任务展开。为了履行《建设工程安全生产管理条例》规定的安全监理职责,在监理规划中,也应对安全监理的方法和措施作出规划。

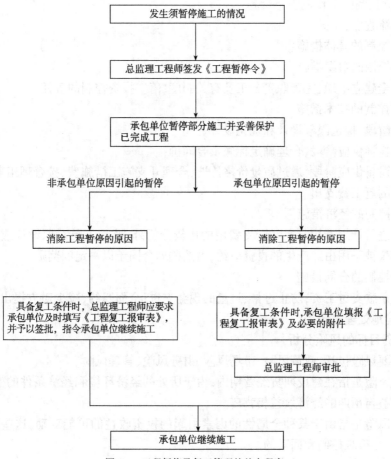

图 4-3 工程暂停及复工管理的基本程序

1) 投资控制

(1) 投资目标分解

① 按基本建设投资的费用组成分解;

② 按年度、季度(月度)分解;

③ 按建设工程组成分解;

④ 按项目实施的阶段分解。

项目实施的阶段又分为设计准备阶段投资分解、设计阶段投资分解、施工阶段投资分解、动工前准备阶段投资分解。

(2) 投资使用计划

投资使用计划可列表编制,见表 4-1。

投资使用计划表　　　　　　表 4-1

| 工程名称 | ××年度 | | | | 总额 |
| --- | --- | --- | --- | --- | --- |
| | 一 | 二 | 三 | 四 | |
| | | | | | |
| | | | | | |
| | | | | | |

(3)投资控制的工作流程与措施

①工作流程图；

②投资控制的具体措施：

a. 投资控制的组织措施

建立健全建立组织，完善职责分工及有关制度，落实投资控制的责任。

b. 投资控制的技术措施

在设计阶段，推选限额设计和优化设计；

在招标投标供应阶段，合理确定标底及合同价；

在材料设备供应阶段，通过质量价格比选，合理开支施工措施费，按合理工期组织施工，避免不必要的赶工费支出。

c. 投资控制的经济措施

除及时进行计划费用与实际开支费用的比较分析外，监理人员对原设计或施工方案提出合理化建议被采用由此产生的投资节约，可按监理合同予以一定的奖励。

d. 投资控制的合同措施

按合同条款支付工资，防止过早、过量的现金支付；全面履约，减少对方提出索赔的条件和机会；正确地处理索赔等。

(4)投资目标的风险分析

项目主要风险包括：政策风险、市场风险、财务风险、管理风险。

①政策风险是指在建设期货经营期内，由于所处的经济环境和经济条件的变化，致使实际的经济效益与预期的经济效益相背离。

②市场风险是指由于某种全局性的因素引起的投资收益的可能变动，这些因素来自项目外部，是项目很难控制和回避的。

③财务风险是指企业由于不同的资本结构而对企业投资者的收益产生的不确定影响。财务风险来源于企业资金利润率和接入资金利息率差额上的不确定因素，以及借入资金与自有资金的比例的大小。借入资金比例越大，风险程度越大；反之则越小。

④管理风险。项目的实施有一定的周期，涉及的环节也较多，在这期间如果出现一些人力不可抗拒的意外事件或某个环节出现问题以及宏观经济形势发生较大的变化，公司组织结构、管理方法可能不适应不断变化的内外环境，这将会大大影响项目的进展或收益。

(5)投资控制的动态比较

①投资目标分解值与项目概算值的比较；

②项目概算值与施工如预算值的比较；

③施工图预算值(合同价)与实际投资的比较。

(6)投资控制意义

建设工程项目投资控制，就是在建设工程项目的投资决策阶段、设计阶段、招标阶段、施工阶段以及竣工决算阶段，把建设工程投资控制在批准的或既定的限额内，随时纠正发生的偏差，以保证项目投资管理目标的实现，保证在建设工程中合理使用人力、物力、财力，取得理想的投资效益和社会效益。

2)进度控制

(1)项目总进度计划

项目总进度计划是各项控制性活动在时间上的体现。

(2)总进度目标的分解
①年度、季度(月度)进度目标。
②各阶段进度目标。
a.设计准备阶段进度分解;
b.设计阶段进度分解;
c.施工阶段进度分解;
d.动用前准备阶段进度分解。
③各子项目的进度目标。
(3)进度控制的工作流程与措施
①工作流程。
建设工程施工进度控制工作从审核承包单位提交的施工进度计划开始,直至建设工程保修期满为止,其主要工作流程:
a.编制施工进度控制工作细则;
b.编制或审核施工进度计划;
c.按年、季、月编制工程综合计划;
d.下达工程开工令;
e.协助承包单位实施进度计划;
f.监督施工进度计划的实施;
g.组织现场协调会;
h.签发工程进度款支付凭证;
i.审批工程延期;
j.向业主提供进度报告;
k.督促承包单位整理技术资料;
l.签署工程竣工报验单、提交质量评估报告;
m.整理工程进度资料;
n.工程移交。
②进度控制的具体措施。
a.进度控制的组织措施
落实进度控制责任,建立进度控制协调制度。
b.进度控制的技术措施
建立多级网络计划和施工作业计划体系;增加同时作业的施工面;采用高效能的施工机械设备;采用施工新工艺、新技术,缩短工艺过程间的技术间歇时间。
c.进度控制的经济措施
对工期提前者实行奖励;对应急工程实行较高的计件单价;确保资金的及时供应等。
d.进度控制的合同措施
合同中对与进度有关的内容进行明确规定。
(4)进度控制的动态比较
按合同要求及时协调有关各方的进度,以确保项目形象进度。
①常见的影响进度目标实现的风险分析如下:
a.要求改变或设计不当而进行设计变更;

b. 业主提供的场地条件不及时或不能正常满足工程需要;

c. 勘察资料不准确,特别是地质资料错误或遗漏而引起的未能预料的技术障碍;

d. 设计、施工中采用不成熟的工艺,技术方案失当;

e. 图纸供应不及时、不配套或出现差错;

f. 外界配合条件有问题,如交通运输受阻、水、电供应条件不具备等;

g. 计划不周,导致停工待料和相关作业脱节,工程无法正常进行;

h. 各单位、各专业、各工序间交接、配合上的矛盾,打乱计划安排;

i. 材料、构配件、机具、设备供应环节的差错,品种、规格、数量、时间不能满足工程的需要;

j. 受地下埋藏文物的保护、处理的影响;

k. 社会干扰,如外单位临时工程施工干扰,市民闹事,节假日交通管制,市容整顿的限制等;

l. 安全、质量事故的调查、分析、处理及争执的调解、仲裁等;

m. 业主资金方面的问题,如未及时向施工单位或供应商拨款;

n. 突发事件影响,如恶劣天气、地震、临时停水、停电、交通中断等;

o. 业主越过监理职权无端干涉,造成指挥混乱;

p. 监理工程师错误指令导致工期拖延。

② 进度控制的动态比较:

a. 进度目标分解值与项目进度实际值的比较;

b. 项目进度目标值预测分析。

③ 进度控制表格。

进 度 控 制 表    表4-2

| 日期 | 计划进度 | | 实际进度 | |
|---|---|---|---|---|
| | 阶段 | 每日进度 | 阶段 | 每日进度 |
| | | | | |
| | | | | |
| | | | | |

3) 质量控制

(1) 质量控制目标描述

① 设计质量控制目标;

② 材料质量控制目标;

③ 设备质量控制目标;

④ 土建施工质量控制目标;

⑤ 设备安装质量控制目标;

⑥ 其他说明。

(2) 质量控制的工作流程与措施

① 工作流程

质量控制规程制定,质量巡检,质量问题确认,质量问题处理。

② 质量控制的具体措施

a. 质量控制的组织措施

建立健全监理组织,完善职责分工及有关质量监督制度,落实质量控制的责任。

b.质量控制的技术措施

设计阶段,协助设计单位开展优化设计和完善设计质量保证体系;

材料设备供应阶段,通过质量价格比选,正确选择生产供应厂家,并协助其完善质量保证体系;

施工阶段,严格事前、事中和事后的质量控制措施量控制的组织措施。

c.质量控制的经济措施及合同措施

严格质检和验收,不符合合同规定质量要求的拒付工程款;达到质量优良者,按合同支付质量补偿金或奖金等。

③质量控制环节

a.建立健全质量保证体系:针对工程的特点和合同中签订的质量等级,建设方的要求、施工单位的施工技术力量等情况,确定监理方的监控的目标,制定监理的各项工作制度、工作程序,做到施工质量监理工作有章可循,有法可依。

b.加强合同管理,质量监控事前预防,施工操作事先指导:要求施工单位在人员配备、组织管理、检测程序、方法、手段等各个环节上加强管理,明确对材料的质量要求和技术标准;加强质量意识,实行"三检"制(自检、互检、专检);严把隐蔽工程的签字验收关,发现质量隐患及时向施工单位提出整改。

c.动态控制,事中认真检查:在质量控制中改静态检查为动态控制。

d.事后验收,及时处理质量问题:当分项、分部工程或单项工程施工完毕后,我们及时按相应的施工质量验收标准和方法,对所完工的工程质量进行验收。质量控制中最后的补救措施是事后验收。通过事后验收对施工中存在的质量缺陷或重大质量隐患,通过总监理工程师及时下发工程暂停令,要求施工单位停工整改。

④质量控制主要的手段

a.加强对工程施工图和计算书、计算依据等的审核,并进行必要的验算。

b.旁站监理:施工过程中对重点的项目和部位实施旁站,检查施工过程中设备、主材、辅材、混合料等与批准的是否符合;检查施工单位是否按批准的方案、技术规范施工。

c.测量:监理工程师对完成的工程的几何尺寸进行实测实量验收,不符合要求的要进行整修或返工。

d.试验:对各种材料、半成品等,监理人员可随机抽样试验,施工单位要提供条件;指令性文件:施工单位和监理单位的工作往来,必须以文字为准,监理工程师通过书面指令和文字对施工单位进行质量控制,用以指出施工中发生或可能发生的质量问题,提请施工单位加以重视或修改。

e.组织协调:由总监理工程师组织,适时、定期地召开工地会议,邀请承包商、建设单位等有关人员参加、讨论、协商施工过程中的实际情况,汇报施工进度、质量、投资等方面的情况,协调好各方面的关系。

f.专家会议:在施工过程中,对于一些复杂的技术问题,本公司确定由总监理工程师负责召集召开专家会议的方式,进行研究讨论,根据专家意见和合同条件,由总监做出结论并付诸实施。

g.停止支付:当承包商的任何工程行为违约或存在重大质量问题时,总监理工程师可利用合同条件中赋予的支付方面的权力,报经业主后暂停支付承包商的有关款项,监理工程师利用这一手段来约束承包商,使其按合同条件精心地完成合同规定的各项任务。

4)合同管理

(1)合同结构:可以以合同结构图的形式表示。

(2)合同目录一览表(见表4-3)。

合 同 目 录 表　　　　　　　　　表4-3

| 序号 | 合同编号 | 合同名称 | 承包商 | 合同价 | 合同工期 | 质量要求 |
|------|----------|----------|--------|--------|----------|----------|
|      |          |          |        |        |          |          |
|      |          |          |        |        |          |          |
|      |          |          |        |        |          |          |

(3)合同管理的工作流程与措施。

①工作流程。

合同管理从大的方面可以划分为合同订立阶段和合同履行阶段。合同订立阶段包括合同调查、合同谈判、合同文本拟定、合同审批、合同签署等环节;合同履行阶段涉及合同履行、合同补充和变更、合同解除、合同结算、合同登记等环节。

②合同管理的具体措施。

a.协助招标人拟定项目的各类合同条款,并参与各类合同商谈。

b.做好工程变更工作,发布工程变更指令:增加或减少合同中所包括的任何工作的数量;削减任何工作项目的内容,但不包括削减的工程由招标人或其他承包人来实施的情况;改变任何施工工程的性质、质量或类型;改变工程任何部分的标高、基线、位置和尺寸;实施工程竣工所必需的任何各类的附加工作;改变工程任何部分的施工顺序或时间安排。

c.监理工程师发现上述变更指令前应和有关部门协商并报经招标人批准。

d.进行合同执行情况的分析和跟踪管理。

e.协助处理与项目有关的索赔事宜及合同纠纷事宜;监理工程师应了解与掌握合同内容,对合同双方的执行情况进行跟踪管理,认真进行调查与记录,熟悉各类合同问题的处理程序,对双方出现的合同纠纷要及时处理,督促检查施工单位对合同目标实施。

(4)合同执行状况的动态管理。

当监理部人员发生变动时,监理单位及总监理工程师应及时与委托人沟通,说明人员变动情况和变动原因,以征得委托人的理解和信任,保评监理服务的延续性。

在监理合同履行过程中如果发现开始时间、完成时间出现变动或中间出现停工等现象,总监理工程师应及时和委托人进行沟通协商,调整监理服务时间,重新确定监理服务期限,办理监理补充协议,以维护监理单位的正当利益。

监理合同履行过程中如果委托人增加了工作范围和工作内容,提出了新的工作要求或者减少工作范围和工作内容,总监理工程师都应及时同委托人进行沟通,并依据原监理合同内容以及监理收费标准来调整监理服务期和监理费,并办理监理补充协议。

总监理工程师在办理工程项目竣工验收手续前,应将监理工作完成情况和监理费支付情况向委托人报告。通过与委托人协商,就未完监理工作和支付监理费事宜,和委托人办理相关手续或者办理补充协议。

(5)合同争议处理程序。

①了解合同争议情况;

②及时与合同争议双方进行磋商;

③提出处理方案后,由总监理工程师进行协调;

④当双方未能达成一致时,总监理工程师应提出处理合同争议的意见。项目监理机构在施工合同争议处理过程中,对未达到施工合同约定的暂停履行合同条件的,应要求施工合同双方继续履行施工合同。在施工合同争议的仲裁或诉讼过程中,监理机构可按仲裁机构或法院要求提供与争议有关的证据。

(6)合同管理表格(见表4-4)。

合 同 管 理 表    表4-4

| 序号 | 合同签订日期 | 合同编号 | 合同名称 | 业主单位 | 合同价 | 竣工工期 | 履行情况 |
|---|---|---|---|---|---|---|---|
|  |  |  |  |  |  |  |  |
|  |  |  |  |  |  |  |  |
|  |  |  |  |  |  |  |  |

5)信息管理

(1)信息流程图(见图4-4)。

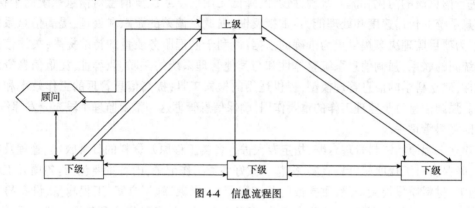

图4-4　信息流程图

(2)信息分类表(见表4-5)。

信 息 分 类 表    表4-5

| 序　号 | 信息类别 | 信息名称 | 信息管理要求 | 责　任　人 |
|---|---|---|---|---|
|  |  |  |  |  |
|  |  |  |  |  |
|  |  |  |  |  |

(3)信息管理的工作流程与措施。

收取信息和整理信息、汇总信息、分析处理问题。

信息管理贯穿建设工程全过程,衔接工程建设各阶段、各相关单位和各个方面的联系,监理机构的信息管理工作就是从信息的收集、传递、加工、整理、检索、分发、存储、归档等环节入手,对工程信息和工程资料实施标准化、科学化的管理,为工程质量、进度、投资和安全、文明施工控制提供及时、有效的依据。

措施主要是下几方面:

①制定管理目标,信息管理目标是:以保护知识产权为前提,高速、准确处理工程监理所需信息资料,通过有组织的信息资料的流通,使相关各方及时、准确地获得相应的信息资料,

利用数据库信息资料,对工程实施过程进行有效控制。

②制定管理方法。

a.建立适合本工程的信息资料编码体系,形成包含业主、监理机构、承包商、设计单位和材料、设备供应商各信息资料系统在内的项目管理信息资料管理系统。

b.及时收集、传递、加工、整理、检索、分发、存储与本工程相关的各种信息资料。

c.运用计算机进行本工程质量、进度、造价、安全文明施工管理和合同管理,随时向现场监理人员和业主提供有关本工程建设的信息服务。

③制定管理手段。

a.信息管理手段。

择优选用监理工作软件,建立适合本工程的信息管理系统,形成包含业主、监理、承包商、设计和设备材料供应商各信息系统在内的信息管理系统。运用计算机进行本工程信息管理,随时为相关各方提供信息服务;收集与本工程建设有关的各种信息,区别信息源,识别信息流,对信息流进行分类、分级处理。并设定业主为最重要的信息源,涉及质量、进度、投资、安全为关键控制点信息和涉及合同变更、索赔的信息为最重要信息;采用图解分析的方法,进行信息流的简化和流向合理性设计,降低无用信息或次要信息对信息系统的干扰,提高信息系统的传递速度和处理能力;重视反馈,强调对偏差的跟踪和处理,提高信息系统的精度,为项目监理决策提供更为准确的依据,以利于监理服务质量的持续提高;关注信息间和系统间的联系,强调信息系统整体性和与其他管理系统的关联、兼容性;注重信息资源的时效性,建立科学的信息管理模型,提供适用的检索工具,提高信息管理的工作效率和可追溯性。强调信息对于监理工作的重要作用,确保信息管理这一重要监理手段充分发挥作用。

b.资料管理手段。

建立工程原始资料管理台账,指定专人进行各类工程原始资料的日常收集、管理及归档工作,确保所有工程原始资料真实、完整。做好各类工作记录,内容主要包括:各项开工审批件,施工、材料质量检验记录,重要或隐蔽工程照片、录象、施工方案、工程测量、设备检验等审批件,工作计划、监理日志、检验申请单,以及总监下达的各种指令和各类会议记录等。每月以书面形式向业主报告工程进度情况和存在问题,以使业主对工程现状有一个比较清晰的了解。内容主要包括:工程描述,认可的分包商及供应商,工程进度、质量和支付状况,监理工作执行情况,以及必要的小结和附录。

6)组织协调

(1)与建设工程有关的单位。

①建设工程系统内的单位:主要有业主、设计单位、施工单位、材料和设备供应单位、资金提供单位等。

②建设工程系统外的单位:主要有政府建设行政主管机构、政府其他有关部门、工程毗邻单位、社会团体等。

(2)协调分析。

①项目系统内相关单位协调重点的分析。

a.开工前,参加、组织有关单位进行图纸会审、技术交底;

b.基础施工阶段组织建设单位、勘察、设计单位及时进行验槽;

c.施工过程中对于有关工程变更问题与有关单位联系沟通;

d.施工过程中发生的重大问题与有关单位及时协商处理;

e.施工过程中对于材料供应、友邻施工单位之间资源互补进行协商;

f.施工过程中对于建设单位与施工单位之间、各施工单位之间发生的争议进行协调;

g.工程竣工后组织有关单位及时进行验收;

h.督促施工单位及时交工,督促建设单位及时办理竣工结算。

协调的重点在于事先明确各有关单位、有关人员的职责,对于相关事情的提出、上报、协商、确定、反馈程序要明确。

②项目系统外相关单位协调重点的分析。

a.协助政府有关部门对建设活动进行监督、检查及管理;

b.协助建设单位处理好施工单位与周边毗连单位及居民的关系。

(3)协调工作程序。

①进行投资控制协调;

②进行进度控制协调;

③进行质量控制协调;

④进行其他方面协调;

7)安全监理管理

(1)安全监理职责描述。

①总监理工程师的职责:

a.对所监理工程项目的安全监理工作全面负责;

b.确定项目监理部的安全监理人员,明确其工作职责;

c.主持编写监理规划中的安全监理方案,审批安全监理实施细则;

d.审核并签发有关安全监理的《监理通知》和安全监理专题报告;

e.审批施工组织设计和专项施工方案,组织审查和批准施工单位提出的安全技术措施及工程项目生产安全事故应急预案;

f.签署《安全防护、文明施工措施费用支付审批表》;

g.签发《工程暂停令》,必要时向有关部门报告;

h.检查安全监理工作的落实情况。

②总监理工程师代表的职责:

a.根据总监理工程师的授权,行使总监理工程师的部分职责和权力。

b.总监理工程师不得委托总监理工程师的工作主要包括5部分。

对所监理工程项目的安全监理工作全面负责;主持编写监理规划中的安全监理方案,审批安全监理实施细则;签署《安全防护、文明施工措施费用支付审批表》;签发安全监理专题报告;签发《工程暂停令》,必要时向有关部门报告。

③安全监理人员的职责:

a.编写安全监理方案和安全监理实施细则;

b.审查施工单位的营业执照、企业资质和安全生产许可证;

c.审查施工单位安全生产管理的组织机构,查验安全生产管理人员的安全生产考核合格证书、各级管理人员和特种作业人员上岗资格证书;

d.审核施工组织设计中的安全技术措施和专项施工方案;

e.核查施工单位安全培训教育记录和安全技术措施的交底情况;

f.检查施工单位制定的安全生产责任制度、安全检查制度和事故报告制度的执行情况。

(2)安全监理责任的风险分析。

①行为责任风险。

监理工程师的行为责任风险来自三个方面：一是监理工程师违反了监理委托合同规定的职责义务，超出了业主委托的工作范围，从事了本不属于自身职责范围内的工作，并造成了工程上的损失，就可能因此承担相应的责任。例如，对于工程中某些涉及需要由设计人或其他专业技术人员确认的内容，若监理工程师利用自身的权力单方面指令承包商进行相应的作业，这就超出了他的职责范围。若工程因此发生了损失，则他必须承担相应的责任。二是监理工程师未能正确地履行监理合同中规定的职责，在工作中发生失职行为。例如，对于工作中该实行检查的项目不作检查或不按规定进行检查，因此而使工程留下隐患或造成损失，他就必须为此承担失职的责任。三是监理工程师由于主观上的无意行为未能严格履行自身的职责并因此而造成了工程损失。例如，由于疏忽大意，对某些该实行检查或监督的项目进行相应的检查监督，或者虽然进行了检查监督，却未能发现隐患，并因此造成了工程的损失，监理工程师同样要负相应的责任。

②工作技能风险。

监理工作是基于专业技能基础上的技术服务，因此，尽管监理工程师履行了监理合同中业主委托的工作职责，但由于其本身专业技能的限制，可能并不一定能取得应有的效果。例如，对于某些需要专门进行检查、验收的关键环节或部位，监理工程师虽按规定进行了相应检查，其程序和方法也符合规定要求，但并未发现本应该发现的问题或隐患，原因是他在某些方面的工作技能不足，尽管主观上他并不希望发生这样的过错。如今的工程技术日新月异，新材料、新工艺层出不穷，并不是每一位监理工程师都能及时、准确、全面地掌握所有的相关知识和技能的，因此也就无法完全避免这一类的风险。

③技术资源风险。

即使监理工程师在工作中并无行为上的过错，仍然有可能承受由技术、资源而带来的工作上的风险。例如，在混凝土工程的施工过程中，监理工程师按照正常的程序和方法，对施工过程进行了检查和监督，并未发现任何问题，但仍有可能留有隐患，如某些部位因振捣不够留有孔洞等缺陷，这些问题可能在施工过程中无法及时发现，甚至在今后相当长的一段时间内无法发现。众所周知，某些工程上质量隐患的暴露需要一定的时间和诱因，利用现有的技术手段和方法，并不可能保证所有问题都能及时发现。另一方面，由于人力、财力和技术资源的限制，监理工程师无法对施工过程中的任何部位、任何环节都进行细致全面的检查，因此，也就有可能需要面对这一方面的风险。

④管理风险。

明确的管理目标，合理的组织机构，细致的职责分工，有效的约束机制，是监理组织管理的基本保证。尽管有高素质的人才资源，但如果管理机制不健全，监理工程仍然可能面对较大的风险。这种管理上的风险主要来自两个方面：一是监理单位和监理机构之间的管理约束机制。实践表明，总监负责制对于落实管理责任制，提高监理的工作水平起到了很好的作用。但由于监理工程的特殊性，项目监理机构往往远离监理单位本部，在日常的监理工作中，代表监理单位和工程有关方面打交道的是总监，总监的工作行为对监理单位的声誉和形象起到决定性的作用。一方面，监理单位必须让总监有职有权，放手工作，才能取得总监的工作行为进行必要的监督和管理同样是非常重要的。也就是说，监理单位和总监之间应该建立完善、有效的约束机制。二是项目监理机构的内部管理机制，监理机构中各个层次的人员、职责分工必须明确,沟通渠道必须有效。如果总监不能在监理机构内部实行有效的管理,则风险仍然是无法避免的。

⑤职业道德风险。

监理工程师是高素质的专业技术人才,接受过良好的教育并具有丰富的实践经验,社会公众对监理工程师的专业技术服务存在较多的依赖。监理工程师在运用其专业知识和技能时,必须十分谨慎、小心,表达自身意见必须明确,处理问题必须客观、公正。同时,必须廉洁自律,洁身自爱,勇于承担对社会、对职业的责任,在工程利益和社会公众的利益相冲突时,优先服从社会公众的利益;在监理工程师的自身利益和工程利益不一致时,必须以工程的利益为重。如果监理工程师不能遵守职业道德的约束,自私自利,敷衍了事,回避问题,甚至为谋求私利而损害工程利益,毫无疑问,必然会因此而面对相应的风险。

(3)安全监理的工作流程和措施。

编制安全监理细则;督促施工单位落实安全保证体系,建立健全安全生产责任制;审查施工组织设计中的安全技术措施或安全专项方案;检查现场作业人员入场前安全培训及施工前安全交底、现场巡查、安全检查;督促施工单位按规范要求施工落实各项安全技术措施;发现安全事故隐患时,下发建立指令要求施工单位整改,及时上报业主,情况严重的签发《工程暂停令》;监理人员复查施工单位整改结果,并形成整改复查记录;如事故工程未按要求整改完毕,则交工验收时不签发《中间交工证》、督促施工单位落实安全保证体系。

(4)安全监理状况的动态管理。

主要对施工企业及其主要负责人、项目负责人、专职安全生产管理人员和监理单位及其项目总监理工程师、专业监理工程师等未履行安全生产责任情况进行量化记分,并依法进行行政处理。

11. 监理工作制度

(1)项目立项阶段

①可行性研究报告审批制度;

②工程匡算审核制度;

③技术咨询制度。

(2)设计阶段

①设计大纲、设计要求编写及审核制度;

②设计委托合同管理制度;

③设计咨询制度;

④设计方案评审制度;

⑤工程估算、概算审核制度;

⑥施工图纸审核制度;

⑦设计费用支付签署制度;

⑧设计协调会及会议纪要制度;

⑨设计备忘录签发制度等。

(3)施工招标阶段

①招标准备工作有关制度;

②编制招标文件有关制度;

③标底编制及审核制度;

④合同条件拟订及审核制度;
⑤组织招标实务有关制度等。
(4)施工阶段
①施工图纸会审及设计交底会制度;
②施工组织设计审核制度;
③工程开工申请制度;
④工程材料、半成品质量检验制度;
⑤隐蔽工程分项(部)工程质量验收制度;
⑥技术复核制度;
⑦单位工程、单项工程中间验收制度;
⑧技术经济签证制度;
⑨设计变更处理制度;
⑩现场协调会及会议纪要签发制度;
⑪施工备忘录签发制度;
⑫施工现场紧急情况处理制度;
⑬工程款支付签审制度;
⑭工程索赔签审制度等。
(5)项目监理组织内部工作制度
①监理组织工作会议制度;
②对外行文审批制度;
③建立工作日志制度;
④监理周报、月报制度;
⑤技术、经济资料及档案管理制度;
⑥监理费用预算制度等。

12. 监理设施

业主提供满足监理工作需要的如下设施:办公设施、交通设施、通信设施、生活设施。根据建设工程类别、规模、技术复杂程度、建设工程所在地的环境条件,按委托监理合同的约定,配备满足监理工作需要的常规检测设备和工具(表4-6)。

**常规检测设备和工具** 表4-6

| 序号 | 仪器设备名称 | 型号 | 数量 | 使用时间 | 备注 |
|---|---|---|---|---|---|
| 1 | | | | | |
| 2 | | | | | |
| 3 | | | | | |
| 4 | | | | | |
| 5 | | | | | |

### 四、监理规划的审核

建设工程监理规划在编写完成后应进行审核并批准。监理企业的技术主管部门是内部审核单位,其负责人应当签认;同时,还应当提交给业主,由业主确认,并监督实施。监理规划审核的内容主要包括以下几个方面。

1. 监理范围、工作内容及监理目标的审核

依据监理招标文件和委托监理合同,判断监理单位是否理解了业主对该工程的建设意图,监理范围、监理工作内容是否包括了全部委托的工作任务,监理目标是否与合同要求和建设意图相一致。

2. 项目监理机构结构的审核

(1)组织机构

在组织形式、管理模式等方面是否合理,是否结合了工程实施的具体特点,是否能够与业主的组织关系和承包方的组织关系相协调等。

(2)人员配备

人员配备方案应从以下几个方面审查。

①派驻监理人员的专业满足程度。应根据工程特点和委托监理任务的工作范围审查,不仅考虑专业监理工程师能否满足开展监理工作的需要,而且还要看其专业监理人员是否覆盖了工程实施过程中的各种专业要求,以及高、中级职称和年龄结构的组成。

②人员数量的满足程度。主要审核从事监理工作人员在数量和结构上的合理性。

③专业人员不足时采取的措施是否恰当。大中型建设工程由于技术复杂、涉及的专业面宽,当监理单位的技术人员不足以满足全部监理工作要求时,对拟临时聘用的监理人员的综合素质应认真审核。

④派驻现场人员计划表。对于大中型建设工程,不同阶段对监理人员人数和专业等方面的要求不同,应对各阶段所派驻现场监理人员的专业、数量计划是否与建设工程的进度计划相适应进行审核;还应平衡正在其他工程上执行监理业务的人员,是否能按照预定计划进入本工程参加监理工作。

3. 工作计划审核

在工程进展中各个阶段的工作实施计划是否合理、可行,审查其在每个阶段中如何控制建设工程目标以及组织协调的方法。

4. 投资、进度、质量控制方法和措施的审核

对三大目标的控制方法和措施应重点审查,看其如何应用组织、技术、经济、合同措施保证目标的实现,方法是否科学、合理、有效。

5. 监理工作制度审核

主要审查监理的内、外工作制度是否健全。

# 第三节　监理实施细则

## 一、监理实施细则概述

监理实施细则是监理工作实施细则的简称,针对工程项目的某一专业或某一方面的指导监理工作的操作性文件。根据《建设工程监理规范》(GB/T 50319—2013)规定:对中型及以上或专业性较强的工程项目,项目监理机构应编制监理实施细则以达到规范监理工作行为的目的。监理实施细则应符合监理规划的要求,并结合工程项目的特点,做到详细、具体、

有可操作性。

对于一些小型的工程项目或大中型工程项目中技术简单、质量要求不高,便于操作和便于控制,能保证工程质量、投资的分部、分项工程或专业工程,若有比较详细的监理规划或监理规划深度满足要求时,可不再编制监理实施细则。

当发生工程变更计划变更或原监理实施细则所确定的方法、措施、流程不能有效地发挥管理和控制作用时,总监理工程师应及时根据实际情况,安排专业监理工程师对监理实施细则进行补充修改和完善。

监理实施细则是开展监理工作的重要依据之一,最能体现监理工作服务的具体内容、具体做法,是体现全面认真开展监理工作的重要依据。按照监理实施细则开展监理工作并留有记录、责任到人也是证明监理单位为业主提供优质监理服务的证据,是监理归档资料的组成部分,是建设单位长期保存的竣工验收资料内容,也是监理单位、城建档案管理部门归档资料内容。监理实施细则应体现项目监理机构对该工程项目在各专业技术管理和目标控制方面的具体要求。

## 二、监理实施细则作用

1. 对业主的作用

业主与监理是委托与被委托的关系,是通过监理委托合同确定的,监理代表业主的利益工作。监理实施细则是监理工作指导性资料,它反映了监理企业对项目控制的理解能力、程序控制技术水平。一份翔实且针对性较强的监理实施细则可以消除业主对监理工作能力的疑虑,增强信任感,有利于业主对监理工作的支持。

2. 对承包人的作用

(1)承包人根据监理实施细则了解各分项工程的监理控制程序与监理方法,在今后的工作中能加强与监理的沟通、联系,明确各质量控制点的检验程序与检查方法,在做好自检的基础上,为监理的抽查做好各项准备工作。

(2)监理实施细则中对工程质量的通病、工程施工的重点、难点都有预防与应急处理措施,使承包人在施工中了解哪些问题需要注意,如何预防质量通病的产生,避免工程质量留下隐患及延误工期。

(3)促进承包人加强自检工作,完善质量保证体系,进行全面的质量管理,提高整体管理水平。

3. 对监理企业的作用

(1)指导监理工作,使监理人员通过各种控制方法能更好地进行质量控制。

(2)增加监理对本工程的认识和熟悉程度,针对性地开展监理工作。

(3)监理实施细则中质量通病、重点、难点的分析及预控措施,能使现场监理人员在施工中迅速采取补救措施,有利于保证工程的质量。

(4)有助于提高监理的专业技术水平与监理素质。

## 三、监理实施细则的编制

1. 监理实施细则的编制程序

监理实施细则应在相应工程施工开始前编制完成,并报总监理工程师审批。

监理实施细则是监理企业提供的技术资料,须考虑工程项目的施工条件、技术特点等。监理实施细则应由专业监理工程师编制。

2. 监理实施细则的编制依据

(1)已批准的监理规划;

(2)与专业工程相关的标准、设计文件和技术资料;

(3)施工组织设计。

3. 监理实施细则的主要内容

(1)在施工准备阶段,如何审查承包人的施工技术方案;在各分部工程开工之前,如何对承包人的准备工作做具体地检查及说明检查内容。

(2)在施工阶段,如何对工程的质量进行控制;明确各质量控制点的位置及对质量控制点检查的方法;对质量通病提出预控措施,提醒承包人如何进行预控。

(3)指导质量监理的工作内容,如何进行动态控制,做好事前、事中、事后控制工作。

(4)明确施工质量监理的方法,即检查核实、抽样试验、检测与测量、旁站、工地巡视、签发指令文件的适用范围;对各个阶段及施工中各个环节各道工序进行严格的、系统的、全面的质量监督和管理,保证达到质量监理的目标。

(5)突出重点,书写如何对工程的难点、重点进行质量控制,如何预防和处理施工中可能出现的异常情况。

(6)制定质量监理程序(即工作流程)来指导工程的施工和监理,规范承包人的施工活动,统一承包人和监理工程师监督检查和管理的工作步骤。

## 思考题与习题

1. 简述工程监理大纲、监理规划、监理实施细则三者之间的关系。
2. 简述监理规划的作用。
3. 简述工程监理规划编制的依据。
4. 简述工程监理规划编制的主要内容。
5. 简述监理实施细则的作用以及主要内容。

# 第五章 建设工程目标控制

## 第一节 目标控制原理

控制是工程建设监理的一种重要的管理活动。在管理学中,控制通常是指管理人员按计划标准来衡量所取得的成果,继而来衡量所取得的成果,纠正所发生的偏差,以保证计划目标得以实现的管理活动。管理首先开始于制订计划,继而进行组织和人员配备,并实施有限的领导,一旦计划运行,就必须进行控制,以检查计划事实情况,找出偏离计划的误差,确定应采取的纠正措施,以实现确定的目标和计划。

工程建设建立的中心工作是进行项目目标控制。因此,监理工程师必须掌握有关目标控制的基本思想、理论和方法。

### 一、控制程序及其基本环节

1. 控制的程序

控制程序如图 5-1 所示。

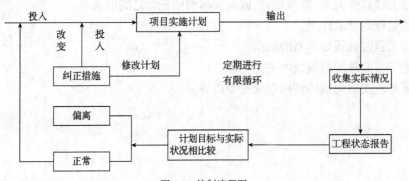

图 5-1 控制流程图

从图中可以看出控制过程:控制是在事先指定的计划基础上进行的,计划要有明确的目标。工程开始实施,要按计划要求将所需的人力、材料、设备、机具、方法等资源和信息进行投入。于是,计划开始运行,工程得以进展,并不断输出实际的工程状况和实际的投资、进度、质量目标。由于外部环境和内部系统的各种因素的影响,实际输出的投资、进度、质量目标有可能偏离计划目标。为了最终实现计划目标,控制人员要收集工程实际情况和其他情况相关的信息,将各种投资、进度、质量状况与相应的计划目标进行比较,以确定是否偏离了计划。如果计划运行正常,那么就按原计划继续进行;反之,如果实际输出的投资、进度、质量目标已经偏离计划目标,或者预计将要偏离,就需要采取纠正措施,或改变投入,或修改计划,或采取其他纠正措施,使计划呈现一种新状态,使工程能够在新的计划状态下进行。

一个建设项目目标控制的全过程就是由这样的一个个循环过程所组成的。循环控制要持续到项目建成动用。控制贯穿项目的整个建设过程。

2. 控制过程的基本环节性工作

从控制的每个环节中我们可以清楚地看到控制过程的基本环节工作。对于每个控制循环来说,如果缺少这些基本环节中的某一个,这个循环就不健全,就会降低控制的有效性,就不能发挥循环控制的整体作用。每一个控制过程都要经过投入、转换、反馈、对比、纠正等基本步骤。因此,做好投入、转换、反馈、对比、纠正各项工作就成了控制过程的基本环节性工作。

(1) 投入——按计划要求投入

控制过程首先从投入开始。一项计划能否顺利地实现,基本条件是能否按计划所要求的人力、财力、物力进行投入。计划确定的资源数量、质量和投入的时间是保证计划实施的基本条件,也是实现计划目标的基本保障。因此,要使计划能够正常实施并达到预计目标,就应当保证能够将质量、数量符合计划要求的资源按规定时间和地点投入工程建设中去。

监理工程师如果能够把握住对"投入"的控制,也就是把握住了控制的起点要素。

(2) 转换——做好转换过程的控制工作

所谓转换,主要是指工程项目的实现总是要经过由投入到产出的转换过程。正是由于这样的转换才能使投入的材料、劳力、资金、方法、信息转换变为产出品,如设计图纸、分项(分部)工程、单位工程、单项工程、最终输出完整的工程项目。在转换过程中,计划的运行往往会收到来自外部环境和内部系统多因素干扰,造成实际工程偏离计划轨道。而这类干扰往往是潜在的,未被人们所预料或人们无法预料的。同时,由于计划本身不可避免地存在着程度不同的问题,因而造成期望的输出与实际输出之间发生偏离。比如,计划没有经过科学的资源可行性分析、技术可行性分析、经济可行性分析和财务可行性分析,在计划实施过程中就难免发生各种问题。

监理工程师应当做好"转换"过程的控制工作;跟踪了解工程进展情况,掌握工程转换的第一手资料,为今后分析偏差原因,确定纠正措施提供可靠依据;同时,对于那些可以及时解决的问题,采取"及时控制"措施,发现偏离,及时纠偏,避免"积重难返"。

(3) 反馈——控制的基础工作

对于一项即使认为制订得相当完善的计划,控制人员也难以对它运行的结果有百分之百的把握。因为计划实施过程中,实际情况的变化是绝对的,不变是相对的。每个变化都会对预定目标的实现带来一定的影响。所以,控制人员、控制部门对每项计划的执行结果是否达到要求都十分关注。例如,外界环境是否与所预料的一致;执行人员是否能够切实按计划要求实施;执行过程会不会发生错误等。而这些正是控制功能的必要性之所在。因此,必须在计划与执行之间建立密切的联系,需要及时捕捉工程信息并反馈给控制部门来为控制服务。

反馈给控制部门的信息既应包括已发生的工程情况、环境变化等信息,还应包括对未来工程预测的信息。信息反馈方式可以分成正式和非正式的两种。在控制过程中两者都需要。正式信息反馈是指书面的工程状况报告一类,它是控制过程中应当采用的主要反馈方式。非正式信息主要指口头方式,对口头方式的信息反馈也应当给予足够的重视。当然,对非正式信息反馈还应当让其转化为正式信息反馈。

控制部门需要什么信息,取决于监理的需要。信息管理部门和控制部门应当事先对信息进行规划,这样才能获得控制所需要的全面、准确、及时的信息。

为使信息反馈能够有效配合控制的各项工作,使整个控制过程流畅地进行,需要设计信息反馈系统。它可以根据需要建立信息来源和供应程序,使每个控制和管理部门都能及时获得它们所需要的信息。

(4)对比——以确定是否偏离

控制系统从输出得到反馈信息并把它与计划所期望的状况相比较,是控制过程的重要特征。控制的核心是找出差距并采取纠正措施,使工程得以在计划的轨道上进行。

对比是将实际目标成果与计划目标比较,以确定是否偏离。因此,对比工作的第一步是收集工程实际成果并加以分类、归纳,形成与计划目标相对应的目标值,以便进行比较。对比的第二步是对比较结果的判断。什么是偏离?偏离就是指那些需要采取纠正措施的情况。凡是判断为偏离的,就是那些已经超过了"度"的情况。因此,对比之前必须确定衡量目标偏离的标准。这些标准可以是定量的,也可以是定性的,还可采用定量与定性相结合的方式。例如,某网络进度计划在实施过程中,发现其中一项工作比计划要求拖延了一段时间。我们根据什么来判断它是否偏离了呢?答案应当用标准来判断。如果这项工作是关键工作,或者虽然不是关键工作,但它拖延的时间超过了它的总时差,那么这种拖延肯定影响了计划工期,理所当然地应判断为偏离,需要进一步采取纠偏措施。如果它既不是关键工作,又未超过总时差,它的拖延时间小于它的自由时差或者虽然大于自由时差但并未对后续工作造成大的影响的话,就可能认为尚未偏离。

(5)纠正——取得控制效果

对于偏离计划的情况要采取措施加以纠正。如果是轻度偏离,通常可采用较简单措施进行纠偏。比如,对进度稍许拖延的情况,可适当增加人力、机械、设备等的投入量就可以解决。如果目标有较大偏离,则需要改变局部计划才能使计划目标得以实现。如果已经确认原定计划目标不能实现,那就要重新确定目标,然后根据新目标制订新计划,使过程在新的计划状态下运行。当然,最好的纠偏措施是把管理的各项职能结合起来,采取系统的办法实施纠偏。这就不仅要在计划上做文章,还要在组织、人员配备、领导等方面做文章。

总之,每一次控制循环结束都有可能使工程呈现一种新的状态,或者是重新修订计划,或者是重新调整目标,使其在这种新状态下继续开展;同时,还应使内部管理呈现一种新状态,力争使工程运行出现一种新气象。

控制过程各项基本环节工作之间的关系如图5-2所示。

图5-2 控制过程的基本环节工作

## 二、控制类型

由于控制的方式和方法的不同,控制可分为多种类型。例如,按事物发展过程,将控制可分为事前控制、事中控制、事后控制;按照是否形成闭合回路,控制可分成开环控制和闭环控制;按照纠正措施或控制信息的来源,控制可分成前馈控制和反馈控制。归纳起来,控制可分为两大类,即主动控制和被动控制。

1. 主动控制

(1) 主动控制的含义

所谓主动控制就是预先分析目标偏离的可能性,并拟定和采取各项预防性措施,以使计划目标得以实现。

主动控制是一种面对未来的控制,它可以解决传统控制过程中存在的时滞影响,尽最大可能改变偏差已经成为事实的被动局面,从而使控制更为有效。

主动控制是一种前馈式控制。当它根据已掌握的可靠信息分析预测得出系统将要输出偏离计划的目标时,就制定纠正措施并向系统输入,以使系统因此而不发生目标的偏离。

主动控制是一种事前控制。它必须在事情发生之前采取控制措施。当然,人们都不会否认,即使采取了主动控制,仍需要衡量最终输出,因为谁也保证不了所有工作都将做得完美无缺,保证不了在完成过程中再没有任何外部干扰。

(2) 主动控制措施

如何分析和预测目标偏离的可能?采取那些预防措施来防止目标偏离?以下办法均能起到重要作用。

①详细调查并分析研究外部环境条件,以确定那些影响目标实现和计划运行的各种有利和不利因素,并将它们考虑到计划和其他管理职能当中。

②识别风险,努力将各种影响目标实现和计划执行的潜在因素揭示出来,为风险分析和管理提供依据,并在计划实施过程中做好风险管理工作。

③用科学的方法制订计划。做好计划可行性分析,消除那些造成资源不可行、技术不可行、经济不可行和财务不可行的各种错误和缺陷,保障工程的实施能够有足够的时间、空间、人力、物力和财力,并在此基础上力求使计划优化。事实上,计划制订得越明确、完善,就越能设计出有效的控制系统,也就越能使控制产生出更好的效果。

④高质量地做好组织工作,使组织与目标和计划高度一致,把目标控制的任务与管理职能落实到适当的机构和人员,做到职权与职责明确,使全体成员能够通力协作,为共同实现目标而努力。

⑤制订必要的备用方案,以对付可能出现的影响目标或计划实现的情况。一旦发生这些情况,则有应急措施作保障,从而可以减少偏离量,或避免发生偏离。

⑥计划应有适当的松弛度,即"计划应留有余地"。这样,可以避免那些经常发生,又不可避免的干扰对计划的不断影响,减少"例外"情况产生的数量,使管理人员处于主动地位。

⑦沟通信息流通渠道,加强信息收集、整理和研究工作,为预测工程未来发展状况提供全面、及时、可靠的信息。

2. 被动控制

被动控制是指当系统按计划进行时,管理人员对计划的实施进行跟踪,把它输出的工程信息进行加工、整理,再传递给控制部门,使控制人员从中发现问题,找出偏差,寻求并确定解决问题和纠正偏差产生的方案,然后再回送给计划实施系统付诸实施,使得计划目标一旦出现偏离就能得以纠正。这种从计划的实际输出中发现偏差,及时纠偏的控制方式称为被动控制。

被动控制是一种反馈控制。它按照图5-3的过程实施控制。

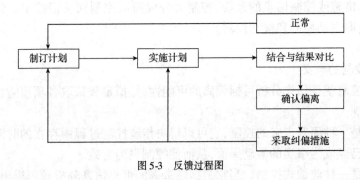

图 5-3 反馈过程图

在管理过程中,控制往往形成如图 5-4 这样的反馈闭合回路。这就是被动控制的闭合循环特征。

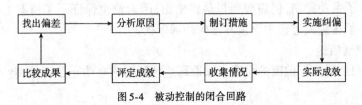

图 5-4 被动控制的闭合回路

图 5-4 比较实际地说明了一个被动控制的循环过程:发现偏离,分析产生偏离的原因,研究确定纠偏方案,预计纠偏方案的成效,落实并实施方案,产生实际成效,收集实际实施情况,对实施的实际效果进行评价,将实际效果与预期效果相比较,找出偏差。

对监理工程师来讲,被动控制仍然是一种积极的控制,也是十分重要的控制方式,而且是经常运用的控制形式。

3. 主动控制与被动控制的关系

两种控制,即主动控制与被动控制,对监理工程师而言缺一不可,它们都是实现项目目标所必须采用的控制方式。有效地控制是将主动控制与被动控制紧密的结合起来,力求加大主动控制在控制过程中的比例,同样进行定期、连续的被动控制。只有如此,方能完成项目目标控制的根本任务。

怎样才能做到主动控制与被动控制相结合,下面用图 5-5 来表明它们的关系。

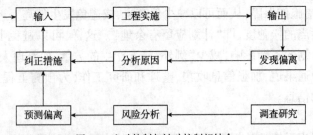

图 5-5 主动控制与被动控制相结合
注:图中"纠正措施"包括主动控制采取的纠正措施和被动控制采取的纠正措施。

实际上,所谓主动控制与被动控制相结合也就是要求监理工程师在进行目标控制的过程中,既要实施前馈控制又要实施反馈控制,既要根据实际输出的工程信息又要根据预测的工程信息实施控制,并将它们有机融合在一起。控制工作的任务就是要通过各种途径找出偏离计划的差距,以便采取纠正潜在偏差和实际偏差的措施,来确保计划取得成功。能够做到这一点,关键有两条:一要扩大信息来源,即不仅从被控制系统内部获得工程信息,还要从外部环境获得有关信息;二要把握住输入这道关,即输入的纠正措施应包括两类,既有纠正可能发生偏离的措施,又有纠正已经发生偏差的措施。

### 三、工地例会制度

在施工过程中,总监理工程师应定期主持召开工地例会,会议纪要应由项目监理机构负责起草,并经与会各方代表会签。工地例会应包括以下主要内容:
(1)检查上次例会议定事项的落实情况并分析未完事项原因;
(2)检查分析工程项目进度计划完成情况,提出下一阶段进度目标及其落实措施;
(3)检查分析工程项目质量状况,针对存在的质量问题提出改进措施;
(4)检查工程量核定及工程款支付情况;
(5)解决需要协调的有关事项;
(6)其他有关事宜。

总监理工程师或专业监理工程师应根据需要及时组织专题会议解决施工过程中的各种专项问题。

## 第二节 建设工程目标系统

工程建设的中心工作是进行项目的目标控制,即对工程项目投资、进度、质量目标实施控制。为做好这项重要工作,监理工程师应当牢记:项目投资、进度、质量三大目标是一个相互关联的整体。监理工程师控制的是由三大目标组成的项目目标系统。

### 一、建设工程三大目标之间的关系

能够称得上项目的工程都应当具有明确的目标。监理工程师进行目标控制时应当把项目的时间目标、费用目标和质量目标当作一个整体来控制。因为,它们相互联系、相互制约,是整个项目系统中的一个子系统(目标子系统)。投资、进度、质量三大目标之间既存在矛盾的方面,又存在着统一的方面。监理工程师无论在制定目标规划过程中,还是在目标控制过程中都应当牢牢把握这一点。

1. 工程项目三大目标之间存在对立关系

项目投资、进度、质量三大目标之间首先存在着矛盾和对立的一面。例如,通常情况下,如果业主对工程质量有较高要求,那么就要投入较多的资金和花费较长的建设时间;如果要抢时间、争速度地完成工程项目,把工期目标定得很高,那么投资就要相应地提高,或者质量要求适当下降;如果要降低投资、节约费用,那么势必要考虑降低项目的功能要求和质量标准。所有这些表现都反映了工程项目三大目标关系存在着矛盾和对立的一面。

2. 工程项目三大目标之间存在统一的关系

项目投资、进度、质量目标关系不仅存在着对立的一面,而且还存在着统一的一面。例如,适当增加投资的数量,为采取加快进度措施提供经济条件,就可以加快项目建设速度,缩短工期,使项目提前动用,投资尽早收回,项目全寿命经济效益得到提高;适当提高项目功能要求和质量标准,虽然会造成一次性投资的提高和工期的增加,但能够节约项目动用后的经常费和维修费,降低产品成本,从而获得更高的投资经济效益;如果项目进度计划制订得既可行又优化,使工程进展具有联系性、均衡性,则不但可以使工期得以缩短,而且有可能获得较高质量和较低的费用。这一切都说明了工程项目投资、进度、质量三大目标关系之中存在着统一的一面。

明确了项目投资、进度、质量三大目标之间的关系,就能正确地指导监理工程师开展目标控制工作。

## 二、建设工程目标的确定

如前所述,目标规划是一项动态性工作,在建设工程的不同阶段都要进行,因而建设工程的目标并不是一经确定就不再改变的。由于建设工程不同阶段所具备的条件不同,目标确定的依据自然也不同。一般来说,在施工图设计完成之后,目标规划的依据比较充分,目标规划的结果也比较准确和可靠。但是,对于施工图设计完成以前的各个阶段来说,建设工程数据库具有十分重要的作用,应予以足够的重视。

建设工程的目标规划总是由某个单位编制的,如设计院、监理公司或其他咨询公司。这些单位都应当把自己承担过的建设工程的主要数据存入数据库。若某一地区或城市能建立本地区或本市的建设工程数据库,则可以在大范围内共享数据,增加同类建设工程数量,从而大大提高目标确定的准确性和合理性。

建设工程数据库对建设工程目标确定的作用,在很大程度上取决于数据库中与拟建工程相似的同类工程的数量。因此,建立和完善建设工程数据库需要经历较长的时间,在确定数据库结构之后,数据的积累、分析就成为主要任务,也可能在应用过程中对已确定的数据库结构和内容还要作适当的调整、修正和补充。

正确的确定项目投资、进度、质量目标必须全面而详细地分析拟建项目的目标数据,并且能够看到拟建项目的特点,找出拟建项目与类似的已建项目之间的差异,计算出这些差异对目标的影响量,从而确定拟建项目的各项目标。

## 三、建设工程目标的分解

为了在建设工程实施过程中有效地进行目标控制,仅仅有总目标还不够,还需要将总目标进行适当的分解。

### 1. 目标分解的原则

建设工程目标分解应遵循以下几个原则:

(1)能分能合,这要求建设工程的总目标能够自上而下逐层分解,也能够根据需要自下而上逐层综合。这一原则实际上是要求目标分解要有明确的依据并采用适当的方式,避免目标分解的随意性。

(2)按工程部位分解,而不按工种分解。这是因为建设工程的建造过程也是工程实体的形成过程,这样分解比较直观,而且可以将投资、进度、质量三大目标联系起来,也便于对偏差原因进行分析。

(3)区别对待,有粗有细。根据建设工程目标的具体内容、作用和所具备的数据,目标分解的粗细程度应当有所区别。例如,在建设工程的总投资构成中,有些费用数额大,占总投资的比例大,而有些费用则相反。从投资控制工作的要求来看,重点在于前一类的费用。因此,对前一类费用应当尽可能分解的细一些、深一些;而对后一类费用则分解得粗一些、浅一些。另外,有些工程内容的组成非常明确、具体(如建筑工程、设备等),所需要的投资和时间也较为明确,可以分解得很细;而有些工程内容则比较笼统,难以详细分解。因此,对不同工程内容目标分解的层次或深度,不必强求一律,要根据目标控制的时机需要和可能来确定。

(4)有可靠的数据来源。目标分解本身不是目的而是手段,是为目标控制服务的。目标分解的结果是形成不同层次的分目标,这些分目标就成为各级目标控制组织机构和人员进行目标控制的依据。因此,目标分解所达到的深度应当以能够取得可靠的数据为原则,并非越深越好。

(5)目标分解结构与组织分解结构相对应。如前所述,目标控制必须要有组织加以保障,要落实到具体的机构和人员,因而就存在一定的目标控制组织分解结构。只有使目标分解结构与组织分解结构相对应,才能进行有效的目标控制。当然,一般而言,目标分解结构较细、层次较多,而组织分解结构较粗、层次较少,目标分解结构在较粗的层次上应当与组织分解结构一致。

2. 目标分解的方式

建设工程的目标可以按照不同的方式进行分解。对于建设工程投资、进度、质量三个目标来说,目标分解的方式并不完全相同,其中,进度目标和质量目标分解方式较为单一,而投资目标的分解方式较多。

按工程内容分解是建设工程目标分解最基本的方式,适用于投资、进度、质量三个目标的分解,但是,三个目标分解的深度不一定完全一致。一般来说,将投资、进度、质量三个目标分解到单项工程和单位工程是比较容易办到的,其结果也是比较合理和可靠的。在施工图设计完成之前,目标分解至少都应达到这个层次。至于是否分解到分部工程和分项工程,一方面取决于工程进度所处的阶段、资料的详细程度、设计所达到的深度等,另一方面还取决于目标控制工作的需要。

建设工程的投资目标还可以按总投资构成内容和资金使用时间(即进度)分解。

# 第三节 建设工程三大目标的控制工作

工程建设监理所进行的投资、进度和质量控制是对工程建设项目的三大目标实施的控制。它属于建设项目管理中的目标控制范畴,有别于施工和设计项目管理的目标控制。

## 一、建设工程投资控制工作

工程建设监理投资是指在整个项目的实施阶段开展管理活动,力求使项目在满足质量和进度要求的前提下,实现项目实际投资不超过计划投资。

1. 投资控制不是单一目标的控制

不能简单地把投资控制理解为将工程项目实际发生的投资控制在计划的范围内,而应当认识到,投资控制是与质量控制和进度控制同时进行的,它是对整个项目目标系统所实施的控制活动的一个组成部分,实施控制的同时需要兼顾质量和进度目标。

根据目标控制的原则,在实现投资控制时应当注意以下问题:

（1）在对投资目标进行确定或论证时应当综合考虑整个目标的协调和统一，不仅使投资目标满足业主的需求，还要使进度目标和质量目标也能满足业主的要求。这就要求在确定项目目标系统时，要认真分析业主对项目的整体需求，做好投资、进度和质量三方面的反复协调工作，力求优化地实现各自目标之间的平衡。

（2）在进行投资控制的过程中，要协调好进度控制的关系，做到三大控制的有机配合。当采取某项控制措施时，要考虑这项措施是否对目标控制产生不利影响。例如，采用限额设计投资控制时，一方面要力争使实际的项目投资限定在投资额度内，同时又要保障项目的功能、使用要求和质量标准。这种协调工作在目标控制过程中也是绝对不可缺少的。

以上投资控制的含义如图5-6所示。

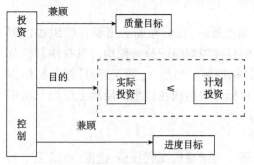

图5-6 投资控制的含义

2. 投资控制应具有全面性

（1）工程建设项目投资项目建设的全部费用

建设项目的总投资是指进行固定资产再生产和形成最低量流动资金的一次性费用总和。它是由建筑安装工程费、设备和工器具购置费和其他费组成。

建筑安装工程费是由人工费、材料费、施工机械使用费和其他各项直接费和施工管理费、临时设施费、劳保开支等间接费以及盈利等多项费用组成；设备和工器具购置费由设备购置费和工器具及生产家具购置费组成；其他费是指工程建设中未纳入以上两项费用内的、由项目投资支付的、为保证建设项目正常建设并在动用后能发挥正常效用而发生的各项费用的总和。

明确了建设项目投资的概念，对于控制它就能做到心中有数。投资花在哪儿，就在哪儿控制。

（2）对建设项目投资要涉及多方面的综合控制。

由于项目投资是"全部费用"，所以要从多方面对它实施控制。监理工程师进行投资控制时要对项目费用组成实施控制，防止只控制建筑安装工程费而忽视甚至不去控制设备和工器具购置费及其他费的现象发生；要针对项目结构的所有子项目的费用实施控制，防止只重视主体工程或红线内工程投资控制而忽视其他子项目投资控制；要对所有合同的付款实施控制，控制住整个合同价；投资控制不能只在施工阶段还要在项目实施的其他阶段进行控制，要满足资金使用计划的要求。

对项目投资进行全面控制是工程建设监理控制的主要特点。因此，监理工程师需要从项目系统性出发，进行综合性的工作，从多方面采取措施实施控制；也就是说，除了从经济方面做好控制工作以外，还应当围绕着投资控制的组织、技术和合同等有关方面开展相应的工作；在考虑问题时，应立足于工程项目的全寿命经济效益，不能只限于项目的一次性费用。

3. 工程建设监理控制是微观性投资控制

与工程监理的微观性一致，监理工程师开展的投资控制也是微观性的工作。他们所进行的投资控制是针对一个项目投资计划的控制，它有别于宏观的固定资产管理。其着眼点不是关于项目的投资方向、投资结构、资金筹集方式和渠道，而是控制住一个具体建设项目的投资。

为了控制项目的计划投资，监理工程师要从每个投资切块开始，从工程的每个分项分部工程开始，一步一步地控制，一个循环一个循环地控制，从"小"处着手，放眼整个项目，从多方面着手,实施全面控制。

## 二、建设工程进度控制工作

工程建设监理所进行的进度控制是指在实现建设项目总目标的过程中,为使过程建设的实际进度符合项目进度计划的要求,使项目按计划要求的时间动用而开展的有关监督管理活动。

1. 工程建设项目进度控制的目标

开展工程建设监理,做好进度控制工作,首先应当明确进度的目标。监理单位作为建设项目管理服务的主体,它所进行的进度控制是为了最终实现建设项目计划的时间动用。因此,工程建设监理进度控制的总目标就是项目动用的计划时间,也就是工业项目达到负荷联动试车成功、民用项目交付的计划时间。

当然,具体到某个监理单位,它的进度控制的目标取决于业主的委托要求。根据监理合同,它可是全过程的监理,也可以是阶段性的监理,还可以是某个子项目的监理。因此,具体到某个项目、某个监理单位,它的进度控制目标是什么,则由工程建设监理合同来决定,既可以从立项起到项目正式动用的整个计划时间,也可能是某个实施阶段的计划时间,如设计或施工阶段计划工期。

2. 工程建设项目进度控制的范围

既然工程建设监理进度控制的总目标贯穿整个项目的实施阶段,那么监理工程师在进行进度控制时就要涉及建设项目的各个方面,需要实施全面的进度控制。

(1)进度控制是对工程建设全过程的控制

明确了工程建设监理进度控制的目标项、目的计划、动用时间,那么进度控制就不仅仅包括施工阶段,还包括设计准备阶段、设计阶段以及工程招标和动用准备等阶段。它的时间范围涵盖了项目建设的全过程。

(2)进度控制是对整个项目的控制

由于项目进度总目标是计划的动用时间,所以监理工程师进行进度控制必须实现全方位控制。也就意味着,对组织项目的所有构成部分的进度都要进行控制,不论是红线内工程还是红线外工程,也不论是土建工程还是设备安装、给水排水、采暖通风、道路、绿化、电气等工程。

(3)对项目建设有关的工作实施进度控制

为了确保项目按计划动用,需要把有关工程建设的各项工作,诸如设计、施工准备、工程招标以及材料设备供应、动用准备等项工作列入进度的范围之内。如果这些工作不能按计划完成,必然影响整个工程项目的正式动用。所以,凡是影响项目动用时间的工作都应当列入进度计划,成为进度控制的对象。当然,任何事务都有主次之分,监理工程师在实施进度控制时要把这多方面的工作进行详细规划,形成周密的计划,使进度控制工作能够有条不紊、主次分明地进行。

(4)对影响进度的各项因素实施控制

工程建设进度不能按计划实现有多种原因。例如,管理人员、劳务人员素质和能力低下,数量不足;材料和设备不能按时、按质、按量供应;建设资金缺乏,不能按时到位;技术水平低,不能熟练掌握和运用新技术、新材料、新方法;组织协调困难,各承建商不能协作同步工作;未能提供合格的施工现场;异常的工程地质、水文、气候、社会与政治环境等。要实现有效进度控制必须对上述影响进度的因素实施控制,采取措施减少或避免这些因素的影响。

(5)组织协调是有效进度的关键

做好项目进度工作必须做好与有关单位的协调工作。与减少项目进度有关的单位较多,包括项目业主、设计单位、施工单位、材料供应单位、设备供应厂家、资金供应单位、工程毗邻单位、监理管理工程建设的政府部门等。如果不能有效地与这些单位做好协调工作,不建立协调工作网络,不投入一定力量去联结、联合、调和工作,进度控制将是十分困难的。

项目监理机构应按下列程序进行工程进度控制:

①总监理工程师审批承包单位报送的施工总进度计划;

②总监理工程师审批承包单位编制的年、季、月度施工进度计划;

③专业监理工程师对进度计划实施情况检查分析;

④当实际进度符合计划进度时应要求承包单位编制下一期进度计划,当实际进度滞后于计划进度时,专业监理工程师应书面通知承包单位采取纠偏措施并监督实施。

### 三、建设工程质量控制工作

工程建设监理质量控制是指在力求实现工程建设项目总目标的过程中,为满足项目总体质量要求所开展的有关监督管理活动。

工程建设监理质量控制工作主要从以下几个方面考虑:

(1)在施工过程中,当承包单位对已批准的施工组织设计进行调整、补充或变动时,应经专业监理工程师审查并应由总监理工程师签认。

(2)专业监理工程师应要求承包单位报送重点部位,关键工序的施工工艺和确保工程质量的措施,审核同意后予以签认。

(3)当承包单位采用新材料、新工艺、新技术、新设备时,专业监理工程师应要求承包单位报送相应的施工工艺措施和证明材料,组织专题论证,经审定后予以签认。

(4)项目监理机构应对承包单位在施工过程中报送的施工测量放线成果进行复验和确认。

(5)专业监理工程师应从以下五个方面对承包单位的试验室进行考核:

①试验室的资质等级及其试验范围;

②法定计量部门对试验设备出具的计量检定证明;

③试验室的管理制度;

④试验人员的资格证书;

⑤本工程的试验项目及其要求。

(6)专业监理工程师应对承包单位报送的拟进场工程材料、构配件和设备的工程材料、构配件、设备报审表及其质量证明资料进行审核,并对进场的实物按照委托监理合同约定或有关工程质量管理文件规定的比例采用平行检验或见证取样方式进行抽检。

对未经监理人员验收或验收不合格的工程材料、构配件、设备,监理人员应拒绝签认,并应签发监理工程师通知单,书面通知承包单位限期将不合格的工程材料构配件、设备撤出现场。

工程材料、构配件、设备报审表应符合表5-1的格式,监理工程师通知单应符合表5-2的格式。

表 5-1

## 工程材料/构配件/设备报审表

| 工程名称 | | 编号 | |

致： _____ (监理单位)

　　我方于_____年_____月_____日进场的工程材料、构配件、设备数量如下(见附件)现将质量证明文件及自检结果报上,拟用于下述部位：

_____

_____

请予以审核。

附件：1. 数量清单

　　　2. 质量证明文件

　　　3. 自检结果

　　　　　　　　　　　　　　　　承包单位(章)_____

　　　　　　　　　　　　　　　　　　项目经理_____

　　　　　　　　　　　　　　　　　　日　　期_____

审查意见

　　经检查上述工程材料、构配件、设备,符合(不符合)设计文件和规范的要求,准许(不准许)进场,同意(不同意)使用于拟定部位。

　　　　　　　　　　　　　　　　项目监理机构_____

　　　　　　　　　　　　　　　　总(专业)监理工程师_____

　　　　　　　　　　　　　　　　日　　期_____

| 监理工程师通知单 | 表 5-2 |
|---|---|
| 工程名称 | 编号 |

致：

事由：

内容：

项目监理机构_____
总(专业)监理工程师_____
日　　期_____

(7)项目监理机构应定期检查承包单位的直接影响工程质量的计量设备的技术状况。

(8)总监理工程师应安排监理人员对施工过程进行巡视和检查。对隐蔽工程的隐蔽过程、下道工序施工完成后难以检查的重点部位,专业监理工程师应安排监理员进行旁站。

(9)专业监理工程师应根据承包单位报送的隐蔽工程报验申请表和自检结果进行现场检查,符合要求予以签认。

对未经监理人员验收或验收不合格的工序监理人员应拒绝签认,并要求承包单位严禁进行下一道工序的施工。

隐蔽工程报验申请表应符合表5-3的格式。

**隐蔽工程报验申请表** 表5-3

工程名称　　　　　　　　　　　　　　　　　　　　　　　　　　　编号

| 致:　　　　　　　　　　　　　　(监理单位) |
|---|
| 我单位已完成了_____工作,现报上该工程报验。 |
| 请予以审查和验收。 |
| 附件: |
| 承包单位(章)_____ |
| 项目经理_____ |
| 日　期_____ |
| 审查意见: |
| 项目监理机构_____ |
| 总(专业)监理工程师_____ |
| 日　期_____ |

(10)专业监理工程师应对承包单位报送的分项工程质量验评资料进行审核符合要求后予以签认。总监理工程师应组织监理人员对承包单位报送的分部工程和单位工程质量验评资料进行审核和现场检查，符合要求后予以签认。

(11)对施工过程中出现的质量缺陷,专业监理工程师应及时下达监理工程师通知,要求承包单位整改并检查整改结果。

(12)监理人员发现施工存在重大质量隐患,可能造成质量事故或已经造成质量事故,应通过总监理工程师及时下达工程暂停令,要求承包单位停工整改。整改完毕并经监理人员复查,符合规定要求后,总监理工程师应及时签署工程复工报审表。总监理工程师下达工程暂停令和签署工程复工报审表宜事先向建设单位报告。

(13)对需要返工处理或加固补强的质量事故,总监理工程师应责令承包单位报送质量事故调查报告和经设计单位等相关单位认可的处理方案,项目监理机构应对质量事故的处理过程和处理结果进行跟踪检查和验收。

总监理工程师应及时向建设单位及本监理单位提交有关质量事故的书面报告,并应将完整的质量事故处理记录整理归档。

## 第四节 建设工程目标控制的任务和措施

### 一、设计阶段和施工阶段的特点

在建设工程实施的各个阶段中,设计阶段和施工阶段目标控制任务的内容最多,目标控制工作持续的时间最长。可以认为,设计阶段和施工阶段是建设工程目标全过程控制中的两个主要阶段。正确认识设计阶段和施工阶段的特点,对于正确确定设计阶段和施工阶段目标控制的任务和措施,具有十分重要意义。

1. 设计阶段的特点

在设计阶段,通过设计将业主的基本需求具体化,同时从各方面衡量需求的可行性,并经过设计过程中的反复协调,使业主的需求变得科学、合理,从而为实现工程项目确立了信心。

(1)设计阶段是确定工程价值的主要阶段

在设计阶段,通过设计使项目的规模、标准、功能、结构、组成、构造等各方面都确定下来,从而也就确定了它的基本工程价值。例如,主要的物化劳动价值通过材料和设备的确定而确定下来;一部分活化劳动价值,比如设计工作的活化劳动价值在此阶段已经形成,而另外一部分施工安装的活化劳动价值的大小也由于设计的完成而能够计算出来。工程成本是物化劳动价值与活化劳动中必要劳动价值部分的总和。工程价格是工程成本与活化劳动价值中的另一部分(即为社会劳动所创造价值,比如利润和税金)的总和。所以,设计阶段实际上是确定工程成本的阶段和确定工程价格的基本阶段。

无疑,一项工程的预计资金投放量的多少要取决于设计的结果。因此,在项目计划投资目标确定以后,能否按照这个目标来实现工程项目,设计就是最关键、最重要的工作。同时,在设计阶段随着设计工作的不断深入,工程项目结构逐步确定和完善,各子项的投资目标也相继确定下来。而当项目总进度计划伴随着阶段性的设计成果的完成也逐步制定完毕的时候,项目资金使用也就能够制定出来了,因此,可以说项目投资规划基本可以在设计阶段完成,剩余工作可以在其后阶段加以补充和完善。

明确设计阶段的这个特点,为确定设计的投资控制任务和重点工作提供了依据。

(2) 设计阶段是影响投资程度的关键阶段

工程项目实施各个阶段对投资程度的影响是不同的。总的趋势是随着阶段性设计工作的进展,工程项目构成状况一步步地明确,可以优化的空间越来越小,优化的限度条件却越来越多,各阶段性工作对投资程度的影响逐步下降。其中,方案设计阶段影响最大,初步设计阶段次之,施工图设计阶段影响已明显降到低,到了施工阶段至多也不过10%左右。

现代的投资控制已不同于早期原始阶段,即不仅仅限于对已完工程量的测量与计价,也不仅仅限于按照设计图纸和市场价格估算工程价格,进行单纯地付款控制,而是在设计之前就确定项目投资目标,从设计阶段开始就要实施投资控制,一直持续到工程项目要求和需求的提高。现代工程项目规模大、投资大、风险大,迫使人们不得不把投资控制提高到一个新的、更科学的水平。因此,面对设计阶段,特别是它的前期阶段对投资的重大影响,监理工程不但不能忽视,反而应当加强设计阶段的投资控制。

(3) 设计阶段为制定项目控制性进度计划提供了基础条件

实施有效进度控制,不仅需要确定项目进度的总目标,还需要明确各级分目标。而各级进度分目标的确定又依赖于设计输出的工程信息。随着设计不断深入,使各级子项目逐步明确,从而为子项目进度目标的确定提供了依据。计划部门可以根据管理和控制上的需要,根据设计的输出确定关键性的分目标,为制定控制性进度提供条件。由于设计文件提供了有关投资的足够信息,投资目标分解可以达到很细的程度,而且设计提供的项目本身的信息量也很充分,所以此时不但能够确定各项工作的先后顺序等各种逻辑关系,也能够进行的资源可行性分析、技术可行性分析、经济可行性分析和财务可行性分析,为制定可行而优化的进度计划提供了充分的条件。所以,在设计阶段完全可以制定出完整的项目进度规划和控制性进度计划,为施工阶段的进度控制做好计划,为施工阶段的进度控制做好准备。同时,本阶段设计和其他各项工作的实施性进度计划在执行中进行控制。

(4) 设计工作的特殊和阶段工作的多样性要求加强进度控制

设计工作的与施工活动相比较具有的特殊性。首先,设计过程需要进行大量的反复协调工作。因为,从方案设计到施工图设计要由"粗"而"细"地进行,下一阶段的设计要符合上一阶段设计的基本要求,而且随着设计的进一步深入会发现上阶段存在的问题,需要对上阶段的设计进行必要的修改。因此,设计过程离不开纵向反复协调。同时,工程设计包括多种专业设计之间要保持一致。这就要求各专业相互密切配合,在各专业设计之间进行反复协调,以避免和减少设计上的矛盾。这种设计工作的特殊性为进度控制带来了一定的困境。

其次,设计工作是一种智能力型工作,更富有创造性。从事这种工作的设计人员有其独特的工作方式和方法,与施工活动很不相同,因此不能像通常的控制施工进度那样来控制设计进度。

此外,外部环境因素对设计工作的顺利开展有着重要影响。例如,业主提供的设计人员有他独特的设计所需要的基础资料是否满足要求;政府有关部门能否按时对设计进行审查和批准;业主需求会不会发生变化;参加项目设计的多家单位能否有效协作等。无疑,这些因素给设计进度控制造成了困难。

设计阶段除了开展工程设计之外,还有其他许多工作,如设计竞赛或设计招标,委托工程勘察,组织设计审查和审批工作,进行概预算审查,组织设备和材料采购,施工准备等;这些工作都具有一定的复杂性,不确定的影响因素多,而且受到的干扰也比较大,都可能会给进度控制带来影响。

设计阶段的效果对今后项目的实施产生重要影响。例如,过于强调缩短设计工期,会造成设计质量低下,严重影响施工招标、施工安装阶段工作的顺利进行,不仅直接到项目工期而且还影响工程质量和投资。因此,应当紧紧把握住设计工作的特点,认真做好计划、控制和协调,在保障项目安全可靠性、适用性的前提下,力求实现设计计划工期的要求。

(5)设计质量对项目总体质量具有决定性影响

在设计阶段,通过设计对项目建设方案和项目质量目标进行具体落实。工程项目实体质量要求、功能和适应价值量要求都通过设计明确确定下来。实际调查表明,设计质量对整个工程项目总体质量的影响是绝对性的。

目前,已建成的工程项目中质量问题最多的当属功能不齐全、使用价值不高,满足不了业主和使用者的要求。其中,有的项目,生产能力长期达不到设计水平;有的项目严重污染周围环境,影响公众的正常生产和生活;有的项目,设计与建设条件脱节,造成费用大幅度增加,工期延长;有的项目,空间布置不合理,既不便于生产又不便于生活……

工程项目实体质量的安全可靠性在很大程度上取决于设计质量。在那些严重的工程质量事故中,由于设计错误引起的倒塌事故占有不小的比例。

符合要求的设计成果是保障项目总体质量的基础。工程设计应符合业主的投资意图,满足业主对项目的功能和使用要求。只有满足了这些适用性要求,同时又符合有关法律、法规、规范、标准要求的设计才能称得上实现了预期的设计质量目标。在实现这些设计质量目标的过程中都要受到资金、资源、技术和环境条件的限制和约束。因此,要使设计最大限度地满足设计质量的要求,必然要在如何有效地利用这些限制条件上下功夫。

2. 施工阶段的特点

(1)施工阶段是资金投放量最大的阶段

伴随着工程项目的进展,项目投资就要相继投入。从资金投入数量来讲,其他阶段都无法与施工阶段相比,它是资金投入的最大阶段。所以,在安排投资控制任务时必须把握住施工阶段这个突出的特点。

(2)施工阶段是暴露问题最多的阶段

根据设计,把工程项目实体"做出来"是施工阶段要解决的根本问题。因此,在施工之前各阶段的主要工作,如规划、设计、招标以及有关的准备工作做得如何全部要接受施工阶段主动或被动地检验,各项工作中存在的问题会大量地暴露出来。在施工阶段,如果不能妥善处理这些问题,那么工程总体质量就难以保证,工程进度拖延,投资就会失控。

由于问题暴露最多,在施工阶段将出现大量工程变更。工程变更将会给项目控制带来严重影响。对此,监理工程师应当给予足够重视。

(3)施工阶段是合同双方利益冲突最多的阶段

由于施工阶段合同数量大,存在频繁的和大量的支付关系。又由于对合同条款理解上的差异以及合同中不可避免地存在着含糊不清和矛盾的内容,再加上外部环境变化引起的分歧等,合同纠纷会经常出现。于是各种索赔会接踵发生。业主方作为建设项目管理主体,往往会成为被索赔的主要一方。索赔会直接影响投资、进度目标的实现,同时也会直接影响质量目标实现。

(4)施工阶段持续时间长、动态性强

施工阶段是项目建设阶段中持续时间最长的阶段。时间长,则内、外部因素变化就多,各种干扰就大大增加。同时,施工阶段具有明显的动态性。比如,施工所面临的多变环境;大量人力、财力、物力的投入并在不同的时间、空间进行流动;承包单位之间的错综复杂的关系;工程变更的频繁出现等。因此,在施工阶段对监理工程进行目标控制需正视它的多变性、复杂性和不均衡性特点。

(5)施工阶段是形成工程项目实体的阶段,需要严格的进行系统过程控制

施工是由小到大将工程实体"做出来"的过程,从工序开始,按分项工程、分部工程、单位工程、单项工程的顺序,最后形成整个项目实体,并将设计的安全可靠性、适用性体现出来。由于形成工程实体过程中,前导工程质量对后续工程质量的直接影响,所以需要进行严格地系统过程控制。

(6)施工阶段是以执行计划为主的阶段

进行施工阶段,项目目标计划的制订工作基本完成,余下的后续工作主要是伴随着控制而进行的计划调整和完善。因此,施工阶段是以执行计划为主的阶段。计划的执行必然伴随着控制。所以,在施工阶段监理工程师应当把注意力集中放在如何做好各项动态工作上,放在定期循环控制上。

(7)施工阶段工程信息内容广泛、时间性强、数量大

在施工阶段,工程状态时刻在变化。计划的实施意味着实际的工程质量、进度和投资情况在不断地输出。所以,各种工程信息和外部环境信息的数量大、类型多、周期短、内容杂。因此,如何获得全面、及时、准确的工程信息是本阶段目标控制成败的关键。信息作为目标控制基础,监理单位应当投入足够力量做好信息管理工作。

(8)施工阶段涉及的单位数量多

在施工阶段,不但有业主、施工单位、材料供应单位、设备厂家、设计单位等直接参加建设的单位,而且涉及政府监理部门、工程毗邻单位等项目组织的有关单位。因此,各单位之间能否协调一致对工程的顺利进行起着重要的作用,对施工阶段目标控制将有重要影响。

(9)施工阶段存在着众多影响目标顺序的因素

在施工阶段往往会遇到更多因素的干扰,影响目标的实现,其中以人员、材料、设备、机械、机具、方案、方法、环境等方面的因素较为突出。面对众多因素的干扰,风险管理的任务就尤其重要。

## 二、建设工程目标控制任务

1. 设计阶段

设计阶段工程建设监理控制的基本任务是通过目标规划和计划、动态控制、组织协调、合理管理、信息管理,力求使工程设计能够达到保障工程项目的安全可靠性,满足适应性和经济性,保证设计工期要求,使设计阶段的各项工作能够在预定的投资、进度、质量目标予以完成。

(1)投资控制任务

在设计阶段,监理单位控制的主要任务是通过收集类似项目投资和资料,协助业主制定项目投资目标规划;开展技术经济分析等活动,协调和配合设计单位力求使设计投资合理化;审核概(预)算,提出改进意见,优化设计,最终满足业主对项目投资的经济性要求。

设计阶段监理工程师投资开展的主要工作,包括对项目总投资进行论证,确认其可行性;组织设计方案竞赛或设计招标,协助业主确定对投资控制有利的设计方案;伴随着设计各阶段成果输出制定项目投资目标划分系统,为本阶段和后续阶段投资控制提供依据;在保障设计质量的前提下,协助设计单位开展限额设计工作;编制本阶段资金使用计划,并进行付款控制;审查工程概算、预算,在保障项目具有安全可靠性、适用性基础上,概算不超过估算,预算不超过概算;进行设计挖潜,节约投资;对设计进行技术经济分析、比较、论证,寻求投资少而全寿命经济性好的设计方案等。

(2)进度控制任务

在设计阶段,监理单位设计进度控制的主要任务是根据项目总工期要求,协助业主确定合理的设计工期要求;根据设计的阶段性输出,由"粗"而"细"地制订项目进度计划,为项目进度控制提供前提和依据;协调各设计单位一体化开展设计工作,力求使设计工作能按进度计划要求进行;按合同要求及时、准确、完整提供设计所需的基础资料和数据;与外部有关部门协调相关事宜,保障设计工作顺利进行。

设计阶段监理工程师进度控制的主要工作包括对项目进度目标进行论证,确认其可行性;根据方案设计、初步设计和施工设计图设计制订项目进度计划、项目总控制性进度计划和本阶段实施性进度计划,为本阶段和后续阶段进度控制提供依据;审查设计单位设计进度计划,并监督执行;编制业主方材料和设备供应进度计划,并实施控制;编制本阶段进度计划,并实施控制;开展各种组织协调活动等。

(3)质量控制任务

在设计阶段,监理单位设计控制的主要任务是了解业主建设要求,协助业主制定项目质量目标规划(如设计要求文件);根据合同要求及时、准确、完整地提供设计工作所需的基础数据和资料;协调和配合设计单位优化设计,并最终确认设计符合有关法规要求,符合技术、经济、财务、环境条件要求,满足业主对项目的功能和使用要求。

设计阶段监理工程师质量控制的主要工作,包括项目总体目标质量论证;提出设计要求文件,确定设计质量标准;利用竞争机制选择并确定优化设计方案。协助业主选择符合目标控制要求的设计单位;进行设计过程跟踪,及时发现质量问题,并及时与设计单位协调解决;审查阶段性设计成果,并根据需要提出修改意见;对设计提出的主要材料和设备进行比较,在价格合理基础上确认其质量符合要求;做好设计文件验收工作等。

为了有效进行目标控制,在直接开展活动之外,还应当做好与之配套的合理管理、信息管理、组织协调工作。

2. 施工招标阶段

工程建设监理施工招标阶段目标控制的主要任务是提供编制施工招标文件、编制标底、做好投标单位资格预审、组织评标和定标、参加合同谈判等工作,根据公开、公正、公平竞争原则,协助业主选择理想的施工承包单位,以期以合理的价格、先进的技术、较高的管理水平、较短的时间、较好的质量来完成工程施工任务。

(1)协助业主编制施工招标招工文件

施工招标是工程施工招标的纲领性文件,同时有是投标书的依据,以及进行评标的依据。监理工程师在编制施工招标文件时应当为符合投资控制、进度控制、质量控制要求的施工打下基础,为合同不超过计划投资、合同工期符合计划工期要求、施工质量满足设计要求打下基础,为施工阶段进行合理管理、信息管理打下基础。

(2)协助业主编制标底

监理单位接受业主委托编制时,应当使标底控制在工程概算和预算以内,并用其控制合同价。

(3)做好投资招标预审工作

应当将投资招标预审工作看作公开招标方式的第一轮竞争择优活动,做好此项工作,为选择符合目标控制要求的承包单位做好首轮择优工作。

(4)组织开标、评定、定标等

通过开标、评定、定标工作,特别是评定工作,协助业主选择出报价合理、技术水平高、社会信誉好、保证施工质量、保证施工工期,具有足够承包财务能力和施工项目管理水平的施工承包单位。

3.施工阶段

施工阶段工程建设监理的主要任务是在施工过程中,根据施工阶段的目标规划和计划,通过动态控制、组织协调、合同管理使项目施工质量、施工进度和投资符合预定的部门要求。

(1)投资控制的任务

施工阶段过程建设监理投资控制的主要任务是通过工程付款控制、新增工程费控制、预防并处理好费用索赔、挖掘节约投资潜力来实现实际发生的费用不超过计划投资。

为完成施工阶段投资控制的任务,监理工程师应做好以下工作:制订本阶段资金使用计划,并严格进行付款控制,做到不多付、不少付、不重复付;严格控制工程变更,力求减少变更费用;研究确定预防费用索赔措施,以避免、减少对方的索赔量;及时处理费用索赔,并协助业主进行反索赔;根据项目业主责任制和有关合同的要求,协助做好应由业主方完成的,与工程进展密切相关的各项工作,如按期提交合格施工现场,按质、按量、按期提供材料和设备等工作;做好工程计量工作;审核施工单位提交的工程结算书等。

(2)进度控制的任务

施工阶段工程建设监理进度控制的任务主要是通过完善项目控制性进度计划、审查施工单位施工进度计划、做好各项动态控制工作、协调各单位关系、预防并处理好工期索赔,以求实际施工进度达到计划施工进度的要求。

为完成施工阶段进度控制任务,监理工程师应当做好以下工作:根据施工招标和施工准备阶段的工程信息,进一步完善项目控制进度计划,并据此进行施工阶段进度控制;审查施工单位施工进度计划,确认其可行性并满足项目控制性进度计划要求;制订业主方材料和设备供应进度计划并进行控制对施工进度进行跟踪,掌握施工动态;研究制定预防工期索赔措施,做好处理工期索赔跟踪;在施工过程中,做好对人力、材料、机具、设备等的信息反馈工作;开好进度协调会议,及时协调有关各方关系,使工程施工顺利进行。

(3)质量控制的任务

施工阶段工程建设监理质量控制的任务主要是通过对施工投入、施工和安装过程、产出品进行全过程控制,以及对参加施工单位和人员的资质、材料和设备、施工机械和机具、施工方案和方法、施工环境实施全面控制,以期按标准达到预定的施工质量等级。

为完成施工阶段质量控制任务,监理工程师应当做好以下工作:协助业主做好施工现场准备工作,为施工单位提交质量合格的施工现场;确认施工单位资质;审查确认施工分包单位;做好材料和设备工作,确认其质量;检查施工机械和机具,保证施工质量;审查施工组织设计;检查并协助搞好各项生产环境、劳动环境、管理环境条件;进行施工工艺过程质量控制工作;检查工序质量,严格工序交接检查制度;做好各项隐蔽工程的检查工作;做好工程变更方案的比选,保证工程质量;进行质量监督,行使质量监督权;认真做好质量签订工作;行使质量否决权,协助做好付款控制;组织质量协调会;做好中间质量验收准备工作;做好项目竣工验收工作;审核项目竣工图等。

## 思考题与习题

1. 何为主动控制？何为被动控制？监理工程师如何认识它们之间的关系？
2. 建设工程目标系统包括哪些？
3. 如何理解建设工程三大目标控制之间的关系？
4. 简述建设工程目标分解的原则。
5. 建设工程投资、进度、质量控制的具体含义是什么？
6. 简述施工阶段目标控制的任务。

# 第六章 建设工程风险管理

## 第一节 风险管理概述

### 一、风险的概念与特点

1. 风险的概念

风险是指一种客观存在的、损失的发生具有不确定性的状态；也可以说风险就是在给定情况下和特定时间内，可能发生的结果之间的差异（或实际结果与预期结果之间的差异）。

风险具备两方面条件：一是不确定性，二是产生损失后果，如果缺其一，就不能称为风险。因此，肯定发生损失后果的事件不是风险，没有损失后果的不确定性事件也不是风险。

2. 风险的分类

根据不同的角度，可将风险分为以下几种。

(1)按风险的后果分类

按风险的后果不同，可将风险分为纯风险和投机风险。

纯风险是指只会造成损失而不会带来收益的风险。例如自然灾害，一旦发生，将会导致重大损失，甚至人员伤亡；如果不发生，只是不造成损失而已，但不会带来额外的收益。此外，政治、社会方面的风险一般也都表现为纯风险。

投机风险则是指既可能造成损失也可能创造额外收益的风险。例如，一项重大投资活动可能因决策错误或因遇到不测事件而使投资者蒙受灾难性的损失；但如果决策正确，经营有方或赶上大好机遇，则有可能给投资人带来巨额利润。投机风险具有极大的诱惑力，人们常常注意其有利可图的一面，而忽视其带来厄运的可能。

纯风险和投机风险两者往往同时存在。例如，房产所有人就同时面临纯风险（如财产损坏）和投机风险（如经济形势变化所引起的房产价值的升降）。

纯风险与投机风险还有一个重要区别。在相同的条件下，纯风险重复出现的概率较大，表现出某种规律性，因而人们可能较成功地预测其发生的概率，从而相对容易采取防范措施。而投机风险则不然，其重复出现的概率较小，所谓"机不可失，时不再来"，因而预测的准确性相对较差，也就较难防范。

(2)按风险产生的原因分类

按风险产生原因的不同，可将风险分为经济风险、政治风险、技术风险、管理风险、社会风险、自然风险等。

①经济风险。指在经济领域中各种导致企业的经营遭受厄运的风险，即在经济实力、经济形势及解决经济问题的能力等方面潜在的不确定因素构成经营方面的可能后果。有些经

济风险是社会性的,对各个行业的企业都产生影响,如经济危机和金融危机、通货膨胀或通货紧缩、汇率波动等;有些经济风险的影响范围限于建筑行业内的企业,如国家基本建设投资总量的变化、房地产市场的销售行情、建材和人工费的涨落;还有的经济风险是伴随工程承包活动而产生的,仅影响具体施工企业,如业主的履约能力、支付能力等。

②政治风险。指政治方面的各种事件和原因给自己带来的风险。政治风险包括战争和动乱、国际关系紧张、政策多变、政府管理部门的腐败和专制等。

③技术风险。指工程所处的自然条件(包括地质、水文、气象等)和工程项目的复杂程度给承包商带来的不确定性。

④管理风险。指人们在经营过程中,因不能适应客观形势的变化或因主观判断失误或对已经发生的事件处理不当而造成的威胁,包括:施工企业对承包项目的控制和服务不力,项目管理人员水平低不能胜任自己的工作,投标报价时具体工作的失误,投标决策失误等。

(3)按风险的影响范围分类

按风险的影响范围大小可将风险分为基本风险和特殊风险。

基本风险是指作用于整个经济或大多数人群的风险,具有普遍性,如战争、自然灾害、高通胀率等。显然,基本风险的影响范围大,其后果严重。

特殊风险是指仅作用于某一特定单体(如个人或企业)的风险,不具有普遍性。例如,偷车、抢银行、房屋失火等。特殊风险的影响范围小,虽然就个体而言,其损失有时亦相当大,但相对于整个经济而言,其后果不严重。

在某些情况下,特殊风险与基本风险很难严格加以区分,当然,风险还可以按照其他方式分类,例如,按风险分析依据可将风险分为客观风险和主观风险,按风险分布情况可将风险分为国别(地区)风险、行业风险,按风险潜在损失形态可将风险分为财产风险、人身风险和责任风险等。

## 二、建设工程风险概念与风险管理

1. 建设工程风险的概念及特点

建设工程项目中的风险则是指在工程项目的筹划、设计、施工建造以及竣工后投入使用各个阶段可能遭受的风险。风险会造成项目实施的失控现象,如工期延长、成本增加、计划修改等,最终导致工程经济效益降低,甚至项目失败。

(1)建设工程风险大。

建设工程建设周期持续时间长,所涉及的风险因素和风险事件多,如经济风险、政治风险、技术风险、管理风险、社会风险、自然风险等。这些风险因素都会不同程度地作用于建设工程,产生错综复杂的影响。同时,每一种风险因素又都会产生许多不同的风险事件。总之,建设工程风险因素和风险事件发生的概率均较大,这些风险因素和风险事件一旦发生,往往造成比较严重的损失后果。例如,反常的气候条件造成工程的停滞,则会影响整个后期计划,影响后期所有参加者的工作。它不仅会造成工期的延长,而且会造成费用的增加,造成对工程质量的危害。即使局部的风险,其影响也会随着项目的进展逐渐扩大。

明确这一点,有利于确立风险意识,只有从思想上重视建设工程的风险问题,才有可能对建设工程风险进行主动的预防和控制。

(2)参与工程建设的各方均有风险,但各方的风险不尽相同。

工程建设各方所遇到的风险事件有较大的差异,即使是同一风险事件,对建设工程不同参与方的后果有时迥然不同。例如,同样是通货膨胀风险事件,在可调价格合同条件下,对业主来说是相当大的风险,而对承包商来说则风险很小(其风险主要表现在调价公式是否合理);但是,在固定总价合同条件下,对业主来说就不是风险,而对承包商来说是相当大的风险(其风险大小还与承包商在报价中所考虑的风险费或不可预见费的数额或比例有关)。明确这一点,有利于准确把握建设工程风险。在对建设工程风险作具体分析时,首先要明确出发点,即从哪一方的角度进行分析。分析的出发点不同,分析的结果自然也就不同。

2. 建设工程风险管理

风险管理是指人们对潜在的意外损失进行辨识、评估,并根据具体情况采取相应的措施进行处理,即在主观上尽可能做到有备无患,或在客观上无法避免时亦能寻求切实可行的补救措施,从而减少意外损失。

建设工程风险管理是指参与工程项目的各方,包括发包方、承包方和勘察、设计、监理单位等在工程项目的筹划、设计、施工建造以及竣工后投入使用等各阶段采取的辨识、评估、处理项目风险的措施和方法。

建设工程风险管理的重要性主要体现为以下几个方面:

(1)风险管理事关工程项目各方的生死存亡。工程建设项目需要耗费大量人力、物力和财力。如果企业忽视风险管理或风险管理不善,则会增加发生意外损失的可能,扩大意外损失的后果。轻则工期迟延,增加各方支出;重则这个项目难以继续进行,使巨额投资无法收回。而工程质量如果遭受影响,更会给今后的使用、运行造成长期损害。反之,重视并善于进行风险管理的企业则会降低发生意外的可能,并在难以避免的风险发生时,减少自己的损失。

(2)风险管理直接影响企业的经济效益。通过有效的风险管理,有关企业可以对自己的资金、物资等资源做出更合理的安排,从而提高其经济效益。例如,在工程建设中,承包商往往需要库存部分建材以防备建材涨价的风险。但若承包商在承包合同中约定建材价格按实结算或根据市场价格予以调整,则有关价格风险将转移,承包商便无须耗费大量资金库存建材,而节省出的流动资金将成为企业新的利润来源。

(3)风险管理有助于项目建设顺利进行,化解各方可能发生的纠纷。风险管理不仅预防风险,更是在各方面平衡、分配风险。对于某一特定的工程项目风险,各方预防和处理的难度不同。通过平衡、分配,由最适合的当事方进行风险管理,负责、监督风险的预防和处理工作,这将大大降低发生风险的可能性和风险带来的损失。同时,明确各类风险的负责方,也可在风险发生后明确责任,及时解决善后事宜,避免互相推诿,导致进一步纠纷。

(4)风险管理是业主、承包商和设计、监理单位等在日常经营、重大决策过程中必须认真对待的工作。它不单纯是消极避险,更有助于企业积极地避害趋利,进而在竞争中处于优势地位。

3. 建设工程风险管理过程

风险管理就是一个识别、确定和度量风险,并制订、选择和实施风险处理方案的过程,它是一个系统的、完整的过程,一般也是一个循环过程。风险管理过程包括风险识别、风险评价、风险对策决策、决策实施、效果检查五方面内容。

(1)风险识别

风险识别是风险管理中的首要步骤,是指通过一定的方式,系统而全面地识别出影响建设工程目标实现的风险事件并加以适当归类的过程,必要时,还需对风险事件的后果做出定性的估计。

(2)风险评价

风险评价是将建设工程风险事件发生的可能性和损失后果进行定量化的过程。这个过程在系统地识别建设工程风险与合理地做出风险对策决策之间起着重要的桥梁作用。风险评价的结果主要在于确定各种风险事件发生的概率及其对建设工程目标影响的严重程度,如投资增加的数额、工期延误的天数等。

(3)风险对策决策

风险对策决策是确定建设工程风险事件最佳对策组合的过程。一般来说,风险管理中所运用的对策有以下四种:风险回避、损失控制、风险自留和风险转移。这些风险对策的适用对象各不相同,需要根据风险评价的结果,对不同的风险事件选择最适宜的风险对策,从而形成最佳的风险对策组合。

(4)实施决策

对风险对策所做出的决策还需要进一步落实到具体的计划和措施,例如,制订预防计划、灾难计划、应急计划等;又如,在决定购买工程保险时,要选择保险公司,确定恰当的保险范围、免赔额、保险费等。这些都是实施风险对策决策的重要内容。

(5)检查

在建设工程实施过程中,要对各项风险对策的执行情况不断地进行检查,并评价各项风险对策的执行效果;在工程实施条件发生变化时,要确定是否需要提出不同的风险处理方案。除此之外,还需要检查是否有被遗漏的工程风险或者发现新的工程风险,也就是进入新一轮的风险识别,开始新一轮的风险管理过程。

4. 建设工程风险管理目标

风险管理是一项有目的的管理活动,只有目标明确,才能起到有效的作用;否则、风险管理就会流于形式,没有实际意义,也无法评价其效果。

从风险管理目标与风险管理主体总体目标一致性的角度,建设工程风险管理的目标通常更具体地表述为:

(1)实际投资不超过计划投资;

(2)实际工期不超过计划工期;

(3)实际质量满足预期的质量要求;

(4)建设过程安全。

因此,从风险管理目标的角度分析,建设工程风险可分为投资风险、进度风险、质量风险和安全风险。

# 第二节 建设工程风险识别

## 一、风险识别的特点和原则

研究风险,首先应该了解风险识别的特点和原则,并结合将要实施的工程进行具体细致的研究和分析。风险识别是进行风险管理的第一步重要的工作。

1. 风险识别的特点

(1)个别性。任何风险都有与其他风险不同之处,没有两个风险是完全一致的。不同类型建设工程的风险不同自不必说,而同一建设工程如果建造地点不同,其风险也不同;即使是建造地点确定的建设工程,如果由不同的承包商承建,其风险也不同,因此,虽然不同建设工程风险有不少共同之处,但一定存在不同之处,在风险识别时尤其要注意这些不同之处,突出风险识别的个别性。

(2)主观性。风险识别都是由人来完成的,由于个人的专业知识水平(包括风险管理方面的知识)、实践经验等方面的差异,同一风险由不同的人识别的结果就会有较大的差异。风险本身是客观存在,但风险识别是主观行为。在风险识别时,要尽可能减少主观性对风险识别结果的影响。要做到这一点,关键在于提高风险识别的水平。

(3)复杂性。建设工程所涉及的风险因素和风险事件均很多,而且关系复杂、相互影响,这给风险识别带来很强的复杂性。因此,建设工程风险识别对风险管理人员要求很高,并且需要准确、详细的依据,尤其是定量的资料和数据。

(4)不确定性。这一特点可以说是主观性和复杂性的结果。在实践中,可能因为风险识别的结果与实际不符而造成损失,这往往是出于风险识别结论错误导致风险对策决策错误而造成的。由风险的定义可知,风险识别本身也是风险。因而避免和减少风险识别的风险也是风险管理的内容。

2. 风险识别的原则

(1)由粗及细,由细及粗。由粗及细是指对风险因素进行全面分析,并通过多种途径对工程风险进行分解,逐渐细化,以获得对工程风险的广泛认识,从而得到工程初始风险清单。而由细及粗是指从工程初始风险清单的众多风险中,根据同类建设工程的经验以及对拟建建设工程具体情况的分析和风险调查,确定那些对建设工程目标实现有较大影响的工程风险作为主要风险,即作为风险评价以及风险对策决策的主要对象。

(2)严格界定风险内涵并考虑风险因素之间的相关性。对各种风险的内涵要严格加以界定,不要出现重复和交叉现象。另外,还要尽可能考虑各种风险因素之间的相关性,如主次关系、因果关系、互斥关系、正相关关系、负相关关系等。应当说,在风险识别阶段考虑风险因素之间的相关性有一定的难度,但至少要做到严格界定风险内涵。

(3)先怀疑,后排除。对于所遇到的问题都要考虑其是否存在不确定性,不要轻易否定或排除某些风险,要通过认真的分析进行确认或排除。

(4)排除与确认并重。对于肯定可以排除和肯定可以确认的风险应尽早予以排除和确认。对于一时既不能排除又不能确认的风险再作进一步的分析,予以排除或确认。最后,对于肯定不能排除但又不能肯定予以确认的风险按确认考虑。

(5)必要时,可做试验论证。对于某些按常规方式难以判定其是否存在,也难以确定其对建设工程目标影响程度的风险,尤其是技术方面的风险,必要时可做试验论证,如抗震试验、风洞试验等。这样做的结论可靠,但要以付出费用为代价。

## 二、风险识别的过程

建设工程自身及其外部环境的复杂性,给人们全面地、系统地识别工程风险带来了许多具体的困难,同时也要求明确建设工程风险识别的过程。

由于建设工程风险识别的方法与风险管理理论中提出的一般的风险识别方法有所不同,因而其风险识别的过程也有所不同。建设工程的风险识别往往是通过对经验数据的分析、风险调查、专家咨询以及试验论证等方式,在对建设工程风险进行多维分解的过程中,认识工程风险,建立工程风险清单。

建设工程风险识别的过程可用图 6-1 表示。

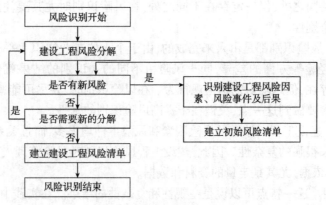

图 6-1 建设工程风险识别过程

由图 6-1 可知,风险识别的结果是建立建设工程风险清单。在建设工程风险识别过程中,核心工作是"建设工程风险分解"和"识别建设工程风险因素、风险事件及后果"。

### 三、风险的分解

建设工程风险的分解是根据工程风险的相互关系将其分解成若干个子系统,其分解的程度要足以使人们较容易地识别出建设工程的风险,使风险识别具有较好的准确性、完整性和系统性。

根据建设工程的特点,建设工程风险的分解可以按以下途径进行:

(1)目标维。即按建设工程目标进行分解,也就是考虑影响建设工程投资、进度、质量和安全目标实现的各种风险。

(2)时间维。即按建设工程实施的各个阶段进行分解,也就是考虑建设工程实施不同阶段的不同风险。

(3)结构维。即按建设工程组成内容进行分解,也就是考虑不同单项工程、单位工程的不同风险。

(4)因素维。即按建设工程风险因素的分类分解,如政治、社会、经济、自然、技术等方面的风险。

在风险分析过程中,有时并不仅仅是采用一种方法就能达到目的的,而需要几种方法组合。例如,常用的组合分解方式是由时间维、目标维和因素维三方面从总体上进行建设工程风险的分解,如图 6-2 所示。

### 四、风险识别方法

风险识别方法较多,主要应用在项目决策和投标阶段。除了采用风险管理理论中所提出的风险识别的基本方法之外,对建设工程风险的识别还可以根据其自身特点,采用相应的方法。综合起来,建设工程风险识别的方法有:专家调查法、财务报表法、流程图法、初始清单法、经验数据法和风险调查法。

#### 1. 专家调查法

该方法主要是找出各种潜在的风险并对风险后果做出定性估计,对那些风险很难在较短时间内用统计方法、实验分析方法或因果关系论证得到的情形特别适用。这种方法又有两种方式:一种是召集有关专家开会,让专家各抒己见,充分发表意见,起到集思广益的作用;另一种是采用问卷式调查,各专家不知道其他专家的意见。采用专家调查法时,所提出的问题应具有指导性和代表性,并具有一定的深度,还应尽可能具体些。专家所涉及的面应尽可能广泛些,有一定的代表性。对专家发表的意见要由风险管理人员加以归纳分类、整理分析,有时可能要排除个别专家的个别意见。

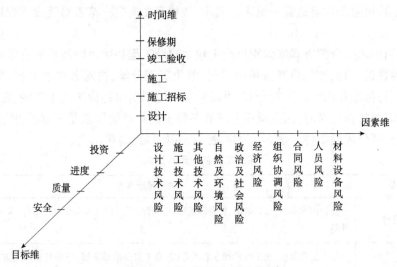

图 6-2 建设工程风险三维分解图

2. 财务报表法

财务报表有助于确定一个特定企业或特定的建设工程可能遭受哪些损失以及在何种情况下遭受这些损失。通过分析资产负债表、现金流量表、营业报表及有关补充资料,可以识别企业当前的所有资产、责任及人身损失风险。将这些报表与财务预测、预算结合起来,可以发现企业或建设工程未来的风险。

采用财务报表法进行风险识别,要对财务报表中所列的各项会计科目作深入的分析研究,并提出分析研究报告,以确定可能产生的损失,还应通过一些实地调查以及其他信息资料来补充财务记录。由于工程财务报表与企业财务报表不尽相同,因而需要结合工程财务报表的特点来识别建设工程风险。

3. 流程图法

将一项特定的生产或经营活动按步骤或阶段顺序以若干个模块形式组成一个流程图系列,在每个模块中都标出各种潜在的风险因素或风险事件,从而给决策者一个清晰的总体印象。一般来说,对流程图中各步骤或阶段的划分比较容易,关键在于找出各步骤或各阶段不同的风险因素或风险事件。

这种方法实际上是将图 6-2 中的时间维与因素维相结合进行风险识别。由于建设工程实施的各个阶段是确定的,因而关键在于对各阶段风险因素或风险事件的识别。由于流程图的篇幅限制,采用这种方法所得到的风险识别结果较粗。

4. 初始清单法

如果对每一个建设工程风险的识别都从头做起,至少有以下三方面缺陷:一是耗费时间和精力多,风险识别工作的效率低;二是由于风险识别的主观性,可能导致风险识别的随意性,其结果缺乏规范性;三是风险识别成果资料不便积累,对今后的风险识别工作缺乏指导作用。因此,为了避免以上缺陷,有必要建立初始风险清单。

常规途径是采用保险公司或风险管理学会(或协会)公布的潜在损失一览表,即任何企业或工程都可能发生的所有损失一览表。以此为基础,风险管理人员再结合本企业或某项工程所面临的潜在损失对一览表中的损失予以具体化,从而建立特定工程的风险一览表。我国至今尚没有这类一览表,即使在发达国家,一般也都是对企业风险公布潜在损失一览表,对建设工程风险则没有这类一览表。因此,这种潜在损失一览表对建设工程风险的识别作用不大。

通过适当的风险分解方式来识别风险是建立建设工程初始风险清单的有效途径。对于大型、复杂的建设工程,首先将其按单项工程、单位工程分解,再对各单项工程、单位工程分别从时间维、目标维和因素维进行分解,可以较容易地识别出建设工程主要的、常见的风险。从初始风险清单的作用来看,因素维仅分解到各种不同的风险因素是不够的,还应进一步将各风险因素分解到风险事件。表6-1为建设工程初始风险清单示例。

建设工程初始风险清单　　　　　　　　　表6-1

| 风险因素 | | 典型风险事件 |
|---|---|---|
| 技术风险 | 设计 | 设计内容不全,设计缺陷、错误和遗漏,应用规范不恰当,未考虑地质条件,未考虑施工可能性等 |
| | 施工 | 施工工艺落后,施工技术和方案不合理,施工安全措施不当,应用新技术新方案失败,未考虑施工专款情况等 |
| | 其他 | 工艺设计未达到先进性指标,工艺流程不合理,未考虑操作安全性等 |
| 非技术风险 | 自然与环境 | 洪水、地震、火灾、台风、雷电等不可抗拒自然力,不明的水文气象条件,复杂的工程地质条件,恶劣的气候,施工对环境的影响等 |
| | 政治法律 | 法律及规章的变化,战争和骚乱、罢工、经济制裁或禁运等 |
| | 经济 | 通货膨胀或紧缩,汇率变动,市场动荡,社会各种摊派和征费的变化,资金不到位,资金短缺等 |
| | 组织协调 | 业主和上级主管部门的协调,业主和设计方、施工方以及监理方的协调,业主内部的组织运输协调等 |
| | 合同 | 合同条款遗漏、表达有误,合同类型选择不当,承发包模式选择不当,索赔管理不力,合同纠纷等 |
| | 人员 | 业主人员、设计人员、监理人员、一般工人、技术人员、管理人员的素质(能力、效率、责任心、品德)不高 |
| | 材料设备 | 原材料、半成品、成品或设备供货不足或拖延,数量差错或质量规格问题,特殊材料和新材料的使用问题,过度损耗和浪费,施工设备供应不足、类型不配套、故障、安装失误、造型不当等 |

初始风险清单只是为了便于人们较全面地认识风险的存在,而不至于遗漏重要的工程风险,但并不是风险识别的最终结论。在初始风险清单建立后,还需要结合特定建设工程的具体情况进一步识别风险,从而对初始风险清单作一些必要的补充和修正。为此,需要参照同类建设工程风险的经验数据(若无现成的资料,则要多方收集)或针对具体建设工程的特点进行风险调查。

### 5. 经验数据法

经验数据法也称为统计资料法,即根据已建各类建设工程与风险有关的统计资料来识别拟建建设工程的风险。不同的风险管理主体都应有自己关于建设工程风险的经验数据或统计资料。在工程建设领域,可能有工程风险经验数据或统计资料的风险管理主体,包括咨询公司(含设计单位)、承包商以及长期有工程项目的业主(如房地产开发商)。由于这些不同的风险管理主体的角度不同、数据或资料来源不同,其各自的初始风险清单一般多少有些差异。但是,建设工程风险本身是客观事实,有客观的规律性,当经验数据或统计资料足够多时,这种差异性就会大大减小。何况,风险识别只是对建设工程风险的初步认识,还是一种定性分析,因此,这种基于经验数据或统计资料的初始风险清单可以满足对建设工程风险识别的需要。

例如,根据建设工程的经验数据或统计资料可以得知,减少投资风险的关键在设计阶段,尤其是初步设计以前的阶段,因此,方案设计和初步设计阶段的投资风险应当作为重点进行详细的风险分析;设计阶段和施工阶段的质量风险最大,需要对这两个阶段的质量风险作进一步的分析;施工阶段存在较大的进度风险,需要作重点分析。由于施工活动是由一个个分部、分项工程按一定的逻辑关系组织实施的,因此,进一步分析各分部分项工程对施工进度或工期的影响,更有利于风险管理人员识别建设工程进度风险。图 6-3 是某风险管理主体根据房屋建筑工程各主要分部、分项工程对工期影响的统计资料绘制的。

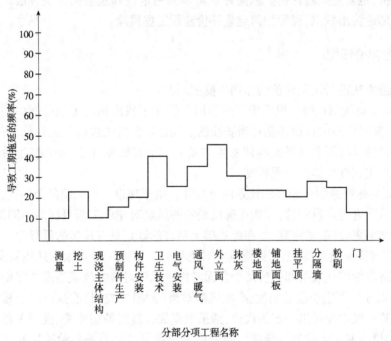

图 6-3 各主要分部分项工程对工期的影响

### 6. 风险调查法

由风险识别的个别性可知,两个不同的建设工程不可能有完全一致的工程风险。因此,在建设工程风险识别的过程中,花费人力、物力、财力进行风险调查是必不可少的,这既是一项非常重要的工作,也是建设工程风险识别的重要方法。

风险调查应当从分析具体建设工程的特点入手,一方面对通过其他方法已识别出的风险(如初始风险清单所列出的风险)进行鉴别和确认;另一方面,通过风险调查有可能发现此前尚未识别出的重要的工程风险。

通常,风险调查可以从组织、技术、自然及环境、经济、合同等方面分析拟建建设工程的特点以及相应的潜在风险。

风险调查并不是一次性的。由于风险管理是一个系统的、完整的循环过程,因而风险调查也应该在建设工程实施全过程中不断地进行,这样才能了解不断变化的条件对工程风险状态的影响。当然,随着工程实施的进展,不确定性因素越来越少,风险调查的内容亦将相应减少,风险调查的重点有可能不同。

对于建设工程的风险识别来说,仅仅采用一种风险识别方法是远远不够的,一般都应综合采用两种或多种风险识别方法,才能取得较为满意的结果。而且,不论采用何种风险识别方法组合,都必须包含风险调查法。从某种意义上讲,前五种风险识别方法的主要作用在于建立初始风险清单,而风险调查法的作用则在于建立最终的风险清单。

## 第三节 建设工程风险评价

系统而全面地识别建设工程风险只是风险管理的第一步,对认识到的工程风险还要作进一步的分析,也就是风险评价。风险评价可以采用定性和定量两大类方法。本节主要以风险量函数理论为出发点,说明如何定量评价建设工程风险。

### 一、风险评价作用

通过定量方法进行风险评价的作用主要表现在:

(1)更准确地认识风险。风险识别的作用仅仅在于找出建设工程可能面临的风险因素和风险事件,其对风险的认识还是相当肤浅的。通过定量方法进行风险评价,可以定量地确定建设工程各种风险因素和风险事件发生的概率大小或概率分布,及其发生后对建设工程目标影响的严重程度或损失严重程度。

(2)保证目标规划的合理性和计划的可行性。由于建设工程风险的个别性,只有对特定建设工程的风险进行定量评价,才能正确反映各种风险对建设工程目标的不同影响,才能使目标规划的结果更合理、更可靠,使在此基础上制订的计划具有现实的可行性。

(3)合理选择风险对策,形成最佳风险对策组合。不同风险对策的适用对象各不相同。风险对策的适用性需从效果和代价两个方面考虑。风险对策的效果表现在降低风险发生概率和(或)降低损失严重程度的幅度,有些风险对策(如损失控制)在这一点上较难准确地量度。风险对策一般都要付出一定的代价,如采取损失控制时的措施费、投保工程险时的保险费等,这些代价一般都可准确地量度。而定量风险评价的结果是各种风险的发生概率及其损失严重程度。因此,在选择风险对策时,应将不同风险对策的适用性与不同风险的后果结合起来考虑,对不同的风险选择最适宜的风险对策,从而形成最佳的风险对策组合。

### 二、风险量函数

在定量评价建设工程风险时,首要工作是将各种风险的发生概率及其潜在损失定量化,这一工作也称为风险衡量。

为此,需要引入风险量的概念。所谓风险量,是指各种风险的量化结果,其数值大小取决于各种风险的发生概率及其潜在损失。如果以 $R$ 表示风险量,$p$ 表示风险的发生概率,$q$ 表示潜在损失,则 $R$ 可以表示为 $p$ 和 $q$ 的函数,即:

$$R = f(p,q) \tag{6-1}$$

式(6-1)反映的是风险量的基本原理,具有一定的通用性,其应用前提是能通过适当的方式建立关于 $p$ 和 $q$ 的连续性函数。但是,这一点不是很容易做到的。在风险管理理论和方法中,在多数情况下是以离散形式来定量表示风险的发生概率及其损失,因而风险量 $R$ 相应地表示为:

$$R = \sum p \cdot q_i \tag{6-2}$$

式(6-2)中,$i = 1,2……n$,表示风险事件的数量。

例如,一种自然环境风险如果发生,则损失达 20 万元,而发生的可能性为 0.1,则风险量 $R = 20 \times 0.1 = 2$ 万元。

与风险量有关的另一个概念是等风险量曲线,就是由风险量相同的风险事件所形成的曲线,如图 6-4 所示。在图 6-4 中,$R_1$、$R_2$、$R_3$ 为 3 条不同的等风险量曲线。不同等风险量曲线所表示的风险量大小与其与风险坐标原点的距离成正比,即距原点越近,风险量小;反之,则风险量越大。因此,$R_1 < R_2 < R_3$。

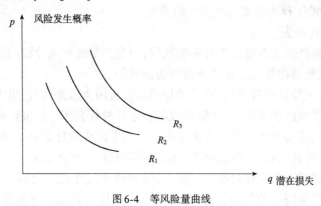

图 6-4　等风险量曲线

### 三、风险损失的衡量

风险损失的衡量就是定量确定风险损失值的大小。建设工程风险损失包括以下几方面。

**1. 投资风险**

投资风险导致的损失可以直接用货币形式来表现,即法规、价格、汇率和利率等的变化或资金使用安排不当等风险事件引起的实际投资超出计划投资的数额。

**2. 进度风险**

进度风险导致的损失由以下部分组成:

(1)资金的时间价值。进度风险的发生可能会对现金流动造成影响,在利率的作用下,引起经济损失。

(2)为赶上计划进度所需的额外费用。包括加班的人工费、机械使用费和管理费等一切因追赶进度所发生的非计划费用。

(3)延期投入使用的收入损失。这方面损失的计算相当复杂,不仅仅是延误期间内的收入损失,还可能由于产品投入市场过迟而失去商机,从而大大降低市场份额,因而这方面的损失有时是相当巨大的。

3. 质量风险

质量风险导致的损失包括事故引起的直接经济损失,以及修复和补救等措施发生的费用以及第三者责任损失等,可分为以下几个方面:

(1)建筑物、构筑物或其他结构倒塌所造成的直接经济损失;
(2)复位纠偏、加固补强等补救措施和返工的费用;
(3)造成工期延误的损失;
(4)永久性缺陷对于建设工程使用造成的损失;
(5)第三者责任的损失。

4. 安全风险

安全风险导致的损失包括:

(1)受伤人员的医疗费用和补偿费;
(2)财产损失,包括材料、设备等财产的损毁或被盗;
(3)因引起工期延误带来的损失;
(4)为恢复建设工程正常实施所发生的费用;
(5)第三者责任损失。

在此,第三者责任损失为建设工程实施期间,因意外事故可能导致的第三者的人身伤亡和财产损失所做的经济赔偿以及必须承担的法律责任。

由以上四方面风险的内容可知,投资增加可以直接用货币来衡量;进度的拖延则属于时间范畴,同时也会导致经济损失;而质量事故和安全事故既会产生经济影响又可能导致工期延误和第三者责任,显得更加复杂。而第三者责任除了法律责任之外,一般都是以经济赔偿的形式来实现的。因此,这四方面的风险最终都可以归纳为经济损失。

需要指出,在建设工程实施过程中,某一风险事件的发生往往会同时导致一系列损失。例如,地基的坍塌引起塔吊的倒塌,并进一步造成人员伤亡和建筑物的损坏,以及施工被迫停止等。这表明,这一地基坍塌事故影响了建设工程所有的目标——投资、进度、质量和安全,从而造成相当大的经济损失。

### 四、风险概率的衡量

衡量建设工程风险概率有两种方法:相对比较法和概率分布法。一般而言,相对比较法主要是依据主观概率,而概率分布法的结果则接近于客观概率。

1. 相对比较法

相对比较法由美国风险管理专家 Richard Prouty 提出,表示如下:

(1)"几乎是0"。这种风险事件可认为不会发生。
(2)"很小的"。这种风险事件虽有可能发生,但现在没有发生并且将来发生的可能性也不大。
(3)"中等的"。即这种风险事件偶尔会发生,并且能预期将来有时会发生。
(4)"一定的"。即这种风险事件一直在有规律地发生,并且能够预期未来也是有规律地发生。在这种情况下,可以认为风险事件发生的概率较大。

在采用相对比较法时,建设工程风险导致的损失也将相应划分成重大损失、中等损失和轻度损失,从而在风险坐标上对建设工程风险定位,反映出风险量的大小。

2.概率分布法

概率分布法可以较为全面地衡量建设工程风险。因为通过潜在损失的概率分布,有助于确定在一定情况下哪种风险对策或对策组合最佳。

概率分布法的常见表现形式是建立概率分布表。为此,需参考外界资料和本企业历史资料。外界资料主要是保险公司、行业协会、统计部门等的资料。但是,这些资料通常反映的是平均数字,且综合了众多企业或众多建设工程的损失经历,因而在许多方面不一定与本企业或本建设工程的情况相吻合,运用时需作客观分析。本企业的历史资料虽然更有针对性,更能反映建设工程风险的个别性,但往往数量不够多,有时还缺乏连续性,不能满足概率分析的基本要求。另外,即使本企业历史资料的数量、连续性均满足要求,其反映的也只是本企业的平均水平,在运用时还应当充分考虑资料的背景和拟建建设工程的特点。由此可见,概率分布表中的数字可能是因工程而异的。

理论概率分布也是风险衡量中所经常采用的一种估计方法。即根据建设工程风险的性质分析大量的统计数据,当损失值符合一定的理论概率分布或与其近似吻合时,可由特定的几个参数来确定损失值的概率分布。

## 五、风险评价

在风险衡量过程中,建设工程风险被量化为关于风险发生概率和损失严重性的函数,但在选择对策之前,还需要对建设工程风险量做出相对比较,以确定建设工程风险的相对严重性。

等风险量曲线(图6-4)表明,在风险坐标图上,离原点位置越近则风险量越小。据此,可以将风险发生概率($p$)和潜在损失($q$)分别分为L(小)、M(中)、H(大)3个区间,从而将等风险量图分为 LL、ML、HL、LM、MM、HM、LH、MH、HH9 个区域。在这 9 个不同区域中,有些区域的风险量是大致相等的,例如,如图6-5所示,可以将风险量的大小分成 5 个等级:

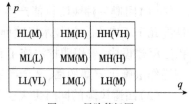

图 6-5 风险等级图

(1)VL(很小);(2)L(小);(3)M(中等);(4)H(大);(5)VH(很大)。

# 第四节 建设工程风险对策

风险对策也称为风险防范手段或风险管理技术,应分析具体的建设工程并确定针对风险的对策。研究如何对风险进行管理,包括风险回避、风险控制、风险自留、风险转移及其组合等策略。

## 一、风险回避

风险回避就是以一定的方式中断风险源,使其不发生或不再发展,从而避免可能产生的潜在损失。其具体做法有以下三种。

1. 拒绝承担风险

对某些存在致命风险的工程拒绝投标。这意味着该建设工程的不确定性很大,即风险很大,因而决定不投资建造该建设工程。

2. 承担小损失回避大风险

对于风险超过自己的承受能力,成功把握不大的项目,不参与投标,不参与合资。甚至有时在工程进行到一半时,预测后期风险很大,必然有更大的亏损,不得不采取中断项目的措施。例如,某投资人因选址不慎原决定在河谷建造某工厂,而保险公司又不愿为其承担保险责任。当投资人意识到在河谷建厂将不可避免地受到洪水威胁,且又别无防范措施时,只好决定放弃该计划。虽然该投资人在建厂准备阶段耗费了不少投资,但与其厂房建成后被洪水冲毁,不如及早改弦易辙,另谋理想的厂址。采用风险回避这一对策时,有时需要做出一些牺牲,但较之承担风险,这些牺牲比风险真正发生时可能造成的损失要小得多。又如,某承包商参与某建设工程的投标,开标后发现自己的报价远远低于其他承包商的报价,经仔细分析发现,自己的报价存在严重的误算和漏算,因而拒绝与业主签订施工合同。虽然这样做将被没收投标保证金或投标保函,但比承包后严重亏损的损失要小得多。

3. 为了避免风险而损失一定的较小利益

利益可以计算,但风险损失是较难估计的,在特定情况下,采用此种做法。如在建材市场有些材料价格波动较大,承包商与供应商提前订立购销合同并付一定数量的定金,从而避免因涨价带来的风险;采购生产要素时应选择信誉好、实力强的分包商,虽然价格略高于市场平均价,但分包商违约的风险减小了。

从以上分析可知,在某些情况下,风险回避是最佳对策。在采用风险回避对策时需要注意以下问题:

(1)回避一种风险可能产生另一种新的风险。在建设工程实施过程中,绝对没有风险的情况几乎不存在。就技术风险而言,即使是相当成熟的技术也存在一定的风险。例如,在地铁工程建设中,采用明挖法施工有支撑失败、顶板坍塌等风险。如果为了回避这种风险而采用逆作法施工方案的话,又会产生地下连续墙失败等其他新的风险。

(2)回避风险的同时也失去了从风险中获益的可能性。由投机风险的特征可知,它具有损失和获益的两重性。例如,在涉外工程中,由于缺乏有关外汇市场的知识和信息,为避免承担由此而带来的经济风险,决策者决定选择本国货币作为结算货币,从而也就失去了从汇率变化中获益的可能性。

(3)回避风险可能不实际或不可能。建设工程的几乎每一个活动都存在大小不一的风险,承建商不可能为了回避投标风险而不参加任何建设工程的投标,过多地回避风险就等于不采取行动,而这可能是最大的风险。所以可以得出结论:不可能回避所有的风险。正因为如此,才需要其他不同的风险对策。

总之,虽然风险回避是一种必要的、有时甚至是最佳的风险对策,但应该承认这是一种消极的风险对策。如果处处回避,事事回避,其结果只能是停止发展,直至停止生存。因此,应当勇敢地面对风险,这就需要适当运用风险回避以外的其他风险对策。

## 二、损失控制

损失控制是一种主动、积极的风险对策。损失控制可分为预防损失和减少损失两方面工作。预防损失措施的主要作用在于降低或消除(通常只能做到减少)损失发生的概率,而减少损失措施的作用在于降低损失的严重性或遏制损失的进一步发展,使损失最小化。一般来说,损失控制方案都应当是预防损失措施和减少损失措施的有机结合。

在采用损失控制这一风险对策时,所制定的损失控制措施应当形成一个周密的、完整的损失控制计划系统。就施工阶段而言,该计划系统一般应由预防计划(有文献称为安全计划)、灾难计划和应急计划三部分组成。

1. 预防计划

预防计划的目的在于有针对性地预防损失的发生,其主要作用是降低损失发生的概率,在许多情况下也能在一定程度上降低损失的严重性。在损失控制计划系统中,预防计划的内容最广泛,具体措施最多,包括组织措施、管理措施、合同措施、技术措施。

组织措施的首要任务是明确各部门和人员在损失控制方面的职责分工,以使各方人员都能为实施预防计划而有效地配合;建立相应的工作制度和会议制度;对有关人员(尤其是现场工人)进行安全培训等。

管理措施,即是采取风险分隔措施,将不同的风险单位分离间隔开来,将风险局限在尽可能小的范围内,以避免在某一风险发生时,产生连锁反应或互相牵连,如在施工现场将易发生火灾的木工加工场尽可能设在远离现场办公用房的位置;

合同措施,除了要保证整个建设工程总体合同结构合理、不同合同之间不出现矛盾之外,要注意合同具体条款的严密性,并做出与特定风险相应的规定,如要求承包商加强履约保证和预付款保证等。在分包合同中,通常要求分包商接受建设单位合同文件中的各项合同条款,使分包商分担一部分风险。

技术措施,是在建设工程施工过程中常用的预防损失措施,如地基加固、周围建筑物防护、材料检测等。

2. 灾难计划

灾难计划是一组事先编制好的、目的明确的工作程序和具体措施,为现场人员提供明确的行动指南,使其在各种严重的、恶性的紧急事件发生后,不至于惊慌失措,也不需要临时讨论研究应对措施,可以做到从容不迫、及时、妥善地处理事件,从而减少人员伤亡以及财产和经济损失。

灾难计划是针对严重风险事件制订的,其内容应满足以下要求:

(1)安全撤离现场人员;
(2)援救及处理伤亡人员;
(3)控制事故的进一步发展,最大限度地减少资产和环境损害;
(4)保证受影响区域的安全尽快恢复正常。

灾难计划在严重风险事件发生或即将发生时付诸实施。

3. 应急计划

应急计划是在风险损失基本确定后的处理计划,其宗旨是使因严重风险事件而中断的工程实施过程尽快全面恢复,并减少进一步的损失,使其影响程度减至最小。应急计划不仅要制定所要采取的相应措施,而且要规定不同工作部门相应的职责。

应急计划应包括的内容有:调整整个建设工程的施工进度计划,并要求各承包商相应调整各自的施工进度计划;调整材料、设备的采购计划,并及时与材料、设备供应商联系,必要时,可能要签订补充协议;准备保险索赔依据,确定保险索赔的额度,起草保险索赔报告;全面审查可使用的资金情况,必要时需调整筹资计划等。

### 三、风险自留

风险自留是指承包商将风险留给自己承担,是从企业内部财务的角度应对风险。风险自留与其他风险对策的根本区别在于,它不改变建设工程风险的客观性质,即既不改变工程风险的发生概率,也不改变工程风险潜在损失的严重性。这种手段有时是无意识的,即当初并不曾预测的,不曾有意识地采取种种有效措施,以致最后只好由自己承受;但有时也可以是主动的,即经营者有意识、有计划地将若干风险主动留给自己。

决定风险自留必须符合以下条件之一:

(1)别无选择。有些风险既不能回避,又不可能预防,且没有转移的可能性,只能自留,这是一种无奈的选择。

(2)期望损失不严重。风险管理人员对期望损失的估计低于保险公司的估计,而且根据自己多年的经验和有关资料,风险管理人员确信自己的估计正确。

(3)损失可准确预测。在此,仅考虑风险的客观性。这一点实际上是要求建设工程有较多的单项工程和单位工程,满足概率分布的基本条件。

(4)企业有短期内承受最大潜在损失的能力。由于风险的不确定性,可能在短期内发生最大的潜在损失,这时即使设立了自我基金或向母公司保险(这种方式只适用于存在总公司与子公司关系的集团公司),已有的专项基金仍不足以弥补损失,需要企业从现金收入中支付。如果企业没有这种能力,可能因此而摧毁企业。对于建设工程的业主来说,与此相应的是要具有短期内筹措大笔资金的能力。

(5)投资机会很好(或机会成本很大)。如果市场投资前景很好,则保险费的机会成本就显得很大,不如采取风险自留,将保险费作为投资,以取得较多的投资回报。即使今后自留风险事件发生,也足以弥补其造成的损失。

(6)内部服务优良。如果保险公司所能提供的多数服务完全可以由风险管理人员在内部完成,且由于他们直接参与工程的建设和管理活动,从而使服务更方便,质量在某些方面也更高,在这种情况下,风险自留是合理的选择。

如果实际情况与以上条件相反,则应放弃风险自留的决策。

### 四、风险转移

风险转移是指承包商在不能回避风险的情况下,将自身面临的风险转移给其他主体来承担。风险的转移并非转嫁损失,风险分担的原则是:任何一种风险都应由最适宜承担该风险或最有能力进行损失控制的一方承担。符合这一原则的风险转移是合理的,可以取得双赢或多赢的结果。例如,项目决策风险应由业主承担,设计风险应由设计方承担,而施工技术风险应由承包商承担等。否则,风险转移就可能付出较高的代价。

风险转移是建设工程风险管理中非常重要而且广泛应用的一项对策,分为非保险转移和保险转移两种形式。

1. 非保险转移

非保险转移又称为合同转移,因为这种风险转移一般是通过签订合同的方式将工程风险转移给非保险人的对方当事人。建设工程风险最常见的非保险转移有以下三种情况:

(1) 业主将合同责任和风险转移给对方当事人

工程风险中的很大一部分可以分散给若干分包商和生产要素供应商。例如,在合同条款中规定,业主对场地条件不承担责任;又如,采用固定总价合同将涨价风险转移给承包商等。

(2) 承包商进行合同转让或工程分包

承包商中标承接某工程后,可能由于资源安排出现困难而将合同转让给其他承包商,以避免由于自己无力按合同规定时间建成工程而遭受违约罚款;或将该工程中专业技术要求很强而自己缺乏相应技术的工程内容分包给专业分包商,从而更好地保证工程质量。

(3) 工程担保

工程担保是指担保人(一般为银行、担保公司、保险公司以及其他金融机构、商业团体或个人)应工程合同一方(申请人)的要求向另一方(债权人)做出的书面承诺。工程担保是工程风险转移的一项重要措施,它能有效地保障工程建设的顺利进行。许多国家政府都在法规中规定要求进行工程担保,在标准合同中也含有关于工程担保的条款。

与其他的风险对策相比,非保险转移的优点主要体现在:一是可以转移某些不可保的潜在损失,如物价上涨、法规变化、设计变更等引起的投资增加;二是被转移者往往能较好地进行损失控制,如承包商相对于业主能更好地把握施工技术风险,专业分包商相对于总包商能更好地完成专业性强的工程内容。

2. 保险转移

购买保险是一种非常有效的转移风险的手段,将自身面临的风险很大一部分转移给保险公司来承担。工程保险是指业主和承包商为了工程项目的顺利实施,向保险人(公司)支付保险费,保险人根据合同约定对在工程建设中可能产生的财产和人身伤害承担赔偿保险金责任。

需要说明的是,工程保险并不能转移建设工程的所有风险,一方面是因为存在不可保风险,另一方面则是因为有些风险不宜保险。因此,对于建设工程风险,应将工程保险与风险回避、损失控制和风险自留结合起来运用。对于不可保风险,必须采取损失控制措施。即使对于可保风险,也应当采取一定的损失控制措施,这有利于改变风险性质,达到降低风险量的目的,从而改善工程保险条件,节省保险费。

## 思考题与习题

1. 简述建设工程风险的概念及特点。
2. 简述建设工程风险管理过程。
3. 简述风险识别方法以及各方法之间的优缺点。
4. 进行风险评价的作用主要表现在哪些方面?
5. 风险对策有哪几种?简述各个风险对策的要点。

# 第七章 建设工程安全生产监理

## 第一节 建设工程安全生产概述

随着建筑业的快速发展,安全问题成为一个突出问题。安全生产是社会的大事,它关系到国家的财产和人员生命安全,甚至关系到经济的发展和社会的稳定,因此,在建设工程生产过程中必须贯彻"安全第一,预防为主"的方针,切实做好安全生产管理工作。

### 一、基本概念

1. 安全生产

安全生产是指在生产过程中保障人身安全和设备安全。它有两方面的含义:一是在生产过程中保护职工的安全和健康,防止工伤事故和职业病危害;二是在生产过程中防止其他各类事故的发生,确保生产设备的连续、稳定、安全运转,保护同家财产不受损失。

2. 劳动保护

劳动保护是指国家采用立法、技术和管理等一系列综合措施,消除生产过程中的不安全、不卫生因素,保护劳动者在生产过程中的安全和健康,保护和发展生产力。

3. 安全生产法规

安全生产法规是指国家关于改善劳动条件,实现安全生产,为保护劳动者在生产过程中的安全和健康而采取的各种措施的总和,是必须执行的法律规范。

4. 施工现场安全生产保障体系

施工现场安全生产保障体系由建设工程承包单位制定,是实现安全生产目标所需的组织机构、职责、程序、措施、过程、资源和制度。

5. 安全生产管理目标

安全生产管理目标是建设工程项目管理机构制定的施工现场安全生产保证体系所要达到的各项基本安全指标。安全生产管理目标的主要内容有:

(1)杜绝重大人身伤亡、财产损失和环境污染等事故;
(2)一般事故频率控制目标;
(3)安全生产标准化工地创建目标;
(4)文明施工创建目标;
(5)其他目标。

6. 安全检查

安全检查是指对施工现场安全生产活动和结果的符合性和有效性进行常规的检测和测量活动。其目的是:

(1)通过检查,可以发现施工中人的不安全行为和物的不安全状态、不卫生问题,从而采取对策,消除不安全因素,保障安全生产。

(2)利用安全生产检查,进一步宣传、贯彻、落实国家安全生产方针、政策和各项安全生产规章制度。

(3)安全检查实质上也是群众性的安全教育。通过检查,增强领导和群众的安全意识,纠正违章指挥、违章作业,提高搞好安全生产的自觉性和责任感。

(4)通过检查可以互相学习、总结经验、吸取教训、取长补短,有利于进一步促进安全生产工作。

(5)通过安全生产检查,了解安全生产状态,为分析安全生产形势,研究加强安全管理提供信息和依据。

7. 危险源

危险源是指可能导致死亡、伤害、职业病、财产损失、工作环境破坏或这些情况组合的因素或状态。

8. 隐患

隐患是指未被事先识别或未采取必要防护措施可能导致事故发生的各种因素。

9. 事故

事故是指任何造成疾病、伤害、死亡,财产、设备、产品或环境的损坏或破坏。施工现场安全事故包括:物体打击、车辆伤害、机械伤害、起重伤害、触电事故、淹溺、灼烫、火灾、高处坠落、坍塌、放炮、火药爆炸、化学爆炸、物理性爆炸、中毒和窒息及其他伤害。

10. 应急救援

应急救援是指在安全生措施控制失效情况下,为避免或减少可能引发的伤害或其他影响而采取的补救措施和抢救行为。它是安全生产管理的内容,是项目经理部实行施工现场安全生产管理的具体要求,也是监理工程师审核施工组织设计与施工方案中安全生产的重要内容。

11. 应急救援预案

应急救援预案是指针对可能发生的、需要进行紧急救援的安全生产事故,事先制定好应对补救措施和抢救方案,以便及时救助受伤的和处于危险状态中的人员,减少或防止事态进一步扩大,并为善后工作创造好的条件。

12. 高处作业

凡在坠落基准面 2m 或 2m 以上或有可能坠落的高处进行作业,该项作业即称为高处作业。

13. 临边作业

在施工现场任何处所,当高处作业中工作面的边沿并无围护设施或虽有围护设施,但其高度小于 80cm 时,这种作业称为临边作业。

14. 洞口作业

建筑物或构筑物在施工过程中,常会出现各种预留洞口、通道口、上料口、楼梯口、电梯井口,在其附近工作,称为洞口作业。

15. 悬空作业

在周边临空状态下,无立足点或无牢靠立足点的条件下进行的高空作业,称为悬空作业。悬空作业通常在吊装、钢筋绑扎、混凝土浇筑、模板支拆以及门窗安装和油漆等作业中较为常见。一般情况下,对悬空作业采取的安全防护措施主要是搭设操作平台、佩戴安全带、张挂安全网等措施。

16. 交叉作业

凡在不同层次中,处于空间贯通状态下同时进行的高空作业称为交叉作业。施工现场进行交叉作业是不可避免的,交叉作业会给不同的作业人员带来不同的安全隐患,因此,进行交叉作业时必须遵守安全规定。

## 二、安全生产控制的相关依据

(1)《中华人民共和国建筑法》;
(2)《中华人民共和国安全生产法》;
(3)《建设工程安全生产管理条例》;
(4)《工程建设标准强制性条文》;
(5)《建筑安全生产监督管理规定》;
(6)《工程建设重大事故报告和调查程序规定》;
(7)《建筑施工安全检查标准》(JGJ 59—2011);
(8)《施工承包单位安全生产评价标准》(JGJ/T 77—2010);
(9)施工现场临时用电安全技术规范(JGJ 46—2012);
(10)建筑施工高处作业安全技术规范(JGJ 80—1991);
(11)《建筑施工门式钢管脚手架安全技术规范》(JGJ 128—2010);
(12)《建筑施工扣件式钢管脚手架安全技术规范》(JGJ 130—2011);
(13)《龙门架及井架物料提升机安全技术规范》(JGJ 88—2010);
(14)《中华人民共和国刑法》第一百三十七条;
(15)《建筑工程预防高处坠落事故若干规定》和《建筑工程预防坍塌事故若干规定》;
(16)《建筑机械使用安全技术规程》(JGJ 33—2012)。

## 三、安全生产控制的原则和任务

1. 原则

(1)安全第一,预防为主的原则

《中华人民共和国安全生产法》的总方针"安全第一"表明了生产范围内安全与生产的关系,肯定了安全生产在建设活动中的首要位置和重要性;"预防为主"体现了事先策划、事中控制及事后总结,通过信息收集、归类分析、制定预案等过程进行控制和防范,体现了政府对建设工程安全生产过程中"以人为本"以及"关爱生命"、"关注安全"的宗旨。

(2)以人为本、关爱生命,维护作业人员合法权益的原则

安全生产管理应遵循维护作业人员的合法权益的原则,应改善施工作业人员的工作与生活条件。施工承包单位必须为作业人员提供安全防护设施,对其进行安全教育培训,为施工人员办理意外伤害保险,作业与生活环境应达到国家规定的安全生产、生活环境标准,真正体现出以人为本,关爱生命。

(3)职权与责任一致的原则

国务院建设行政主管部门和相关部门对建设工程安全生产管理的职权和责任应该相一

致,其职能和权限应该明确;建设主体各方应该承担相应的法律责任,对工作人员不能够依法履行监督管理职责的应该给予行政处分,构成犯罪的依法追究刑事责任。

2. 任务

建设工程安全控制的任务主要是贯彻落实国家有关安全生产的方针、政策,督促施工承包单位按照建筑施工安全生产的法规和标准组织施工,落实各项安全生产的技术措施,消除施工中的冒险性、盲目性和随意性,减少不安全的隐患,杜绝各类伤亡事故的发生,实现安全生产。

3. 建设工程安全生产控制的意义

《建设工程安全生产管理条例》针对建设工程安全生产中存在的主要问题,确立了建设企业安全生产和政府监督管理的基本制度,规定了参与建设活动各方主体的安全责任,明确了建筑工人安全与健康的合法权益;是一部全面规范建设工程安全生产的专门法规,可操作性强,对规范建设工程安全生产必将起到重要的作用;对提高工程建设领域安全生产水平、确保人民生命财产安全、促进经济发展、维护社会稳定都具有十分重要的意义。

## 第二节 安全生产控制的主要工作

### 一、建设前期安全控制

1. 安全生产控制体系

做好安全生产的控制,首先要建立安全生产控制体系,监理单位安全生产控制体系如图 7-1 所示。

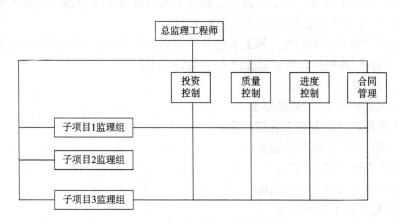

图 7-1 监理单位安全生产控制体系

2. 安全事故防范措施

在施工开始前,项目监理部应组织有关单位分析本工程的特点以及一般的安全事故类型和安全事故的影响,有针对性地采取措施,做好安全事故的事前预控。

(1)坚持"安全第一、预防为主"的原则。建立健全生产安全责任制;完善安全控制机构、组织制度和报告制度;保证施工环境、树立文明施工意识;安全经费及时到位,专款专用;做好安全事故应对预案并进行演练。

(2)建立完善的安全检查验收制度。生产部门应该在安全制度的基础上,设专人定期或者不定期地对生产过程的安全状况进行检查,发现隐患及时纠正。存在隐患不能施工,改正合格后,向监理工程师报验,监理工程师应及时检查验收,对不符合安全要求的部位提出整改要求,经整改验收合格后签字,方可继续施工。

## 二、安全生产控制的审查

1. 施工承包单位安全生产管理体系的检查

(1)施工承包单位应具备国家规定的安全生产资质证书,并在其等级许可范围内承揽工程。

(2)施工承包单位应成立以企业法人代表为首的安全生产管理机构,依法对本单位的安全生产工作全权负责。

(3)施工承包单位的项目负责人应当由取得安全生产相应资质的人担任,在施工现场应建立以项目经理为首的安全生产管理体系,对项目的安全施工负责。

(4)施工承包单位应当在施工现场配备专职安全生产管理人员,负责对施工现场的安全施工进行监督检查。

(5)工程实行总承包的,应由总包单位对施工现场的安全生产负总责。总包单位和分包单位应对分包工程的施工安全承担连带责任,分包单位应当服从总包单位的安全生产管理。

2. 施工承包单位安全生产管理制度的检查

(1)安全生产责任制。这是企业安全生产管理制度中的核心,是上至总经理下至每个生产工人对安全生产所担负的职责。

(2)安全技术交底制度。施工前由项目的技术人员将有关安全施工的技术要求向施工作业班组工作人员做出详细说明,并由双方签字落实。

(3)安全生产教育培训制度。施工承包单位应当对管理人员、作业人员,每年至少进行一次安全教育培训,并把教育培训情况记入个人工作档案。

(4)施工现场文明管理制度。

(5)施工现场安全防火、防爆制度。

(6)施工现场机械设备安全管理制度。

(7)施工现场安全用电管理制度。

(8)班组安全生产管理制度。

(9)特种作业人员安全管理制度。

(10)施工现场门卫管理制度。

3. 工程项目施工安全监督机制的检查

(1)施工承包单位应当制定切实可行的安全生产规章制度和安全生产操作规程。

(2)施工承包单位的项目负责人应当落实安全生产的责任制和有关安全生产的规章制度和操作规程。

(3)施工承包单位的项目负责人应根据工程特点,组织制定安全施工措施,消除安全隐患,及时如实报告施工安全事故。

(4)施工承包单位应对工程项目进行定期与不定期的安全检查,并做好安全检查记录。

(5)在施工现场应采用专检和自检相结合的安全检查方法、班组间相互安全监督检查的方法。

(6)施工现场的专职安全生产管理人员在施工现场发现安全事故隐患时,应当及时向项目负责人和安全生产管理机构报告,对违章指挥、违章操作的应当立即制止。

**4.施工承包单位安全教育培训制度落实情况的检查**

(1)施工承包单位主要负责人、项目负责人、专职安全管理人员应当经建设行政主管部门进行安全教育培训,并经考核合格后方可上岗;

(2)作业人员进入新的岗位或新的施工现场前应当接受安全生产教育培训,未经培训或培训考核不合格的不得上岗;

(3)施工承包单位在采用新技术、新工艺、新设备、新材料时应当对作业人员进行相应的安全生产教育培训;

(4)施工承包单位应当向作业人员以书面形式,告之危险岗位的操作规程和违章操作的危害,制定出保障施工作业人员安全和预防安全事故的措施;

(5)对垂直运输机械作业人员、安装拆卸、爆破作业人员、起重信号、登高架设作业人员等特种作业人员,必须按照国家有关规定,经过专门的安全作业培训,并取得特种作业操作资格证书,方可上岗作业。

**5.文明施工的检查**

(1)施工承包单位应当在施工现场入口处,起重机械、临时用电设施、脚手架、出入通道口、电梯井口、楼梯口、孔洞口、基坑边沿,爆破物及有害气体和液体存放处等危险部位设置明显的安全警示标志;在市区内施工,应当对施工现场实行封闭围挡。

(2)施工承包单位应当在施工现场建立消防安全责任制度,确定消防安全责任人,制定用火、用电,使用易燃、易爆材料等各项消防安全管理制度和操作规程,设置消防通道、消防水源、配备消防设施和灭火器材,并在施工现场入口处设置明显防火标志。

(3)施工承包单位应当根据不同施工阶段和周围环境及季节气候的变化在施工现场采取相应的安全施工措施。

(4)施工承包单位对施工可能造成损害的毗邻建筑物、构筑物和地下管线,应当采取专项防护措施。

(5)施工承包单位应当遵守环保法律、法规,在施工现场采取措施,防止或减少粉尘、废水、废气、固体废物、噪声、振动和施工照明对人和环境的危害和污染。

(6)施工承包单位应当将施工现场的办公、生活区和作业区分开设置,并保持安全距离。办公生活区的选址应当符合安全性要求。职工膳食、饮水应当符合卫生标准,不得在尚未完工的建筑物内设员工集体宿台。临建必须在建筑物20m以外,不得建在管道煤气和高压架空线路下方。

**6.其他方面安全隐患的检查**

(1)施工现场的安全防护用具、机械设备、施工机具及配件必须有专人保管,定期进行检查、维护和保养,建立相应的资料档案,并按国家有关规定及时报废。

(2)施工承包单位应当向作业上人员提供安全防护用具和安全防护服装。

(3)作业人员有权对施工现场的作业条件、作业程序和作业方式中存在的安全问题提出批评、检举和控告,有权拒绝违章指挥和强令冒险作业。

(4)施工中发生危及人身安全的紧急情况时,作业人员有权立即停止作业或者采取必要的紧急措施撤离危险区域。

(5)作业人员应当遵守安全施工强制性标准、规章制度和操作规程,正确使用安全防护用具、机械设备。

(6)施工现场临时搭建的建筑物应当符合安全使用要求,施工现场使用的装配式活动房应有产品合格证。

### 三、安全生产技术措施的审查

主要检查施工组织设计中有无安全措施,对下列达到一定规模的危险性较大的分部分项工程编制专项施工方案,并附有安全验算结果,经施工承包单位技术负责人、总监理工程师签字后实施,由专项安全生产管理人员进行现场监督。

(1)基坑支护与降水工程专项措施;
(2)土方开挖工程专项措施;
(3)模板工程专项措施;
(4)起重吊装工程专项措施;
(5)脚手架工程专项措施;
(6)拆除、爆破工程专项措施;
(7)高处作业专项措施;
(8)施工现场临时用电安全专项措施;
(9)施工现场的防火、防爆安全专项措施;
(10)国务院建设行政主管部门或者其他有关部门规定的其他危险性较大的工程。

对上述所列工程中涉及深基坑、地下暗挖工程、高大模板工程的专项施工方案,施工承包单位还应当组织专家进行论证、审查。

### 四、施工过程的安全生产控制

巡视检查是监理工程师在施工过程中进行安全与质量控制的重要手段。在巡视检查中应该加强对施工安全的检测,防止安全事故的发生。

**1. 高空作业情况**

为防止高空坠落事故的发生,监理工程师应重点巡视现场,检查施工组织设计中的安全措施是否落实。

(1)架设是否牢固;
(2)高空作业人员是否系保险带;
(3)是否采用防滑、防冻、防寒、防雷等措施,遇到恶劣天气不得高空作业;
(4)有无尚未安装栏杆的平台、雨篷、挑檐;
(5)孔、洞、口、沟、坎、井等部位是否设置防护栏杆,洞口下是否设置防护网;
(6)作业人员从安全通道上下楼,不得从架子攀爬,不得随提升机、货运机上下;
(7)梯子底部坚实可靠,不得垫高使用,梯子上端应固定。

**2. 安全用电情况**

为防止触电事故的发生,监理工程师应该予以重视,不合格的要求整改。

(1)开关箱是否设置漏电保护；
(2)每台设备是否一机一闸；
(3)闸箱三相五线制连接是否正确；
(4)室内、室外电线、电缆架设高度是否满足规范要求；
(5)电缆埋地是否合格；
(6)检查、维修是否带电作业，是否挂标志牌；
(7)相关环境下用电电压是否合格；
(8)配电箱、电气设备之间的距离是否符合规范要求。

3. 脚手架、模板情况

为防止脚手架坍塌事故的发生，监理工程师对脚手架的安全应该引起足够重视，对脚手架的施工工序应该进行验收，主要有：

(1)脚手架用材料(钢管、卡子)质量是否符合规范要求；
(2)节点连接是否满足规范要求；
(3)脚手架与建筑物连接是否牢固、可靠；
(4)剪刀撑设置是否合理；
(5)扫地杆安装是否正确；
(6)同一脚手架用钢管直径是否一致；
(7)脚手架安装、拆除队伍是否具有相关资质；
(8)脚手架底部基础是否符合规范要求。

4. 机械使用情况

由于使用过程中违规操作、机械故障等，会造成人员伤亡，因此，对于机械安全使用情况，监理工程师应该进行验收，对于不合格的机械设备，应令施工承包单位清出施工现场，不得使用；对没有资质的操作人员，应停止其操作行为。验收检查主要有：

(1)具有相关资质的操作人员身体情况、防护情况是否合格；
(2)机械上的各种安全防护装置和警示牌是否齐全；
(3)机械用电连接等是否合格；
(4)起重机载荷是否满足要求；
(5)机械作业现场是否合格；
(6)塔吊安装、拆卸方案是否编制合理；
(7)机械设备与操作人员、非操作人员的距离是否满足要求。

5. 安全防护情况

有了必要的防护措施，就可以大大减少安全事故的发生。监理工程师应对安全防护情况进行检查验收。检查验收的主要内容有：

(1)防护是否到位，不同的工种应该有不同的防护装置，如安全帽、安全带、安全网、防护罩、绝缘服等；
(2)自身安全防护是否合格，如头发、衣服、身体状况等；
(3)施工现场周围环境的防护措施是否健全，如高压线、地下电缆、运输道路以及沟、河、洞等对建设工程的影响；
(4)安全管理费是否到位，能否保证安全防护的设置需求。

## 第三节 施工现场安全事故应急预案

应急预案是指针对可能发生的事故,为迅速、有序地开展应急启动而预先制订的行动方案。建设工程施工现场安全事故应急预案是国家建设工程安全生产应急预案体系的重要组成部分,制订建设工程施工现场安全事故应急预案是贯彻落实"安全第一、预防为主、综合治理"方针,规范建设工程生产经营单位应急管理工作,提高建设行业快速反应能力,及时、有效地应对重大生产安全事故,保证职工安全健康和公众生命安全,最大限度地减少财产损失、环境损害和社会影响的重要措施。

### 一、应急预案体系构成

应急预案应形成体系,针对各级各类可能发生的事故和所有危险源制订专项应急预案和现场应急处置方案,并明确事前、事发、事中、事后的各个过程中相关部门和有关人员的职责。生产规模小、危险因素少的生产经营单位,综合应急预案和专项应急预案可以合并编写。

(1)综合应急预案。综合应急预案从总体上阐述处理事故的应急方针、政策,应急组织结构及相关应急职责,应急行动、措施和保障等基本要求和程序,是应对各类事故的综合性文件。

(2)专项应急预案。专项应急预案是针对具体的事故类别、危险源和应急保障而制订的计划或方案,是综合应急预案的组成部分,应按照综合应急预案的程序和要求组织制订,并作为综合应急预案的附件。专项应急预案应制订明确的救援程序和具体的应急救援措施。

(3)现场处置方案。现场处置方案是针对具体的装置、场所或设施、岗位所制订的应急处置措施。现场处置方案应具体、简单、针对性强。现场处置方案应根据风险评估及危险性控制措施逐一编制,做到事故相关人员应知心会,熟练掌握,并通过应急演练,做到迅速反应、正确处置。

### 二、应急预案的主要内容

1. 综合应急预案的主要内容
(1)总则,包括编制目的、依据和适用范围、应急工作原则等;
(2)施工现场危险源危险性分析;
(3)组织机构及职责,包括应急组织体系的组成,相应部门和人员的职责,并尽可能以结构图的形式表示出来;
(4)预防与预警,包括危险源监控、预警行动、信息报告与处置程序;
(5)应急响应,包括响应分级、响应程序等;
(6)信息发布;
(7)后期处置,主要包括污染物处理、事故后果影响消除、抢险过程和应急救援能力评估及应急预案的修订等内容;
(8)保障措施,主要包括通信与信息保障、应急队伍保障等方面的措施、生产秩序恢复、善后赔偿、应急物资装备保障、经费保障;

(9)培训与演练,包括明确本单位人员开展的应急培训计划、方式和要求,应急演练的规模、方式、频次、范围、内容、组织、评估、总结等内容;

(10)奖惩,主要包括明确事故应急救援工作中奖励和处罚的条件和内容。

2.专项应急预案的主要内容

(1)事故类型和危害程度分析,在危险源评估的基础上,对其可能发生的事故类型和可能发生的季节按其严重程度进行确定;

(2)应急处置基本原则,明确处置安全生产事故应当遵循的基本原则;

(3)组织机构及职责,包括应急组织体系的组成,相应部门和人员的职责;

(4)预防与预警,包括危险源监控、预警行动、信息报告与处置程序;

(5)信息报告程序;

(6)应急响应,包括响应分级、响应程序等;

(7)应急物资与装备保障,包括应急处置所需的物质与装备数量、管理和维护、正确使用等。

3.现场处置方案的主要内容

(1)事故特征。包括危险性分析,可能发生的事故类型;事故发生的区域、地点或装置的名称;事故可能发生的季节和造成的危害程度;事故前可能出现的征兆。

(2)应急组织与职责。包括应急自救组织形式及人员构成、应急自救组织机构、人员的具体职责。

(3)应急处置。主要包括事故应急处置程序、现场应急处置措施等。

(4)注意事项。包括个人防护器使用、抢险救援器材、现场自救和互救等注意事项。

### 三、应急预案编制程序

1.成立应急预案编制工作组

结合本单位部门职能分工,成立以单位主要负责人为领导的应急预案编制工作组,明确编制任务、职责分工,制订工作计划。

2.资料收集

收集应急预案编制所需的各种资料(相关法律法规、应急预案、技术标准、国内外同行业事故案例分析、本单位技术资料等)。

3.危险源与风险分析

(1)全面分析现场危险因素、可能发生的事故类型及事故的危害程度;

(2)排查事故隐患的种类、数量和分布情况,并在治理隐患的基础上,预测可能发生的事故类型及其危害程度;

(3)确定事故危险源,进行风险评估,在危险因素分析及事故隐患排查、治理的基础上,确定本单位的危险源、可能发生事故的类型和后果,进行事故风险分析,并指出事故可能产生的次生、衍生事故,形成分析报告,分析结果作为应急预案的编制依据。

4.应急能力评估

对本单位应急装备、应急队伍等应急能力进行评估。

5.编制应急预案

针对可能发生的事故,按照有关规定和要求编制应急预案。编制应急预案应注重全体人员的参与和培训,使所有与事故有关人员均掌握危险源的危险性、应急处置方案和技能。

应急预案应充分利用社会应急资源,与地方政府预案、上级主管单位以及相关部门的预案相衔接。

6. 应急预案评审与发布

应急预案编制完成后,应进行评审。评审由本单位主要负责人组织有关部门和人员进行,外部评审由上级主管部门或地方政府负责安全管理的部门组织审查。评审后,按规定报有关部门备案,并经单位主要负责人签署发布。

### 四、组织机构及职能、分工

1. 应急救援领导小组

应急救援领导小组负责统指挥,并根据发生事故的危害程度,采取对应措施并组织实施;同时及时向上级和社会有关部门(机关)报告;组织或参与事故原因的调查分析,积极协助上级部门对事故的调查处理。

2. 通信(宣传)联络组

通信(宣传)联络组负责通信联络和车辆调度、医院联系等事宜;经指挥长授权,积极与政府有关部门及各新闻媒体协作,努力使事故的损害和影响降低到最小。

3. 紧急抢险组

紧急抢险组接报后迅速召集应急小组成员,十五分钟内到达事故现场,实施排险加固,为抢险提供物资和设备供应、现场照明、安全通道等;并及时将灾情向指挥长报告、向相应人员通报抢险情况。

4. 疏导警戒组

疏导警戒组接报后应迅速组织本组成员,将人群疏散到安全地带,保护好事故现场;维持好主干道畅通,加强治安警戒,防止因人员混乱造成物资财产被破坏或丢失。

5. 救护组

救护组对伤员进行临时有效救护;组织人员将伤员安全、迅速转至就近医院,向医生确反映伤员相关情况;并及时向指挥长汇报情况。

## 思考题与习题

1. 简述安全生产的含义。
2. 简述安全生产控制的原则。
3. 安全生产控制的审查主要内容有哪些?
4. 试述应急预案体系构成。

# 第八章 建设工程信息及文档管理

## 第一节 建设工程信息

建设工程监理的主要方法是控制,控制的基础是信息。信息管理是工程监理任务的主要内容之一。及时掌握准确、完整的信息,可以使监理工程师更有成效地完成监理任务。信息管理工作的好坏,将会直接影响监理工作的成败。监理工程师应重视建设工程项目的信息管理工作,掌握信息管理方法。

### 一、信息技术对工程项目管理的影响

随着信息技术的高速发展和不断应用,其影响已涉及传统建筑业的方方面面。随着信息技术(尤其是计算机软硬件技术、数据存储与处理技术及计算机网络技术)在建筑业中的应用,建设工程的手段不断更新和发展,如图8-1所示。建设工程的手段与建设工程思想、方法和组织不断互动,产生了许多新的管理理论,并对建设工程的实践起到了十分深远的影响。信息技术对工程项目管理的影响在于:

(1)建设工程系统的集成化,包括各方建设工程系统的集成以及建设工程系统与其他管理系统(项目开发管理、物业管理)在时间上的集成。

(2)建设工程组织的虚拟化。在大型项目中,建设工程组织在地理上分散,但在工作上协同。

(3)在建设工程的方法上,由于信息沟通技术的应用,项目实施中有效的信息沟通与组织协调使工程建设各方可以更多地采用主动控制,避免了许多不必要的工期延迟和费用损失,目标控制更为有效。

建设工程任务的变化,信息管理更为重要,甚至产生了以信息处理和项目战略规划为主要任务的新型管理模式——项目控制。

### 二、建设工程监理信息

1. 建设工程监理信息的特点

建设工程监理信息是在建设工程项目管理过程中发生的,反映工程建设的状态和规律的信息。它涉及多部门、多环节、多渠道,除了具有信息的一般特点外,还有着来源广泛、信息量大、信息重复利用率高、信息系统性及信息表现形式多样等特点。

2. 建设工程监理信息的构成

(1)文字图形信息:包括勘察、测绘、设计图纸及说明书、计算书、合同、工作条例及规定、

施工组织设计、情况报告、原始记录、统计图表、报表、信函等信息。

(2)语言信息:包括口头分配任务、指示、汇报、工作检查、介绍情况、谈判交涉、建议、批评、工作讨论研究、会议等信息。

(3)新技术信息:包括通过网络、电话、电报、电传、计算机、电视、录像、录音、广播等现代化手段收集及处理的信息。

3.建设工程监理信息的分类

建设工程项目监理过程中,涉及大量的信息,这些信息依据不同标准可划分如下。

(1)按照建设工程的目标划分

①投资控制信息:投资控制信息是指与投资控制直接有关的信息,如各种估算指标、类似工程造价、物价指数;设计概算、概算定额;施工图预算、预算定额;工程项目投资估算;合同价组成;投资目标体系;计划工程量、已完工程量、单位时间付款报表、工程量变化表,人工、材料调查表;索赔费用表;投资偏差、已完工程结算;竣工决算、施工阶段的支付账单;原材料价格、机械设备台班费、人工费、运杂费等。

②质量控制信息:指建设工程项目质量有关的信息,如国家有关的质量法规、政策及质量标准、项目建设标准;质量目标体系和质量目标的分解;质量控制工作流程、质量控制的工作制度、质量控制的方法;质量控制的风险分析;质量抽样检查的数据;各个环节工作的质量(工程项目决策的质量、设计的质量、施工的质量);质量事故记录和处理报告等。

③进度控制信息:指与进度相关的信息,如施工定额;项目总进度计划、进度目标分解、项目年度计划、工程总网络计划和子网络计划、计划进度与实际进度偏差;网络计划的优化、网络计划的调整情况;进度控制的工作流程、进度控制的工作制度、进度控制的风险分析等。

④合同管理信息:指建设工程相关的各种合同信息,如工程招投标文件;工程建设施工承包合同,物资设备供应合同,咨询、监理合同;合同的指标分解体系;合同签订、变更、执行情况;合同的索赔等。

(2)按照建设工程项目信息的来源划分

①项目内部信息:指建设工程项目各个阶段、各个环节、各有关单位发生的信息总体。内部信息取自建设项目本身,如工程概况、设计文件、施工方案、合同结构、合同管理制度,信息资料的编码系统、信息目录表,会议制度,监理组织结构,项目的投资目标、项目的质量目标、项目的进度目标等。

②项目外部信息:来自项目外部环境的信息称为外部信息,如国家有关的政策及法规;国内及国际市场的原材料及设备价格、市场变化;物价指数;类似工程造价、进度;投标单位的实力、投标单位的信誉、毗邻单位情况;新技术、新材料、新方法;国际环境的变化;资本市场变化等。

(3)按照信息的稳定程度划分

①固定信息:指在一定时间内相对稳定不变的信息,包括标准信息、计划信息和查询信息。标准信息主要指各种定额和标准,如施工定额、原材料消耗定额、生产作业计划标准、设备和工具的耗损程度等。计划信息反映在计划期内已定任务的各项指标情况。查询信息主要指国家和行业颁发的技术标准、不变价格、监理工作制度、监理工程师的人事卡片等。

②流动信息:是指在不断变化的动态信息,如项目实施阶段的质量、投资及进度的统计信息;反映在某一时刻,项目建设的实际进程及计划完成情况;项目实施阶段的原材料实际消耗量、机械台班数、人工工日数等。

(4)按照信息的层次划分

①战略性信息:指该项目建设过程中的战略决策所需的信息、投资总额、建设总工期、承包商的选定、合同价的确定等信息。

②管理型信息:指项目年度进度计划、财务计划等。

③业务性信息:指的是各业务部门的日常信息,较具体,精度较高。

(5)按照信息的性质划分

将建设项目信息按项目管理功能划分为:组织类信息、管理类信息、经济类信息和技术类信息四大类。

(6)按其他标准划分

①按照信息范围的不同,可以把建设工程项目信息分为精细的信息和摘要的信息两类。

②按照信息时间的不同,可以把建设工程项目信息分为历史性信息、即时信息和预测性信息三大类。

③按照监理阶段的不同,可以把建设工程项目信息分为计划的、作业的、核算的、报告的信息。在监理开始时,要有计划的信息;在监理过程中,要有作业的和核算的信息;在某一项目的监理工作结束时,要有报告的信息。

④按照对信息的期待性不同,可以把建设工程项目信息分为预知的和突发的信息两类。预知的信息是监理工程师可以估计到的,它产生在正常情况下;突发的信息是监理工程师难以预计的,它发生在特殊情况下。

## 第二节　建设工程信息管理流程

建设工程是一个由多个单位、多个部门组成的复杂系统,这是建设工程的复杂性决定的。参加建设的各方要能够实现随时沟通,必须规范相互之间的信息流程,组织合理的信息流。各方需要数据和信息时,能够从相关的部门、相关的人员处及时得到,而且数据和信息是按照规范的形式提供的。相应地,有关各方也必须在规定的时间、提供规定形式的数据和信息给其他需要的部门和使用的人,达到信息管理的规范化。

### 一、建设工程信息的传递流程

项目监理部的信息管理部门是专门负责建设工程项目信息管理工作的,其中包括监理文件档案资料的管理。因此在工程全过程中形成的所有资料,都应统一归口传递到信息管理部门,进行集中加工、收发和管理,如图8-1所示。信息管理部门是监理文件档案资料传递渠道的中枢。

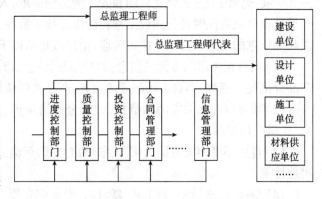

图8-1　工程建设监理文件档案资料的传递流程图

图8-1明确了监理文件档案资料的传递流程。首先,在监理组织内部,所有文件档案资料都必须先送交信息管理部门,进行

统一整理分类,归档保存,然后由信息管理部门根据总监理工程师或其授权监理工程师的指令和监理工作的需要,分别将文件档案资料传递给有关的监理工程师。需说明的是,监理人员可以随时自行查阅经整理分类后的文件和档案。其次,在监理组织外部,在发送或接收建设单位、设计单位、施工单位、材料供应单位及其他单位的文件档案资料时,也应由信息管理部门负责进行,这样使所有的文件档案资料只有一个进出口通道,从而在组织上保证监理文件档案资料的有效管理。

文件档案资料的管理和保存,主要由信息管理部门中的资料管理人员负责。作为资料管理人员,必须熟悉各项监理业务,通过分析研究监理文件档案资料的特点和规律,对其进行系统、科学的管理,使其在建设工程监理工作中得到充分利用。除此之外,监理资料管理人员还应全面了解和掌握工程建设进展和监理工作开展的实际情况,结合对文件档案资料的整理分析,编写有关专题材料,对重要文件资料进行摘要综述,包括编写监理工作月报、工程监理周报等。

**二、建设工程信息的收集**

建设工程信息管理贯穿建设工程全过程,衔接建设工程各个阶段、各个参建单位和各个方面,其基本环节有:信息的收集、传递、加工、整理、检索、分发、存储。

建设工程参建各方对数据和信息的收集是不同的,有不同的来源、不同的角度、不同的处理方法,但要求各方相同的数据和信息应该规范。建设工程参建各方在不同的时期对数据和信息收集也是不同的,侧重点有不同,但也要规范信息行为。

从监理的角度,建设工程的信息收集由介入阶段不同,决定收集不同的内容。监理单位介入的阶段有:项目决策阶段、项目设计阶段、项目施工招投标阶段、项目施工阶段等多个阶段。各不同阶段,与建设单位签订的监理合同内容也不尽相同,因此收集信息要根据具体情况决定。

1. 项目决策阶段的信息收集

该阶段主要收集外部宏观信息,要收集历史、现代和未来三个时态的信息,具有较多的不确定性。在项目决策阶段,国外的监理单位就已介入,因为该阶段对建设工程的效益影响最大。我国则因为过去管理体制和人才能力的局限,人为地分为前期咨询和施工阶段监理。今后监理单位将同时进行建设工程各阶段的技术服务,进入工程咨询领域,进行项目决策阶段相关信息的收集。在项目决策阶段,信息收集从以下几方面进行:

(1)项目相关市场方面的信息,如产品预计进入市场后的市场占有率、社会需求量、预计产品价格变化趋势、影响市场渗透的因素、产品的生命周期等。

(2)项目资源相关方面的信息,如资金筹措渠道、方式、原辅料、矿藏来源、劳动力、水、电、气供应情况等。

(3)自然环境相关方面的信息,如城市交通、运输、气象、地质、水文、地形地貌、废料处理可能性等。

(4)新技术、新设备、新工艺,新材料,专业配套能力方面的信息。

(5)政治环境,社会治安状况,当地法律、政策、教育的信息。

这些信息的收集是为了帮助建设单位避免决策失误,进一步开展调查和投资机会研究,编写可行性研究报告,进行投资估算和工程建设经济评价。

2.设计阶段的信息收集

设计阶段是工程建设的重要阶段,在设计阶段决定了工程规模、建筑形式、工程的概算、技术先进性、适用性、标准化程度等一系列具体的要素。目前,监理已经由施工监理向设计监理前移。因此,了解该阶段应该收集什么信息,有利于监理工程师开展好设计监理。

监理单位在设计阶段的信息收集要从以下方面进行:

(1)可行性研究报告,前期相关文件资料,存在的疑点和建设单位的意图,建设单位前期准备和项目审批完成的情况。

(2)同类工程相关信息。如建筑规模,结构形式,造价构成,工艺、设备的选型,地质处理方式及实际效果,建设工期,采用新材料、新工艺、新设备、新技术的实际效果及存在问题,技术经济指标。

(3)拟建工程所在地相关信息。如地质、水文情况,地形地貌、地下埋设和人防设施情况,城市拆迁政策和拆迁户数,青苗补偿,周围环境(水电气、道路等的接入点,周围建筑、交通、学校、医院、商业、绿化、消防、排污)。

(4)勘察、测量、设计单位相关信息。如同类工程完成情况,实际效果,完成该工程的能力,人员构成,设备投入,质量管理体系完善情况,创新能力,收费情况,施工期技术服务主动性和处理发生问题的能力,设计深度和技术文件质量,专业配套能力,设计概算和施工图预算编制能力,合同履约情况,采用设计新技术、新设备能力等。

(5)工程所在地政府相关信息。如国家和地方政策、法律、法规、规范规程、环保政策、政府服务情况和限制等。

(6)设计中的设计进度计划,设计质量保证体系,设计合同执行情况,偏差产生的原因。如纠偏措施,专业间设计交接情况,执行规范、规程、技术标准,特别是强制性规范执行的情况,设计概算和施工图预算结果,了解超限额的原因,了解各设计工序对投资的控制等。

设计阶段信息的收集范围广泛,来源较多,不确定因素较多,外部信息较多,难度较大,要求信息收集者既要有较高的技术水平和较广的知识面,又要有一定的设计相关经验、投资管理能力和信息综合处理能力,才能完成该阶段的信息收集。

3.施工招投标阶段的信息收集

在施工招投标阶段的信息收集,有助于协助建设单位编写好招标书,有助于帮助建设单位选择好施工单位和项目经理、项目班子,有利于签订好施工合同,为保证施工阶段监理目标的实现打下良好基础。

施工招投标阶段信息收集从以下几方面进行:

(1)工程地质、水文地质勘察报告,施工图设计及施工图预算、设计概算,设计、地质勘察、测绘的审批报告等方面的信息,特别是该建设工程有别于其他同类工程的技术要求、材料、设备、工艺、质量要求有关信息。

(2)建设单位建设前期报审文件,包括立项文件,建设用地、征地、拆迁文件。

(3)工程造价的市场变化规律及所在地区的材料、构件、设备、劳动力差异。

(4)当地施工单位管理水平,质量保证体系、施工质量、设备、机具能力。

(5)本工程适用的规范、规程、标准,特别是强制性规范。

(6)所在地关于招投标有关法规、规定,国际招标、国际贷款指定适用的范本,本工程适用的建筑施工合同范本及特殊条款。

(7)所在地招投标代理机构能力、特点,所在地招投标管理机构及管理程序。

(8)该建设工程采用的新技术、新设备、新材料、新工艺,投标单位对"四新"的处理能力和了解程度、经验、措施。

在施工招投标阶段,要求信息收集人员充分了解施工设计和施工图预算,熟悉法律法规,熟悉招、投标程序,熟悉合同示范范本,特别要求在了解工程特点和工程量分解上有一定能力,才能为建设方决策提供必要的信息。

4. 施工阶段的信息收集

目前,我国的监理大部分在施工阶段进行,有比较成熟的经验和制度,各地对施工阶段信息规范化也提出了不同深度的要求,建设工程竣工验收规范也已经配套,建设工程档案制度也比较成熟。但是,由于我国施工管理水平所限,目前在施工阶段信息收集上,建设工程参与各方信息传递上,施工信息标准化、规范化上都需要加强。

施工阶段的信息收集,可从施工准备期、施工期、竣工保修期三个子阶段分别进行。

(1)施工准备期

施工准备期指从建设工程合同签订到项目开工这个阶段,在施工招投标阶段监理未介入时。本阶段是施工阶段监理信息收集的关键阶段,监理工程师应该从如下几点入手收集信息:

①监理大纲,施工图设计及施工图预算,特别要掌握结构特点,掌握工程难点、要点、特点,掌握工艺流程特点,设备特点,了解工程预算体系(按单位工程、分部工程、分项工程分解),了解施工合同。

②施工单位项目经理部组成,进场人员资质,进场设备的规格型号,保修记录;施工场地的准备情况,施工单位质量保证体系及施工单位的施工组织设计,特殊工程的技术方案,施工进度网络计划图表,进场材料、构件管理制度;安全措施,数据和信息管理制度,检测和检验、试验程序和设备,承包单位和分包单位的资质等施工单位信息。

③建设工程场地的地质、水文、测量、气象数据,地上、地下管线,地下洞室,地上原有建筑物及周围建筑物、树木、道路,建筑红线,高程、坐标,水、电、气管道的引入标志,地质勘察报告、地形测量图及标桩等环境信息。

④施工图的会审和交底记录,开工前的监理交底记录,对施工单位提交的施工组织设计按照项目监理部要求进行修改的情况,施工单位提交的开工报告及实际准备情况。

⑤本工程需遵循的相关建筑法律、法规和规范、规程,有关质量检验、控制的技术法规和质量验收标准。

在施工准备期,信息的来源较多、较杂,由于参建各方相互了解还不够,信息渠道没有建立,收集有一定困难。因此,更应该组建工程信息合理的流程,确定合理的信息源,规范各方的信息行为,建立必要的信息秩序。

(2)施工实施期

在该阶段,信息来源相对比较稳定,主要是施工过程中随时产生的数据,由施工单位层层收集上来,较容易实现规范化。目前,建设主管部门对施工阶段信息收集和整理有明确的规定,施工单位也有一定的管理经验和处理程序,随着建设管理部门加强行业管理,实现信息管理的规范化。

施工实施期收集的信息应该分类并由专门的部门或专人分级管理,项目监理部可从下列方面收集信息:

①施工单位人员、设备、水、电、气等能源的动态信息。

②施工期气象的中长期趋势及同期历史数据,每天不同时段动态信息,特别在气候对施工质量影响较大的情况下,更要加强收集气象数据。

③建筑原材料、半成品、成品、构配件等工程物资的进场、加工、保管、使用等信息。

④项目经理部管理程序,质量、进度、投资的事前、事中、事后控制措施,数据采集来源及采集、处理、存储、传递方式;工序间交接制度,事故处理制度,施工组织设计及技术方案执行的情况,工地文明施工及安全措施等。

⑤施工中需要执行的国家和地方规范、规程、标准,施工合同执行情况。

⑥施工中发生的工程数据,如地基验槽及处理记录,工序间交接记录,隐蔽工程检查记录等。

⑦建筑材料的有关信息,如水泥、砖、砂石、钢筋、外加剂、混凝土、防水材料、回填土、饰面板、玻璃幕墙等。

⑧设备安装的试运行和测试项目有关信息,如电气接地电阻、绝缘电阻测试,管道通水、通气、通风试验,电梯施工试验,消防报警、自动喷淋系统联动试验等。

⑨施工索赔相关信息,如索赔程序,索赔依据,索赔证据,索赔处理意见等。

(3)竣工保修期

竣工保修期的信息是建立在施工期日常信息积累基础上,传统工程管理和现代工程管理最大的区别在于传统工程管理不重视信息的收集和规范化,数据不能及时收集整理,往往采取事后补填应付了事。现代工程管理则要求数据实时记录,真实反映施工过程,真正做到积累在平时,竣工保修期只是建设各方最后的汇总和总结。该阶段要收集的信息有:

①工程准备阶段文件,如立项文件,建设用地、征地、拆迁文件,开工审批文件等。

②监理文件,如监理规划、监理实施细则、有关质量问题和质量事故的相关记录、监理工作总结以及监理过程中各种控制和审批文件等。

③施工资料,分为建筑安装工程和市政基础设施工程两大类分别收集。

④竣工图,分为建筑安装工程和市政基础设施工程两大类分别收集。

⑤竣工验收资料,如工程竣工总结、竣工验收备案表、电子档案等。

在竣工保修期内,监理单位按照现行《建设工程文件归档规范》(GB/T 50328—2014)收集监理文件并协助建设单位督促施工单位完善全部资料的收集、汇总和归类整理。

### 三、监理信息的加工整理

建设工程信息的加工、整理和存储是数据收集后的必要过程。收集的数据经过加工、整理后产生信息。信息是指导施工和工程管理的基础,要把管理由定性分析转到定量管理上来,信息是不可或缺的要素。

信息的加工整理主要是把建设各方得到的数据和信息进行鉴别、选择、校对、合并、排序、更新、计算、汇总、转储,生成不同形式的数据和信息,提供给不同需求的各类管理人员使用。

在建设项目的施工过程中,监理工程师加工整理的监理信息主要有以下几个方面:

1. 现场监理日报表

现场监理日报表是现场监理人员根据媒体的现场记录加工整理而形成的报告。主要包括如下内容:当天的施工内容;当天参加施工的人员(工种、数量、施工单位等);当天施工用的机械的名称、数量等;当天发现的施工质量问题;当天的施工进度与计划施工进度的比较(若发生施工进度拖延,说明其原因);当天的综合评语;其他说明及应注意的事项。

**2. 现场监理工程师周报**

现场监理工程师周报是现场监理工程师根据监理日报加工整理而形成的报告,每周向项目总监理工程师汇报一周内发生的所有重大事项。

**3. 监理月报**

监理月报是集中反映工程实况和监理工作的重要文件,一般由项目总监理工程师组织编写,定期向业主提交。本报告同时应上报监理公司本部。大型项目的监理月报往往由各合同段或子项目的总监理工程师代表组织编写,上报总监理工程师审阅后报业主。监理月报一般包含以下内容:

(1)本月工程描述;

(2)工程质量控制,包括本月工程质量状况及影响因素分析、工程质量问题处理过程及采取的控制措施等;

(3)工程进度控制,包括本月施工资源投入、实际进度与计划进度比较、对进度完成情况的分析、存在的问题及采取的措施等;

(4)工程投资控制,包括本月工程计量、工程款支付情况及分析、本月合同支付中存在的问题及采取的措施等;

(5)合同管理其他事项,包括本月施工合同双方提出的问题、监理机构的答复意见和工程分包、变更、索赔、争议等处理情况,以及对存在的问题采取的措施等;

(6)施工安全和环境保护,包括本月施工安全措施执行情况、安全事故及处理情况、环境保护情况、对存在的问题采取的措施等;

(7)监理机构运行状况,包括本月监理机构人员及设施、设备情况,尚需发包人提供的条件或解决的情况等;

(8)本月监理总结,包括对本月工程质量、进度、计量与支付、合同管理其他事项、施工安全、监理机构运行状况的综合评价;

(9)下月监理工作计划,包括监理工作重点,在质量、进度、投资、合同其他事项和施工安全等方面需采取的预控制措施等;

(10)本月工程监理大事记;

(11)其他应提交的资料和说明事项等;

(12)本月监理方人员安排;

(13)进度形象对比图;

(14)存在问题及建议。

### 四、监理信息的存储

信息的存储一般需要建立统一的数据库,各类数据以文件的形式组织在一起。组织的方法一般由单位自定,但要考虑规范化,根据建设工程实际可以按照下列方式组织:

(1)按照工程进行组织,同一工程按照投资、进度、质量、合同的角度组织,各类进一步按照具体情况细化。

(2)文件名规范化,以定长的字符申作为文件名,如:

类别　工程代号(拼音或数字)　开工年月

例如合同以 HT 开头,该合同为监理合同 J,工程为 2002 年 6 月开工,工程代号为 08,则该监理合同文件名可以用 HTJ080206 表示。

(3)各建设方协调统一存储方式,在国家技术标准有统一的代码时尽量采用统一代码。

(4)有条件时可以通过网络数据库形式存储数据,达到建设各方数据共享,减少数据冗余,保证数据的唯一性。

## 第三节 建设工程文件档案资料管理

### 一、建设工程文件档案资料概念与特征

1. 建设工程文件概念

建设工程文件指在工程建设过程中形成的各种形式的信息记录,包括工程准备阶段文件、监理文件、施工文件、竣工图和竣工验收文件,也可简称为工程文件。

(1)工程准备阶段文件,工程开工以前,在立项、审批、征地、勘察、设计、招投标等工程准备阶段形成的文件。

(2)监理文件,监理单位在工程设计、施工等阶段监理过程中形成的文件。

(3)施工文件,施工单位在工程施工过程中形成的文件。

(4)竣工图,工程竣工验收后,真实反映建设工程项目施工结果的图样。

(5)竣工验收文件,建设工程项目竣工验收活动中形成的文件。

2. 建设工程档案概念

建设工程档案指在工程建设活动中直接形成的具有归档保存价值的文字、图表、声像等各种形式的历史记录,也可简称工程档案。

3. 建设工程文件档案资料特征

(1)分散性和复杂性

建设工程周期长,生产工艺复杂,建筑材料种类多,建筑技术发展迅速,影响建设工程因素多种多样,工程建设阶段性强并且相互穿插,由此导致了建设工程文件档案资料的分散性和复杂性。这个特征决定了建设工程文件档案资料是多层次、多环节、相互关联的复杂系统。

(2)继承性和时效性

随着建筑技术、施工工艺、新材料及建筑企业管理水平的不断提高和发展,文件档案资料可以被继承和积累。新的工程在施工过程中可以吸取以前的经验,避免重犯以往的错误。同时,建设工程文件档案资料有很强的时效性,文件档案资料的价值会随着时间的推移而衰减,有时文件档案资料一经生成,就必须传达到有关部门,否则会造成严重后果。

(3)全面性和真实性

建设工程文件档案资料必须全面反映项目的各类信息,才更有实用价值,形成一个完整的系统。建设工程文件档案资料必须真实反映工程情况,包括发生的事故和存在的隐患。真实性是对所有文件档案资料的共同要求,但在建设领域对这方面要求更为迫切。

(4)随机性

建设工程文件档案资料产生于工程建设的整个过程中,工程开工、施工、竣工等各个阶段、各个环节都会产生各种文件档案资料。部分建设工程文件档案资料的产生有规律性(如各类报批文件),但还有相当一部分文件档案资料的产生是由具体工程事件引发的,因此建

设工程文件档案资料是有随机性的。

（5）多专业性和综合性

建设工程文件档案资料依附于不同的专业对象而存在，又依赖不同的载体而流动，涉及多种专业：建筑、市政、公用、消防、保安等多种专业，也涉及电子、力学、声学、美学等多种学科，并同时综合了质量、进度、造价、合同、组织协调等多方面内容。

4．工程文件归档范围

（1）对于工程建设有关的重要活动、记载工程建设主要过程和现状、具有保存价值的各种载体的文件，均应收集齐全，整理立卷后归档。

（2）工程文件的具体归档范围按照现行《建设工程文件归档规范》（GB/T 50328—2014）中"建设工程文件归档范围和保管期限表"共5大类执行。

## 二、建设工程文档资料管理职责

建设工程档案资料的管理涉及建设单位、监理单位、施工单位等以及地方城建档案管理部门。对于一个建设工程而言，归档有三方面含义：

（1）建设、勘察、设计、施工、监理等单位将本单位在工程建设过程中形成的文件向本单位档案管理机构移交；

（2）勘察、设计、施工、监理等单位将本单位在工程建设过程中形成的文件向建设单位档案管理机构移交；

（3）建设单位按照现行《建设工程文件归档规范》（GB/T 50328—2014）要求，将汇总的该建设工程文件档案向地方城建档案管理部门移交。

1．通用职责

（1）工程各参建单位填写的建设工程档案应以施工及验收规范、工程合同、设计文件、工程施工质量验收统一标准等为依据。

（2）工程档案资料应随工程进度及时收集、整理，并应按专业归类，认真书写，字迹清楚，项目齐全、准确、真实，无未了事项。表格应采用统一表格，特殊要求需增加的表格应统一归类。

（3）工程档案资料进行分级管理，建设工程项目各单位技术负责人负责本单位工程档案资料的全过程组织工作并负责审核，各相关单位档案管理员负责工程档案资料的收集、整理工作。

（4）对工程档案资料进行涂改、伪造、随意抽撤或损毁、丢失等，应按有关规定予以处罚，情节严重的应依法追究法律责任。

2．建设单位职责

（1）在工程招标及与勘察、设计、监理、施工等单位签订协议、合同时，应对工程文件的套数、费用、质量、移交时间等提出明确要求；

（2）收集和整理工程准备阶段、竣工验收阶段形成的文件，并应进行立卷归档；

（3）负责组织、监督和检查勘察、设计、施工、监理等单位的工程文件的形成、积累和立卷归档工作；也可委托监理单位监督、检查工程文件的形成、积累和立卷归档工作；

（4）收集和汇总勘察、设计、施工、监理等单位立卷归档的工程档案；

（5）在组织工程竣工验收前，应请当地城建档案管理部门对工程档案进行预验收；未取得工程档案验收认可文件，不得组织工程竣工验收；

(6)对列入当地城建档案管理部门接收范围的工程,工程竣工验收3个月内,向当地城建档案管理部门移交一套符合规定的工程文件;

(7)必须向参与工程建设的勘察设计、施工、监理等单位提供与建设工程有关的原始资料,原始资料必须真实、准确、齐全;

(8)可委托承包单位、监理单位组织工程档案的编制工作;负责组织竣工图的绘制工作,也可委托承包单位、监理单位、设计单位完成,收费标准按照所在地相关文件执行。

3. 监理单位职责

(1)应设专人负责监理资料的收集、整理和归档工作,在项目监理部,监理资料的管理应由总监理工程师负责,并指定专人具体实施。监理资料应在各阶段监理工作结束后及时整理归档。

(2)监理资料必须及时整理、真实完整、分类有序。在设计阶段,对勘察、测绘、设计单位的工程文件的形成、积累和立卷归档进行监督、检查;在施工阶段,对施工单位的工程文件的形成、积累、立卷归档进行监督、检查。

(3)可以按照委托监理合同的约定,接受建设单位的委托,监督、检查工程文件的形成积累和立卷归档工作。

(4)编制的监理文件的套数、提交内容、提交时间,应按照现行《建设工程文件归档规范》(GB/T 50328—2014)和各地城建档案管理部门的要求,编制移交清单、双方签字、盖章后,及时移交建设单位,由建设单位收集和汇总。监理公司档案部门需要的监理档案,按照《建设工程监理规范》(GB 50319—2013)的要求,及时由项目监理部提供。

4. 施工单位职责

(1)实行技术负责人负责制,逐级建立、健全施工文件管理岗位责任,配备专职档案管理员,负责施工资料的管理工作。工程项目的施工文件应设专门的部门(专人)负责收集和整理。

(2)建设工程实行总承包的,总承包单位负责收集、汇总各分包单位形成的工程档案;各分包单位应将本单位形成的工程文件整理、立卷后及时移交总承包单位。建设工程项目由几个单位承包的,各承包单位负责收集、整理、立卷其承包项目的工程文件,并应及时向建设单位移交;各承包单位应保证归档文件的完整、准确、系统,能够全面反映工程建设活动的全过程。

(3)可以按照施工合同的约定,接受建设单位的委托进行工程档案的组织、编制工作。

(4)按要求在竣工前将施工文件整理汇总完毕,再移交建设单位进行工程竣工验收。

(5)负责编制的施工文件的套数不得少于地方城建档案管理部门要求,但应有完整施工文件移交建设单位及自行保存。保存期可根据工程性质以及地方城建档案管理部门有关要求确定。如建设单位对施工文件的编制套数有特殊要求的,可另行约定。

5. 地方城建档案管理部门职责

(1)负责接收和保管所辖范围应当永久和长期保存的工程档案和有关资料。

(2)负责对城建档案工作进行业务指导,监督和检查有关城建档案法规的实施。

(3)列入向本部门报送工程档案范围的工程项目,其竣工验收应有本部门参加并负责对移交的工程档案进行验收。

### 三、归档文件的质量要求和组卷方法

**1. 归档文件质量要求**

(1) 归档的工程文件一般应为原件。

(2) 工程文件的内容及其深度必须符合国家有关工程勘察、设计、施工、监理等方面的技术规范、标准和规程。

(3) 工程文件的内容必须真实、准确，与工程实际相符合。

(4) 工程文件应采用耐久性强的书写材料，如碳素墨水、蓝黑墨水，不得使用易褪色的书写材料，如红色墨水、纯蓝墨水、圆珠笔、复写纸、铅笔等。

(5) 工程文件应字迹清楚，图样清晰，图表整洁，签字盖章手续完备。

(6) 工程文件中文字材料幅面尺寸规格宜为 A4 幅面(297mm×210mm)。图纸宜采用国家标准图幅。

(7) 工程文件的纸张应采用能够长期保存的韧力大、耐久性强的纸张。图纸一般采用蓝晒图，竣工图应是新蓝图。计算机出图必须清晰，不得使用计算机所出图纸的复印件。

(8) 所有竣工图均应加盖竣工图章。

(9) 利用施工图改绘竣工图，必须标明变更修改依据；凡施工图结构、工艺、平面布置等有重大改变，或变更部分超过图面1/3的，应当重新绘制竣工图。

(10) 不同幅面的工程图纸应按《技术制图复制图的折叠方法》(GB/T 10609.3—2009)统一折叠成 A4 幅面，图标栏露在外面。

(11) 工程档案资料的缩微制品，必须按国家缩微标准进行制作，主要技术指标(解像力、密度、海波残留量等)要符合国家标准，保证质量，以适应长期安全保管。

(12) 工程档案资料的照片(含底片)及声像档案，要求图像清晰，声音清楚，文字说明或内容准确。

(13) 工程文件应采用打印的形式并使用档案规定用笔，手工签字，在不能够使用原件时，应在复印件或抄件上加盖公章并注明原件保存处。

**2. 归档工程文件的组卷要求**

(1) 立卷应遵循工程文件的自然形成规律，保持卷内文件的有机联系，便于档案的保管和利用。

(2) 一个建设工程由多个单位工程组成时，工程文件应按单位工程组卷。

(3) 立卷采用如下方法：

①工程文件可按建设程序划分为工程准备阶段的文件、监理文件、施工文件、竣工图、竣工验收文件 5 部分；

②工程准备阶段文件可按单位工程、分部工程、专业、形成单位等组卷；

③监理文件可按单位工程、分部工程、专业、阶段等组卷；

④施工文件可按单位工程、分部工程、专业、阶段等组卷；

⑤竣工图可按单位工程、专业等组卷；

⑥竣工验收文件可按单位工程、专业等组卷。

(4) 立卷过程中宜遵循下列要求：

①案卷不宜过厚，一般不超过 40mm；

②案卷内不应有重份文件，不同载体的文件一般应分别组卷。

3.卷内文件的排列案卷的编目

(1)文字材料按事项、专业顺序排列。同一事项的请示与批复、同一文件的印本与定稿、主件与附件不能分开,并按批复在前、请示在后,印本在前、定稿在后,主件在前、附件在后的顺序排列。

(2)图纸按专业排列,同专业图纸按图号顺序排列。

(3)既有文字材料又有图纸的案卷,文字材料排前,图纸排后。

4.案卷的编目

(1)编制卷内文件页号应符合下列规定:

①卷内文件均按有书写内容的页面编号。

②页号编写位置:单页书写的文字在右下角;双面书写的文件,正面在右下角,背面在左下角。折叠后的图纸一律在右下角。

③成套图纸或印刷成册的科技文件材料,自成一卷的,原目录可代替卷内目录,不必重写编写页码。

④案卷封面、卷内目录、卷内备考表不编写页号。

(2)卷内目录的编制应符合下列规定:

①卷内目录式样宜符合现行《建设工程文件归档规范》(GB/T 50328—2014)中附录B的要求。

②序号:以一份文件为单位,用阿拉伯数字从1依次标注。

③责任者:填写文件的直接形成单位和个人。有多个责任者时,选择两个主要责任者,其余用"等"代替。

④文件标号:填写工程文件原有的文号或图号。

⑤文件题名:填写文件标题的全称。

⑥日期:填写文件形成的日期。

⑦页次:填写文件在卷内所排列的起始页号。最后一份文件填写起止页号。

⑧卷内目录排列在卷内文件之前。

(3)卷内备考表的编制应符合下列规定:

①卷内备考表的式样宜符合现行《建设工程文件归档规范》(GB/T 50328—2014)中附录C的要求。

②卷内备考表主要标明卷内文件的总页数、各类文件数,以及立卷单位对案卷情况的说明。

③卷内备考表排列在卷内文件的尾页之后。

(4)案卷封面的编制应符合下列规定:

①案卷封面印刷在卷盒、卷夹的正表面。案卷封面的式样宜符合《建设工程文件归档规范》(GB/T 50328—2014)中附录D的要求。

②案卷封面的内容应包括:档号、档案馆代号、案卷题名、编制单位、起止日期、密级、保管期限、共几卷、第几卷。

③档号应由分类号、项目号和案卷号组成。档号由档案保管单位填写。

④档案馆代号应填写国家给定的本档案馆的编号。档案馆代号由档案馆填写。

⑤案卷题名应简明、准确地揭示卷内文件的内容。案卷题名应包括工程名称、专业名称、卷内文件的内容。

⑥编制单位填写案卷内文件的形成单位或主要责任者。

⑦起止日期应填写案卷内全部文件的形成的起止日期。

⑧保管期限分为永久、长期、短期三种期限。各类文件的保管期限见《建设工程文件归档规范》(GB/T 50328—2014)中附录A的要求。永久是指工程档案需永久保存。长期是指工程档案的保存期等于该工程的使用寿命。短期是指工程档案保存20年以下。同一卷内有不同保管期限的文件,该卷保管期限应从长。

⑨程档案套数一般不少于2套,一套由建设单位保管,另一套原件要求移交当地城建档案管理部门保存。对于接收范围,规范规定各城市可以根据本地情况适当拓宽和缩减,具体可向建设工程所在地城建档案管理部门询问。

⑩密级分为绝密、机密、秘密三种。同一案卷内有不同密级的文件,应以高密级为本卷密级。

### 四、建设工程的档案验收和移交

1. 验收

(1)列入城建档案管理部门档案接收范围的工程,建设单位在组织工程竣工验收前,应提请城建档案管理部门对工程档案进行预验收。建设单位未取得城建档案管理部门出具的认可文件,不得组织工程竣工验收。

(2)城建档案管理部门在进行工程档案预验收时,应重点验收以下内容:

①工程档案分类齐全、系统完整;

②工程档案的内容真实、准确地反映工程建设活动和工程实际状况;

③工程档案已整理立卷,立卷符合现行《建设工程文件归档规范》(GB/T 50328—2014)的规定;

④竣工图绘制方法、图式及规格等符合专业技术要求,图面整洁,盖有竣工图章;

⑤文件的形成、来源符合实际,要求单位或个人签章的文件,其签章手续完备;

⑥文件材质、幅面、书写、绘图、用墨、托裱等符合要求。

工程档案由建设单位进行验收,属于向地方城建档案管理部门报送工程档案的工程项目还应会同地方城建档案管理部门共同验收。

(3)国家、省市重点工程项目或一些特大型、大型的工程项目的预验收和验收,必须有地方城建档案管理部门参加。

(4)为确保工程档案的质量,各编制单位、地方城建档案管理部门、建设行政管理部门等要对工程档案进行严格检查、验收。编制单位、制图人、审核人、技术负责人必须进行签字或盖章。对不符合技术要求的,一律退回编制单位进行改正、补齐,问题严重者可令其重做。不符合要求者,不能交工验收。

(5)凡报送的工程档案,如验收不合格将其退回建设单位,由建设单位责成责任者重新进行编制,待达到要求后重新报送。检查验收人员应对接收的档案负责。

(6)地方城建档案管理部门负责工程档案的最后验收,并对编制报送工程档案进行业务指导、督促和检查。

2. 移交

(1)列入城建档案管理部门接收范围的工程,建设单位在工程竣工验收后3个月内向城建档案管理部门移交一套符合规定的工程档案。

(2)停建、缓建工程的工程档案,暂由建设单位保管。

(3)对改建、扩建和维修工程,建设单位应当组织设计单位、监理单位、施工单位据实修改、补充和完善工程档案。对改变的部位,应当重新编写工程档案,并在工程竣工验收后3个月内向城建档案管理部门移交。

(4)建设单位向城建档案管理部门移交工程档案时,应办理移交手续,填写移交目录,双方签字、盖章后交接。

(5)施工单位、监理单位等有关单位应在工程竣工验收前将工程档案按合同或协议规定的时间、套数移交给建设单位,办理移交手续。

## 第四节 建设工程监理文件档案资料管理

建设工程监理文件档案资料的管理,是指监理工程师受建设单位委托,在进行建设工程监理的工作期间,对建设工程实施过程中形成的与监理相关的文件和档案进行收集积累、加工整理、立卷归档和检索利用等一系列工作。建设工程监理文件档案资料管理的对象是监理文件档案资料,它们是工程建设监理信息的主要载体之一。

### 一、建设工程监理文件档案资料管理的内容要求

建设工程监理文件档案资料管理主要内容是:监理文件档案资料收、发文与登记;监理文件档案资料传阅;监理文件档案资料分类存放;监理文件档案资料归档、借阅、更改与作废。

1. 监理文件和档案收文与登记

所有收文应在收文登记表上进行登记(按监理信息分类别进行登记),应记录文件名称、文件摘要信息、文件的发放单位(部门)、文件编号以及收文日期,必要时应注明接收文件的具体时间,最后由项目监理部负责收文人员签字。

2. 监理文件档案资料传阅与登记

由建设工程项目监理部总监理工程师或其授权的监理工程师确定文件、记录是否需传阅,如需传阅应确定传阅人员名单和范围,并注明在文件传阅纸上,随同文件和记录进行传阅。每位传阅人员阅后应在文件传阅纸上签字,并注明日期。文件和记录传阅期限不应超过该文件的处理期限。传阅完毕后,文件原件应交还信息管理人员归档。

3. 监理文件资料发文与登记

发文由总监理工程师或其授权的监理工程师签名,并加盖项目监理部图章,对盖章工作应进行专项登记。

所有发文按监理信息资料分类和编码要求进行分类编码,并在发文登记表上登记。收件人收到文件后应签名。

发文应留有底稿,并附一份文件传阅纸,信息管理人员根据文件签发人指示确定文件责任人和相关传阅人员。文件传阅过程中,每位传阅人阅后应签名并注明日期。发文的传阅期限不应超过其处理期限。重要文件的发文内容应在监理日记中予以记录。

项目监理部的信息管理人员应及时将发文原件归入相应的资料柜(夹)中,并在目录清单中予以记录。

#### 4. 监理文件档案资料分类存放

监理文件档案经收发文、登记和传阅工作程序后，必须使用科学的分类方法进行存放，这样既可满足项目实施过程查阅、求证的需要，又方便项目竣工后文件和档案的归档和移交。项目监理部应备有存放监理信息的专用资料柜和用于监理信息分类归档存放的专用资料夹。在大中型项目中应采用计算机对监理信息进行辅助管理。

信息管理人员则应根据项目规模规划各资料柜和资料夹内容。

文件档案资料应保持清晰，不得随意涂改记录，保存过程中应保持记录介质的清洁和完整状况。

项目建设工程中文件和档案的具体分类原则应根据工程特点制定，监理单位的技术管理部门可以明确本单位文件档案资料管理的框架性原则，以便统一管理并体现出企业的特色。

#### 5. 监理文件档案资料归档

监理文件档案资料归档内容、组卷方法以及监理档案的验收、移交和管理工作，应根据《建设工程监理规范》(GB/T 50319—2013)及《建设工程文件归档规范》(GB/T 50328—2014)并参考工程项目所在地区建设工程行政主管部门、建设监理行业主管部门、地方城市建设档案管理部门的规定执行。

对一些需连续产生的监理信息，在归档过程中应对该类信息建立相关的统计汇总表格以便进行核查和统计，并及时发现错漏之处，从而保证该类监理信息的完整性。

监理文件档案资料的归档保存中应严格按照保存原件为主、复印件为辅和按照一定顺序归档的原则。

如采用计算机对监理信息进行辅助管理时，当相关的文件和记录经相关责任人员签字确定、正式生效并已存入项目部相关资料夹中时，计算机管理人员应将储存在计算机中的相关文件和记录改变其文件属性为"只读"，并将保存的目录记录在书面文件上以便于进行查阅。在项目文件档案资料归档前不得将计算机中保存的有效文件和记录删除。

### 二、建设工程监理表格体系和主要文件档案

#### 1. 监理工作的基本表式

建设工程监理在施工阶段的基本表式按照《建设工程监理规范》(GB/T 50319—2013)附录执行，该类表式可以一表多用。由于各行业各部门各地区已经各自形成一套表式，使得建设工程参建各方的信息行为不规范、不协调，因此，建立一套通用的，适合建设、监理、施工、供货各方，适合各个行业、各个专业的统一表式已显示充分的必要性，可以大大提高我国建设工程信息的标准化、规范化。建设工程监理规范规定的基本表式有三类：

承包单位用表：A 类表，共 10 个表(A1~A10)，是承包单位与监理单位之间的联系表，由承包单位填写，向监理单位提交申请或回复。

监理单位用表：B 类表，共 6 个表(B1~B6)，是监理单位与承包单位之间的联系表，由监理单位填写，向承包单位发出的指令或批复。

各方通用表：C 类表，共 2 个表(C1、C2)，是工程项目监理单位、承包单位、建设单位等各有关单位之间的联系表。

#### 2. 监理规划

监理规划应在签订委托监理合同，收到施工合同、施工组织设计(技术方案)、设计图纸文件后一个月内，由总监理工程师组织完成该工程项目的监理规划编制工作，经监理公司技

术负责人审核批准后,在监理交底会前报送建设单位。

监理规划的内容应有针对性,做到控制目标明确、措施有效、工作程序合理、工作制度健全、职责分工清楚,对监理实践有指导作用。监理规划应有时效性,在项目实施过程中,应根据情况的变化作必要的调整、修改,经原审批程序批准后,再次报送建设单位。

3. 监理实施细则

对于技术复杂、专业性强的工程项目应编制"监理实施细则",监理实施细则应符合监理规划的要求,并结合专业特点,做到详细、具体、具有可操作性。监理实施细则也要根据实际情况的变化进行修改、补充和完善,内容主要有:专业工作特点、监理工作流程、监理控制要点及目标值、监理工作方法及措施。

4. 监理日记

由专业工程监理工程师和监理员根据本专业监理工作的实际情况做好监理日记和有关的监理记录。监理日记由专业监理工程师和监理员书写。监理日记和施工日记一样,都是反映工程施工过程的实录,一个同样的施工行为,往往两本日记可能记载有不同的结论,事后在工程发现问题时,日记就起了重要的作用。因此,认真、及时、真实、详细、全面地做好监理日记,对发现问题,解决问题,甚至仲裁、起诉都有作用。

监理日记有不同角度的记录,项目总监理工程师可以指定一名监理工程师对项目每天总的情况进行记录,通称为项目监理日志;专业工程监理工程师可以从专业的角度进行记录;监理员可以从负责的单位工程、分部工程、分项工程的具体部位施工情况进行记录,侧重点不同,记录的内容、范围也不同。项目监理日记主要内容有:

(1)当日材料、构配件、设备、人员变化的情况;

(2)当日施工的相关部位、工序的质量、进度情况,材料使用情况,抽检、复检情况;

(3)施工程序执行情况,人员、设备安排情况;

(4)当日监理工程师发现的问题及处理情况;

(5)当日进度执行情况,索赔(工期、费用)情况,安全文明施工情况;

(6)有争议的问题,各方的相同和不同意见及协调情况;

(7)天气、温度的情况,天气、温度对某些工序质量的影响和采取措施与否;

(8)承包单位提出的问题,监理人员的答复等。

5. 监理例会会议纪要

监理例会是履约各方沟通情况、交流信息、协调处理、研究解决合同履行中存在的各方面问题的主要协调方式。会议纪要由项目监理部根据会议记录整理,主要内容包括:

(1)会议地点及时间;

(2)会议主持人;

(3)与会人员姓名、单位、职务;

(4)会议主要内容、议决事项及其负责落实单位、负责人和时限要求;

(5)其他事项。

例会上意见不一致的重大问题,应将各方的主要观点,特别是相互对立的意见记入"其他事项"中。会议纪要的内容应准确如实,简明扼要,经总监理工程师审阅,与会各方代表会签,发至合同有关各方,并应有签收手续。

6. 监理月报

《建设工程监理规范》(GB/T 50319—2013)7.2节对监理月报有较明确的规定,对监理月报的内容、编制组织、签认人、报送对象、报送时间都有规定。监理月报由项目总监理工程师组织编写,由总监理工程师签认,报送建设单位和本监理单位,报送时间由监理单位和建设单位协商确定,一般在收到承包单位项目经理部报送来的工程进度,汇总了本月已完工程量和本月计划完成工程量的工程量表、工程款支付申请表等相关资料后,在最短的时间内提交,大约在 5~7d。

监理月报的内容有 7 项,根据建设工程规模大小决定汇总内容的详细程度,具体为:

(1)工程概况:本月工程概况,本月施工基本情况。

(2)本月工程形象进度。

(3)工程进度:本月实际完成情况与计划进度比较,对进度完成情况及采取措施效果的分析。

(4)工程质量:本月工程质量分析,本月采取的工程质量措施及效果。

(5)工程计量与工程款支付:工程量审核情况、工程款审批情况及支付情况、工程款支付情况分析、本月采取的措施及效果。

(6)合同其他事项的处理情况:工程变更、工程延期、费用索赔。

(7)本月监理工作小结:对本月进度、质量、工程款支付等方面情况的综合评价,本月监理工作情况,有关本工程的建议和意见,下月监理工作的重点。

有些监理单位还加入了①承包单位、分包单位机构、人员、设备、材料构配件变化;②分部、分项工程验收情况;③主要施工试验情况;④天气、温度、其他原因对施工的影响情况;⑤工程项目监理部机构、人员变动情况等的动态数据,使月报更能反映不同工程当月施工实际情况。

**7. 监理工作总结**

监理总结有工程竣工总结、专题总结、月报总结三类,按照《建设工程文件归档规范》(GB/T 50328—2014)的要求,三类总结在建设单位都属于要长期保存的归档文件,专题总结和月报总结在监理单位是短期保存的归档文件,而工程竣工总结属于要报送城建档案管理部门的监理归档文件。

工程竣工的监理总结内容有:

(1)工程概况;

(2)监理组织机构、监理人员和投入的监理设施;

(3)监理合同履行情况;

(4)监理工作成效;

(5)施工过程中出现的问题及其处理情况和建议(该内容为总结的要点,主要内容有质量问题、质量事故、合同争议、违约、索赔等处理情况);

(6)工程照片(有必要时)。

## 思考题与习题

1. 为什么要进行建设工程信息及文档管理?
2. 简述建设工程监理信息的特点与构成。
3. 简述建设工程信息管理流程。
4. 在建设项目的施工过程中,加工整理的监理信息主要通过哪几个方面进行的?
5. 简述建设工程文件概念和特点。
6. 简述建设工程监理的主要文件档案。

# 第九章 合同管理

## 第一节 建设工程合同管理概述

建设工程项目监理从本质上来说,是属于业主方项目管理的范畴。而合同管理则是工程项目管理的核心,也是监理工作的核心。监理工程师必须熟悉合同的内容,掌握合同管理的手段,依据合同对工程质量、投资、进度进行控制。

### 一、合同概念

合同,又称"契约"。《中华人民共和国合同法》(以下简称《合同法》)第二条规定:"合同是平等主体的自然人、法人、其他组织之间设立、变更、终止民事权利义务关系的协议"。《中华人民共和国民法通则》(以下简称《民法通则》)第八十五条规定:"合同是当事人之间设立、变更、终止民事关系的协议"。当事人可以是双方的,也可以是多方的。合同当事人的法律地位平等,一方不得将自己的意志强加给另一方。

民事关系指民事法律关系,也就是民法规范所调整的财产关系和人身关系在法律上的表现。民事法律关系由权利主体、权利客体和内容3部分组成。任何合同都是种民事法律行为,也是当事人的法律行为。依法订立的合同,对当事人具有法律约束力,并受法律保护。

### 二、合同的内容

1. 合同的主要条款

合同一般包括下列条款:①当事人的名称或者姓名和住所;②标的;③数量;④质量;⑤价款或酬金;⑥履行的期限、地点、方式;⑦违约责任,包括违约金和赔偿金。

(1)违约金。违约金是指合同规定的对违约行为的一种经济制裁方法。违约金一般由合同当事人在法律规定的范围内双方协商确定,如事后发生争议,可由仲裁机构或人民法院依法裁决或判决。

(2)赔偿金。由违约方赔偿对方造成的经济损失,赔偿金的数量根据直接损失计算,也可根据直接损失加由此引起的其他损失一并计算;如双方发生争执,可由仲裁机构或人民法院依法裁决或判决。

2. 解决争议的方法

在合同履行过程中不可避免地会发生争议,为使争议发生后能够妥善解决,应在合同中约定解决争议的方法。解决争议的方法有协商、调解、仲裁、诉讼。

## 三、合同的订立

合同的订立,是两个或两个以上当事人在平等自愿的基础上,就合同的主要条款经过协商取得一致意见,最终建立起合同关系的法律行为。

1. 合同的形式

当事人订立合同,有书面形式、口头形式和其他形式。法律法规规定采用书面形式的,或当事人约定采用书面形式的,应当采用书面形式。

书面合同形式是指合同采用合同书、信件和数据电文(包括电报、电传、传真、电子数据交换和电子邮件)等可以有形地表现所载内容的形式,人们只要看到书面载体,即合同书、信件和数据电文,就会了解合同的内容。书面合同的优点在于有据可查、权利义务记载清楚、便于履行,发生纠纷时容易举证和分清责任。因此,书面合同是实践中广泛采用的一种合同形式,建设工程合同应当采用书面形式。

2. 要约与承诺

合同的成立需要经过要约和承诺两个阶段。

(1) 要约。要约是希望和他人订立合同的意思表示。提出要约的一方为要约人,接受要约的一方为受要约人。要约应当符合如下规定:内容具体确定;表明经受要约人承诺,要约人即受该意思表示约束;要约必须是特定人的意思表示,必须是以缔结合同为目的,必须具备合同的主要条款。

(2) 承诺。承诺是受要约人同意要约的意思表示。除根据交易习惯或者要约表明可以通过行为做出承诺的之外,承诺应当以通知的方式做出。

## 四、合同的成立

合同就是合同双方当事人依照订立合同的程序,经过要约和承诺形成对双方当事人都具有法律效力的协议。合同成立,确定了双方当事人的权利和义务关系,是区别合同责任和其他责任的重要标志,是合同生效的前提条件。《合同法》规定,承诺生效时合同成立。承诺生效的地点为合同成立地点。

## 五、合同的履行

1. 合同履行的基本原则

合同履行的基本原则有:全面履行的原则;诚实信用的原则;公平合理,促进合同履行的原则;当事人一方不得擅自变更合同的原则。

2. 合同的担保形式

担保合同必须由合同的当事人双方协商一致,自愿订立,方为有效。如果由第三方承担担保义务时,必须由第三方——保证人亲自订立担保合同。担保有保证、抵押、质押、留置、定金五种方式。

## 第二节 监理工程师对施工合同的管理

### 一、工程变更的管理

工程变更一般是指在工程施工过程中,根据合同约定对施工的程序、工程的内容、数量、质量要求及标准等做出的变更。

1. 工程变更的原因

工程变更一般主要有以下几个方面的原因:

(1)业主新的变更指令,对建筑的新要求,如业主有新的意图,业主修改项目计划,削减项目预算等。

(2)由于设计人员、监理方人员、承包商事先没有很好地理解业主的意图,或设计的错误,导致图纸修改。

(3)工程环境的变化,预定的工程条件不准确,要求实施方案或实施计划变更。

(4)由于产生新技术和知识,有必要改变原设计、原实施方案或实施计划,或由业主指令及业主责任的原因造成承包商施工方案的改变。

(5)政府部门对工程新的要求,如国家计划变化、环境保护要求、城市规划变动等。

(6)由于合同实施出现问题,必须调整合同目标或修改合同条款。

2. 工程变更的范围

根据 FIDIC 施工合同条件,工程变更的内容可能包括以下几个方面。

(1)改变合同中所包括的任何工作的数量;

(2)改变任何工作的质量和性质;

(3)改变工程任何部分的高程、基线、位置和尺寸;

(4)删减任何工作;

(5)任何永久工程需要的附加工作、工程设备、材料或服务;

(6)改动工程的施工顺序或时间安排。

根据我国施工合同示范文本,工程变更包括设计变更和工程质量标准等其他实质性内容的变更,其中设计变更包括:

①更改工程有关部分的高程、基线、位置和尺寸;

②增减合同中约定的工程量;

③改变有关工程的施工时间和顺序;

④其他有关工程变更需要的附加工作。

3. 工程变更的程序

根据统计,工程变更是索赔的主要起因。由于工程变更对工程施工过程影响很大,会造成工期的拖延和费用的增加,容易引起双方的争执,所以要十分重视工程变更管理问题。

一般工程施工承包合同中都有关于工程变更的具体规定,工程变更一般按照如下程序:

(1)提出工程变更

根据工程实施的实际情况,以下单位都可以根据需要提出工程变更:

①承包商;

②业主方；
③监理方；
④设计方。

(2)工程变更的批准

承包商提出的工程变更,应该交工程师审查并批准;由设计方提出的工程变更应该与业主协商或经业主审查并批准;由业主方提出的工程变更,涉及设计修改的应该与设计单位协商,并一般通过工程师发出。监理方发出工程变更的权力,一般会在施工合同中明确约定,通常在发出变更通知前应征得业主批准。

(3)工程变更指令的发出及执行

为了避免耽误工程,工程师和承包人就变更价格达成一致意见之前有必要先行发布变更指示,先执行工程变更工作,然后再就变更价款进行协商和确定。

工程变更指示的发出有两种形式:书面形式和口头形式。一般情况下要求用书面形式发布变更指示,如果由于情况紧急而来不及发出书面指示,承包人应该根据合同规定要求工程师书面认可。

根据工程惯例,除非工程师明显超越合同权限,承包人应该无条件地执行工程变更的指示。即使工程变更价款没有确定,或者承包人对工程师答应给予付款的金额不满意,承包人也必须一边进行变更工作,一边根据合同寻求解决办法。

4. 工程变更的责任分析与补偿要求

根据工程变更的具体情况可以分析确定工程变更的责任和费用补偿。

(1)由于业主要求、政府部门要求、环境变化、不可抗力、原设计错误等导致的设计修改,应该由业主承担责任;由此所造成的施工方案的变更以及工期的延长和费用的增加应该向业主索赔。

(2)由于承包人的施工过程、施工方案出现错误、疏忽而导致设计的修改,应该由承包人承担责任。

(3)施工方案变更要经过工程师的批准,不论这种变更是否会对业主带来好处。

由于承包人的施工过程、施工方案本身的缺陷而导致了施工方案的变更,由此所引起的费用增加和工期延长应该由承包人承担责任。

业主向承包人授标前(或签订合同前),可以要求承包人对施工方案进行补充、修改或做出说明,以便符合业主的要求。在授标后(或签订合同后)业主为了加快工期、提高质量等要求变更施工方案,由此所引起的费用增加可以向业主索赔。

## 二、索赔的处理

1. 工程索赔产生的原因

(1)当事人违约

当事人违约常表现为没有按照合同约定履行自己的义务。如发包人没有为承包人提供合同约定的施工条件、未按照合同约定的期限和数额付款等。承包人违约主要是没有按照合同约定的质量、期限完成施工,或者由于不当行为给发包人造成其他损害。

(2)不可抗力事件

不可抗力事件是指承包人和发包人在订立合同时不可预见,在施工过程中发生并不能克服的自然灾害和社会性突发事件,如地震、海啸、瘟疫、骚乱、战争和专用合同条款规定的其他情形。

(3) 合同缺陷

合同缺陷表现为合同文件规定不严谨甚至矛盾,合同中的遗漏或错误。

(4) 合同变更

合同变更表现为设计变更,追加或者取消某些工作等。

(5) 工程师指令

如工程师指令承包人加速施工、进行某项工作、更换某些材料、采取某些措施等产生的费用。

(6) 其他第三方原因

其他第三方原因常常表现为与工程有关的第三方的问题而引起的对本工程不利的影响。

### 2. 工程索赔的处理原则

(1) 索赔必须以合同为依据

不论是风险事件的发生,还是当事人未完成合同工作,都必须在合同中找到相应的依据。在不同的合同条件下,这些依据很可能是不同的,如因为不可抗力导致的索赔,在国内建设工程施工合同文本规定的条件下,承包人机械设备损坏的损失,是由承包人承担的,不能向发包人索赔,但在合同条件下不可抗力事件一般都列为业主承担的风险,损失都应由业主承担。

(2) 及时、合理地处理索赔

索赔事件发生后,索赔的提出应当及时,索赔的处理也应当及时。处理索赔还必须坚持合理性原则,既考虑到国家的有关规定,也应当考虑到工程的实际情况。

### 3. 工程索赔的处理程序

(1) 承包人提出索赔申请。承包人在知道或应当知道索赔事件发生后 28d 内,以正式函件向监理人递交索赔意向通知书,并说明发生索赔事件的事由。逾期申报的,承包人丧失该权利。

(2) 承包商递交详细的索赔通知书。发出索赔意向通知书后 28d 内,向监理人正式递交索赔通知书,应详细说明索赔理由及要求追加的付款金额和(或)延长工期,并附必要的记录和证明材料。当该索赔事件持续进行时,承包人应当阶段性向工程师发出索赔意向通知书,在索赔事件终了后 28d 内,向工程师提供索赔的有关资料和最终索赔报告。

监理人审核承包人的索赔申请。监理人在收到承包人送交的索赔通知书或有关索赔的进一步证明材料后的 42d 内,将索赔处理结果答复承包人。

(3) 发包人审批监理人的索赔处理证明。发包人根据事件发生的原因、责任范围、合同条款等依据审核承包人的索赔申请和监理人的处理报告,针对承包人在实施合同过程中的缺陷或不符合合同要求的地方提出反索赔方面的考虑,决定是否批准监理人的索赔报告。

承包人接受索赔处理结果的,发包人应在做出索赔处理结果答复后 28d 内完成赔付,该索赔事件结束。如承包人不接受该处理结果而又协商不成,则会导致合同纠纷,只能诉诸仲裁或诉讼。

承包人未能按合同约定履行自己的义务而给发包人造成损失的,发包人也可按上述时限向承包人提出索赔。

4. 索赔的计算

(1) 费用内容一般可以包括以下几个方面：

①人工费,包括增加工作内容的人工费、停工损失费和工作效率降低的损失费等累计,但不能简单地用计日工费计算；

②设备费,可采用机械台班费、机械折旧费、设备租赁费等几种形式；

③材料费；

④保函手续费,包括贷款利息、保险费、利润、管理费等。

(2) 费用索赔的计算

计算方法有实际费用法、修正总费用法等。

①实际费用法。该方法是参照索赔事件所引起的损失的费用项目分别计算索赔值,然后将各费用项目的索赔值汇总。这种方法以承包商为某项索赔工作所支付的实际开支为依据,但仅限于由索赔事项引起的超出原计划的费用。

②修正的总费用法。这种方法是对总费用法的改进,即在总费用计算的原则上去掉一些不确定因素,对总费用法进行相应的修改和调整,使其更加合理。

(3) 工期索赔的计算

工期索赔的计算主要有网络图分析法和比例计算法两种。

①网络分析法是利用进度计划的网络图,分析其关键路线,如果延误的工作为关键工作,则总延误的时间为批准顺延的工期;如果延误的工作为非关键工作当该工作由于延误超过时差限制而成为关键工作时,可以批准延误时间与时差的差值;如若该工作延误后仍为非关键工作,则不存在工期索赔的问题。

②比例计算法的公式为：

对于已知部分工程的延期的时间：

$$工期索赔值 = \frac{受干扰部分工程的合同价}{原合同总价} \times 该受干扰部分工期拖延时间$$

$$工期索赔值 = \frac{额外增加工程量价格}{原合同总价} \times 原合同总工期$$

比例计算法简单方便,但有时不完全符合设计情况,该法不适用于变更施工顺序、加速施工、删减工程量等事件的索赔。

## 三、工程延期及工程延误的处理

(1) 当承包单位提出工程延期要求符合施工合同文件的规定条件时,项目监理机构应予以受理。

(2) 当影响工期事件具有持续性时,项目监理机构可在收到承包单位提交的阶段性工程延期申请表并经过审查后,先由总监理工程师签署工程临时延期审批表并通报建设单位。当承包单位提交最终的工程延期申请表后,项目监理机构应复查工程延期及临时延期情况,并由总监理工程师签署工程最终延期审批表。

(3) 项目监理机构在做出临时工程延期批准或最终的工程延期批准之前,均应与建设单位和承包单位进行协商。

(4) 项目监理机构在审查工程延期时,应依下列情况确定批准工程延期的时间：

①施工合同中有关工程延期的约定；

②工期拖延和影响工期事件的事实和程度；
③影响工期事件对工期影响的量化程度。

工程延期造成承包单位提出费用索赔时，项目监理机构应按 GB 50319—2013《建设工程监理规范》第 6.4 节的费用索赔规定处理规范第 6.3 节的规定处理。

当承包单位未能按照施工合同要求的工期竣工交付造成工期延误时，项目监理机构应按施工合同规定从承包单位应得款项中扣除误期损害赔偿费。

### 四、合同争议的调解

1. 合同争议的概念

在工程项目进展的过程中，由于对某些问题的处理需要以合同为依据，而当合同双方对合同条款的适用性解释形不成一致意见时，就会出现合同争议。

施工合同双方对合同条款的解释有争议，或虽然有时合同双方对用合同中的某一条款解决问题的适用性没有争议，但由于合同双方对同样的内容解释不同，或由于合同双方自身能力及合同字意等主客观原因，导致其对合同文本的理解不同，都会产生合同争议。所谓解释，是指法律规定对合同当事人意思表示的解释。而发生争议，就应由裁判者依法对合同进行解释。

《合同法》第一百二十五条规定："当事人对合同条款的理解有争议的，应当按照合同所使用的词句、合同的有关条款、合同的目的、交易习惯以及诚实信用原则，确定该条款的真实意思。合同文本采用两种以上文字订立并约定具有同等效力的，对各文本使用的词句推定具有相同含义。各文本使用的词句不一致的，应当根据合同的目的予以解释。"

2. 监理工程师对合同争议的调解

项目监理机构接到合同争议的调节要求之后，应充分发挥自身作为合同"第三方"的作用，积极地在建设方和承包商之间进行斡旋，争取以调解的方式解决合同争议，以减少合同争议对项目施工的影响。

项目监理机构接到合同争议的调解要求后进行以下工作：

(1) 及时了解合同争议的全部情况，包括进行调查和取证；

(2) 及时与合同争议的双方进行磋商；

(3) 在项目监理机构提出调解方案后，由总监理工程师进行争议调解；

(4) 当调解未能达成一致时，总监理工程师应在施工合同规定的期限内提出该合同争议的意见；

(5) 在争议调解过程中，除已达到了施工合同规定的暂停履行合同的条件之外，项目监理机构应要求施工合同的双方继续履行施工合同。

在总监理工程师签发合同争议处理意见后，建设单位或承包单位在施工合同规定的期限内未对合同争议处理决定提出异议，在符合施工合同的前提下，此意见应成为最后的决定，双方必须执行。

在合同争议的仲裁或诉讼过程中，项目监理机构接到仲裁机关或法院要求提供有关证据的通知后，应公正地向仲裁机关或法院提供与争议有关的证据。

### 五、合同的解除

施工合同的解除必须符合法律程序。

当建设单位违约导致施工合同最终解除时,项目监理机构应就承包单位按施工合同规定应得到的款项与建设单位和承包单位进行协商,并应按施工合同的规定从下列应得的款项中确定承包单位应得到的全部款项,并书面通知建设单位和承包单位:

(1)承包单位已完成的工程量表中所列的各项工作所应得的款项;

(2)按批准的采购计划订购工程材料、设备、构配件的款项;

(3)承包单位撤离施工设备至原基地或其他目的地的合理费用;

(4)承包单位所有人员的合理遣返费用;

(5)合理的利润补偿;

(6)施工合同规定的建设单位应支付的违约金。

由于承包单位违约导致施工合同终止后,项目监理机构应按下列程序清理承包单位的应得款项,或偿还建设单位的相关款项,并书面通知建设单位和承包单位:

(1)施工合同终止时,清理承包单位已按施工合同规定实际完成的工作所应得的款项和已经得到支付的款项;

(2)施工现场余留的材料、设备及临时工程的价值;

(3)对已完工程进行检查和验收、移交工程资料、该部分工程的清理、质量缺陷修复等所需的费用;

(4)施工合同规定的承包单位应支付的违约金;

(5)总监理工程师按照施工合同的规定,在与建设单位和承包单位协商后,书面提交承包单位应得款项或偿还建设单位款项的证明。

由于不可抗力或非建设单位、承包单位原因导致施工合同终止时,项目监理机构应按施工合同规定处理合同解除后的有关事宜。

## 第三节 FIDIC"土木工程施工合同条件"简介

### 一、FIDIC 和"土木工程施工合同条件"

FIDI 是"国际咨询监理工程师联会"(Federation Internationale Des Ingenieurs Conseils)法文名称前 5 个字母。中文音译为"菲迪克",现总部在瑞士洛桑。

该组织是由英国、法国、比利时等三个欧洲境内咨询监理工程师协会于 1913 年创立的。组建联合会的目的是共同促进成员协会的职业利益,向其他成员协会传播有益信息。1949年后,美国、澳大利亚、加拿大等国相继加入,FIDI 现有 60 多个成员国,下设欧盟分会、北欧成员分会、亚太地区分会、非洲成员分会。1996 年,中国工程咨询协会正式加入 FIDIC 组织。

FIDIC 合同条件,从狭义上可以解释为采用一套标准的合同条件,从广义上也可以理解为该工程的实施是按照一套标准的招标文件,通过招标选择承包商,经过监理工程师的独立监理进行控制,按照业主与承包商之间签订的合同进行施工。FIDIC 合同条件虽不是法律法规,但它是一种国际惯例。

一般来说,凡属于国际承包工程的合同,大多执行 FIDIC 合同条件。所谓国际承包工程,是既包括我同施工企业参与投标竞争的国外工程招标项目,也包括国内吸收国际金融组织贷款或外国公司参与投资的国际招标投标的工程建设项目。

## 二、"土木工程施工合同条件"的内容

FIDIC"土木工程施工合同条件"包括以下主要文件的标准格式和内容:通用条件、专用条件、投标书及其附件、协议书。

### 1. 通用条件

所谓"通用"的含义是:工程建设项目只要是属于土木工程类施工均可适用。通用条件共存 72 条目 94 款。内容包括:定义与解释;工程师及工程师代表;转让与分包;合同条件;一般义务;劳务;材料;工程设备和工艺;暂时停工;开工和误期;缺陷和责任;变更、增添和省略;索赔程序;承包商的设备、临时工程和材料;计量;暂定金额;指定的分包商;证书与支付;补救措施;特殊风险;解除履约合同;争端的解决;通知;业主的违约;费用和法规的变更;货币及汇率共 25 个小节。通用条件按照条款的内容,大致可划分成权利和义务性条款、管理性条款、经济性条款、技术性条款和法规条款等五个方面。

### 2. 专用条件

基于不同地区、不同行业的土木类工程施工共性条件而编制的通用条件已是分门别类、内容详尽的合同文件范本,尽管大量的条款是通用的,但也有些条款还必须考虑工程的具体特点和所在地区情况予以必要的变动。FIDIC 在文件中规定,第一部分的通用条件与第一部分的专用条件一起,构成了决定合同各方权利和义务的条件。

### 3. 投标书及其附件

FIDIC 编制了标准的投标书及其附件格式、投标书中的空格,只需投标人填写具体内容,就可与其他制料一起构成投标文件。投标书附件是针对通用条件中某些具体条款的需要而做出具体规定的明确条件,如担保金额的具体数值或为合同价的百分数;颁布开工通知的时间和竣工时间等。另外,附件中还包括第一部分和第二部分的有关条款,当另有规定时应附加相应具体条款,如项或单位工程的竣工时间具体要求、工程预付款的规定等。

### 4. 协议书

协议书是业主和中标的承包商签订施工合同的标准文件,只要双方在空格内填入相应内容,签字或盖章后即可生效。

## 三、FIDIC 土木工程施工合同条件的适用条件

(1)必须要由独立的监理工程师来进行施工监督管理;
(2)业主应采用竞争性招标方式选择承包商;
(3)适用于单价合同;
(4)要求有较完整的设计文件,包括规范、图纸、工程量清单等。

## 思考题与习题

1. 什么是合同?合同的主要内容是什么?
2. 合同的订立与合同的成立有何不同?
3. 建设工程施工合同管理的内容有哪些?
4. 合同的争议调解工作内容有哪些?

5. FIDIC 土木工程施工合同条件内容有哪些？

6. 案例分析：某项工程建设项目，业主与施工单位按《建设工程施工合同范本》签订了工程施工合同，工程未进行投保保险。在施工过程中，工程遭受暴风雨不可抗力的袭击，造成了相应的损失，施工单位及时向监理工程师提出索赔要求，并附与索赔有关的资料证据。索赔报告中基本要求如下：

(1) 遭受暴风雨袭击不是因为施工单位的原因造成的损失，故应有业主承担赔偿责任。

(2) 给已建部分工程造成破坏 18 万元，应由业主承担修复的经济责任，施工单位不承担修复的经济责任。

(3) 施工单位人员因灾害导致数人受伤，处理伤病医疗费用和补偿金总计 3 万元，业主应给予赔偿。

(4) 施工单位进场实用的机械、设备受到损坏，造成损失 8 万元；由于现场停工造成的台班损失费 4.2 万元，业主应担负修复和赔偿的经济责任；工人窝工费 3.8 万元，业主应予以支付。

(5) 因暴风雨造成现场停工 8d，要求合同期顺延 8d。

(6) 由于工程破坏，清理现场费用 2.4 万元，业主应予以支付。

本案例中，监理工程师接到施工单位的索赔申请之后，应进行哪些工作？如何处理施工单位提出的要求？

# 第十章 设备采购与监造监理

## 第一节 概 述

企业通过招投标选择制造商,委托第三方实施设备监理和监造,已经越来越被广大企业所接受,是市场经济成熟的重要标志,也是我国进入 WTO,与国际通用做法接轨的体现。这种监理、监造可以利用第三方高智能的专业技术人才,对设备制造质量实行全过程监控,不断促进制造商加强内部管理,增强质量意识,以确保制造出的设备符合设计要求,满足用户需要。

设备监理是指依法设立的设备监理机构,接受委托方委托,在设备监理合同约定的范围内,依据法律、法规和规章及有关技术标准,对设备的设计、采购、制造、安装调试和试运行所实施的监督和管理活动。

### 一、设备与工程设备

设备是指工业企业中可供长期使用的机械和装置,并在使用中基本保持原有实物形态的物质资料的总称。设备是社会创造物质财富的重要手段,是进行社会生产的物质技术基础,是现代生产力的标志之一。

本书中的工程设备指的是新建、扩建项目和技术改造项目所需的,用于满足工业生产工艺流程、形成生产能力的成套设备、单元设备,以及信息系统的硬件和支持其运行的配套软件。

建设项目一般可以分为工业建设项目和民用建筑项目两大类。工业建设项目中设备应满足工业生产工艺的要求,设备费用占投资的大部分。随着对建筑物使用功能的要求不断提高,对设备的需求也越来越大,设备费用在民用建筑投资中占的比重也呈上升趋势,而且上升的速度也越来越快。建设项目中包含的设备种类繁多,具体包括以下几种:

(1)生产设备,如机床、冶炼设备、化工设备等。
(2)动力与电器设备,如变压器、高低压配电箱、锅炉、发电机、空气压缩机、电力电缆等。
(3)照明设备,如照明灯具、照明电缆、开关柜等。
(4)通风空调设备,如制冷机、冷水机组、空调机、风机、通风管道等。
(5)给排水设备,如各种泵、阀门、管道等。
(6)通信设备,如电话电传、广播电视设备、建设设备、声像对讲设备。
(7)消防设备,如各种报警设备、灭火设备等。
(8)其他设备,如电梯、医疗设备、文体体育设备等。

## 二、工程设备监理

设备工程监理是指具有相应资质的设备工程监理单位,接受委托方的委托,按照与委托方签订的设备工程监理合同的约定,遵循设备工程的一般规律,依据国家有关的法律、法规、规章、技术标准和委托方的要求,对设备工程,即设备形成的全过程和或最终形成的结果提供的咨询和管理服务。

本书中的设备工程监理中的"监理"包括下面几层含义:

(1)对设备工程中的各个组成过程的特定行为主体的履约行为进行监督和管理。这里的特定行为主体是指设备形成过程中的设备设计、制造、安装、调试和试运行单位,也称为被监理方。

(2)对设备形成过程及其结果的监督和管理,包括过程中的各种事件、阶段性的成果、各类文件资料和最终成果的监督和管理。

(3)根据监理合同的约定,向委托方提供必要的信息。

(4)根据监理合同的约定,为设备工程项目的建设提出建设性的意见。

## 三、设备工程监理目标

设备工程监理的目的是通过对设备工程的咨询和管理,力求设备工程项目的成功。项目的成功体现在项目的各项结果达到预定目标的要求,这些目标分别是:

(1)质量,达到合同、设计和规范标准所要求。

(2)进度,按照合同工期完成设备的采购与监造,力求在不增加投入的前提下,提前完成任务。

(3)投资,保证在预定的造价内完成采购与监造,争取节约投资。

工程设备监理的任务主要体现在工程建设的三个控制:质量控制、进度控制和投资控制,只有完成这三个控制的任务才能实现工程设备监理的总目标。为了完成这些任务,监理人员要做好各部门的组织协调工作。

## 四、设备工程监理合同

设备委托监理合同,是业主(也称项目法人或建设单位或委托人)与设备监理单位(也称监理人)之间,为了委托对重要设备的设计、采购、制造、安装、调试等形成过程的质量、进度和投资实施监督,明确双方权利义务关系的协议。

设备委托监理合同是一种委托合同,在设备工程监理过程中,许多具体工作的权限和职责是通过委托合同来获得的。它体现了项目业主对工程的特定要求,它是设备工程监理合同管理的对象。

设备工程监理所依据的国家有关法律、法规、规章、技术标准包括:有关设备工程监理的法律,如产品质量法、合同法、招标投标法、标准化法等;有关设备工程监理的行政法规和有关的部门规章,如《设备监理管理暂行办法》、《设备工程监理单位资格管理办法》、《注册设备监理师执业资格制度暂行办法》等,以及有关的技术标准等。设备工程监理合同具有如下特征:

(1)具有委托性。设备委托监理合同是业主委托设备监理单位从事监理业务的合同。双方的权利义务的指向对象是监理服务,而非设备工程项目。

(2)与设备工程合同协调履行。尽管设备委托监理合同对设备监理单位产生了监理的权利和义务,但这种权利的享有和义务的履行又以第三方等与业主之间存在的合同关系(制造、安装合同、设计合同等)为前提。因此,设备委托监理合同应与安装合同、设计合同等协调履行,设备委托监理合同不能与其他合同相矛盾。

(3)设备委托监理合同当事人双方地位平等

设备委托监理合同是有偿的、双务的合同。虽然设备监理单位根据业主的委托实施监理,必须维护委托人的权益,但监理单位不是业主的代理人,而是独立的当事人。监理单位不仅要依据合同监理,更要依据法律规范进行监理。

### 五、设备工程监理合同具体内容

作为设备监理合同,除了按照相关法律、法规确定合同内容外,还需具有设备监理的特性,制定具有与设备的技术性、监理的法制性相适应的具体内容。

(1)工程概况。是指在施工程项目的基本情况,其主要内容包括:建设单位、设计单位、监理单位、施工单位、工程地点、工程总造价、施工条件、开竣工日期、建筑面积等。

(2)监理的范围和内容。监理的范围由建设单位确定,全部设备监理的范围包括与土建有关的建筑设备和工艺装备两部分。与土建相关的建筑设备主要是是给排水设备、通风设备、空调设备、电器照明设备、电梯等。工艺装备主要指生产设备和辅助设备。生产设备如通用机械、专用机械和生产流水线等;辅助设备如调运输设备、空压站、锅炉等。

监理内容由两部分组成。第一部分是指各建设阶段,建设单位可能请监理参与建设的全过程,也可规定仅监理某个阶段,如设备采购的监理、设备制造的监理、设备安装施工的监理等。第二部分是指每一建设阶段中的具体监理内容,如施工阶段的质量、进度、投资控制和合同管理等。

(3)双方的权利和义务。当事人双方在履行监理合同时,只有各自切实履行应承担的义务,才能使双方的权利得以实现。

(4)监理费的记取与支付。

(5)违约责任。在监理合同中,应明确约定双方因违约造成争议的解决方法,如赔偿金额的计算,争议解决可通过协商、上级主管部门的协调、终止合同、提交仲裁机构或向人民法院起诉等。

(6)双方约定的其他事项。

### 六、组建监理机构

监理单位应根据签订的设备监理委托合同组织合理有效的项目监理机构。项目监理机构的有效性依赖于组成监理机构的各类人员的正确合理的选择和配置。合理的人员结构,应包括以下三方面的内容:

(1)合理的专业结构。工程设备具有多专业性,项目监理组织内人员的专业配套必须与之相适应。当监理项目出现特殊性要求时,可以另行委托相应资质的机构来完成。

(2)合理的技术职务、职称结构。表现在高级职称、中级职称和初级职称有与监理工作要求相称的比例。一般来说,决策阶段、设计阶段的监理,具有高级职称及中级职称的人员在整个监理人员构成中应占绝大多数。施工阶段的监理,可有较多的初级职称人员从事实际操作。

(3) 合理的组织结构。项目监理机构应有适合项目特点和监理工作内容的组织结构形式和岗位分工。常用的结构形式有职能式、项目部式和矩阵式等。

监理机构是受建设单位委托进行监理任务的,必须以"守法、诚信、公正、科学"的执业准则开展监理工作。在建设单位的授权下,监理机构代表建设单位对监理方的行为以及设备的质量、工期、投资进行监理。接受监理结构的监督和管理是被监理方应尽的义务,并应为监理机构提供方便,积极做好配合。监理机构在实施监理中既要严格,还要客观公正的维护被监理方的合法权益,帮助被监理方解决工作中出现的疑难问题,在坚持质量第一、服务第一的指导思想下,与被监理方共同控制好项目的设备质量,提高工程项目的整体效益。

## 第二节 设备采购监理

工程设备采购的工作目标是使所购置的设备符合合同、设计和规范标准的要求,制造质量优良、价格合理、供货及时、售后服务周到。

设备采购阶段的监理程序包括四个阶段:组建监理机构、实施采购监理、设备验收、编写监理工作总结。

### 一、组建监理机构

监理单位应依据与建设单位签订的设备采购阶段的委托监理合同,成立由总监理工程师和专业监理工程师组成的项目监理机构。监理人员应专业配套、数量应满足监理工作的需要,并应明确监理人员的分工及岗位职责。

总监理工程师是监理单位派往现场履行监理合同义务的全权代表,全面负责项目的监理工作,是整个监理工作开展的核心。总监理工程师应根据岗位的特点、性质和职能,组织专业监理工程师开展工程,并协助总监理工程师完成监理任务。专业监理工程师可分为质量控制监理工程师、进度控制监理工程师、投资控制监理工程师和合同信息管理监理工程师等。

监理机构成立后,总监理工程师应及时组织监理人员熟悉和掌握设计文件对拟采购的设备的各项要求、技术说明和有关的标准。

### 二、实施采购监理

1. 编制采购方案

项目监理机构应编制设备采购方案,明确设备采购的原则、范围、内容、程序、方式和方法,并报建设单位审批。

项目监理机构应根据建设单位批准的设备采购计划组织或参加市场调查并应协助建设单位选择设备供应单位。设备采购的一般方式有:

(1) 市场采购。这种方式是指在设备供应市场或商店进行采购。这种方式局限性大,不易达到设备购置的目的,且采购设备的质量和花费容易受到采购人员的业务经验影响,因而一般用于小型通用设备和配件、材料的采购上。

(2)向设备制造厂订货。这种方式是指通过调查,直接向选定的设备制造厂订购所需要的设备。采用这种方式购置设备,要求采购商熟悉设备的技术技能、设备的市场价格和设备制造厂的有关情况。当采用非招标方式进行设备采购时,项目监理机构应协助建设单位进行设备采购的技术及商务谈判。

(3)委托总承包单位或建筑安装施工单位购置设备。采用这种方式购置设备,建设单位要注意所委托的单位是否具有购置设备的能力,是否维护建设单位的利益订购工程所需设备。

(4)委托设备成套机构购置设备。成套机构是专门为建设项目提供成套供应设备的中介机构。该机构具有专业配套的工程技术人员和商务人员以及法律工作者,具有科学的设备订货工程程序;具有丰富的设备订货经验,熟悉国内外设备生产制造商产品的状况和最新价格。采用成套采购的方式,使建设单位在设备购置时节省人力、财力、精力。

(5)采用招标方式订购设备。设备招标是招标单位就订购设备的要求发出招标书,设备供货单位在自愿参加的基础上按招标书的要求做出投标书,招标单位按照规定的程序并分析比较后选取一个投标单位作为设备供货商并签订设备订货合同。

设备招标是公开、公平、公正的竞争,能使得设备投资综合收益最大化,并使招标者和投标者的合法权益得到满足。项目监理机构应在确定设备供应单位后参与设备采购订货合同的谈判协助建设单位起草及签订设备采购订货合同。

2. 编制采购计划

项目监理机构根据批准的设备采购方案编制设备采购计划,并报建设单位批准。采购计划的主要内容应包括采购设备的明细表、采购的进度安排、估价表、采购的资金使用计划等。

3. 设备招标采购阶段监理的主要内容。

当采用招标方式进行设备采购时,项目监理机构应协助建设单位按照有关规定组织设备采购招标。设备招标采购阶段监理的主要内容有:

(1)深入研究合同、设计和规范标准对设备的要求,帮助建设单位起草招标文件。
(2)发出招标公告或邀请招投意向书。
(3)审查投标单位的资质,验看生产许可证、设备试验报告或鉴定证书。
(4)参加回答投标单位询问的答疑会议。
(5)参加评标、定标会议,帮助业主进行综合比较和确定中标单位。
(6)参加合同谈判和签订合同。
(7)协助建设单位向中标单位和设备制造厂移交必要的技术文件。

### 三、设备验收

在设备按合同要求运抵指定地点后,监理工程师应对设备进行验收。验收包括品种规格核对、数量清点、外观检查、质量证明文件移交;验收合格后,主持设备制造单位与安装单位的交接工作。

安装后,监理工程师还应对设备进行试验,包括单机空载试验、设备系统的联动负载试验等规定项目。试验后,监理方应编写监理鉴定报告。

### 四、编写监理工作总结

在设备采购监理工作结束后,总监理工程师应及时组织编写监理工作总结,对监理的过程、发现的问题和及时处理情况进行总结,并向建设单位提交设备采购监理工作总结。

## 第三节 设备监造监理

设备监造是指监理单位依据与用户签订的委托监理合同和设备订货合同对设备制造过程进行的监督活动。也就是利用第三方高智能的专业技术人才,对设备制造质量实行全过程的监控,不断促进制造商加强内部管理,提高产品质量意识,以确保制造出的设备符合设计要求,满足用户需求,为今后的设备运输储存与安装调试打下良好的基础。

一般需要在设备制造过程中进行监理的设备都是工程项目中的主要设备和关键设备。这些设备价格较高,在项目中起到影响整体系统功能的作用,设备的安全性关乎系统的整体性和员工的人身安全。在签订合同时,明确需要实施设备监造监理的制造阶段或制造全过程。监理单位根据不同的设备组织派遣专业对口的监理人员实施设备监造监理,对设计的合理性、选材的正确性、工艺方案的可行性、制造过程执行工艺的准确性、检验工作的真实性等进行全面的过程监督检查,来有效地保证产品质量。

设备监造阶段的监理程序包括:组建监理机构、监理交底、编制监理规划及实施细则、制造监理的实施、设备验收、监理工作总结。

### 一、组建监理机构

监造单位与委托方签订设备制造阶段的委托监理合同,成立由总监理工程师和专业监理工程师组成的项目监理机构,并进驻设备制造现场。监造方必须尽最大努力在设备制造过程中提供高水平的专业技术服务,注重过程质量,实施制造过程的控制,确保设备按照设计要求生产。

监理单位应根据监理委托合同中确定的监理目标对工程设备所涉及的监理任务进行详细分析,明确列出要进行监理的工作内容。配备的监理人员还应根据责权统一的原则,体现职能落实、人才合理配置使用,并考虑对人员潜力和积极性的发挥。

### 二、监理交底

进行设备监造监理的目的是加强对设计(产品设计和工艺设计)的审核,使设计的产品原理科学、结构合理、符合有关标准和规定、符合使用的要求;使采用的工艺和组装方法正确、手段可靠、节省材料、便于检查。

项目监理机构进驻设备制造现场后,在设备制造开始前应做好以下准备:

(1)熟悉设备制造图纸及有关技术说明和标准,掌握设计意图和各项设备制造的工艺规程以及设备采购订货合同中的各项规定,并应组织或参加建设单位组织的设备制造图纸的设计交底。

(2)审查与设备制造有关的各种资料。包括设备制造生产计划和工艺方案;拟采用的新技术、新材料、新工艺的鉴定书和试验报告;设备制造的检验计划和检验要求,确认各阶段的检验时间、内容、方法、标准以及检测手段、检测设备和仪器;主要及关键零件的生产工艺设备、操作规程和相关生产人员的上岗资格,并对设备制造和装配场所的环境进行检查;设备制造的原材料、外购配套件、元器件、标准件以及坯料的质量证明文件及检验报告,检查设备制造单位对外购器件、外协加工件和材料的质量验收。

(3)审查设备的平面布置和立体布置是否合理。采用科学的方法,以预防为主,从质量保证体系着手,在设备质量形成的全过程中控制设备的质量。严格按照设备规定的规范、标准控制设备的质量,对不符合规定和标准的质量问题必须立即做出反应,并向建设单位汇报。

### 三、编制监理规划和实施细则

监理规划是监理委托合同签订后,由总监理工程师组织专业监理工程师编制的指导开展监理工作的纲领性文件。它起着指导监理内部自身业务工作的功能和作用,设备监造规划经监理单位技术负责人审批并批准后,在设备制造开始前十天内报送建设单位。

监理实施细则起着具体指导监理实务的作用。它是在监理规划的基础上,对监理工作的更详细的具体化和补充。它可根据监理项目的具体情况,由专业监理工程师分阶段、分专业进行编写。

### 四、实施监造监理

项目监理机构根据不同类型设备和制造的不同阶段,选派专业技术人员或专家对全过程或部分阶段进行监控,对主要及关键零部件的制造工序应进行抽检或检验,对制造工艺及工艺执行情况严格把关,组织专家会同制造厂家的技术员共同协商解决工艺中存在的问题,制订更合理可行、更具可操作性和指导性的工艺方案,从而保证设备制造的过程质量。设备制造过程中的监理方式主要有:驻厂跟踪监理、巡回监理、见证点监理、停止点监理、文件监理和出厂检验监理。

驻厂跟踪监理是监理单位派监理人员驻设备制造现场对设备制造过程实施监理。

巡回监理是监理单位组织监理人员巡回的赴设备制造厂对设备制造过程中的重点环节和关键工序及重要零部件的检验进行监理。

见证点监理是当设备制造到某一道关键工序前,制造厂通知监理单位;监理单位派专员赴制造厂监督该工序的进行,并签署见证意见。

停止点监理是当设备制造到某道工序之后,进入下一道工序之前,暂时停止加工制造,并且事先通知监理单位,待监理工程师到达制造厂对已经完成的工序进行检查,认可后才能继续下道工序的加工制造。

文件监理是指监理员对已经完成的工序,审查当时的加工记录和检验记录来实施监理。

出厂检验监理是当设备装备调整完毕时,会同制造厂的检验员按设计的要求逐项进行检查和监督包扎装箱。

见证点监理、停止点监理和出厂检验监理都需要设备制造厂提前通知,因此在设备订购合同上要明确由设备制造厂通知监理单位。若设备制造厂未通知监理单位或者通知不及时,设备制造厂应承担责任。若监理单位接到通知后未及时派专员赴厂监理,则监理单位承担责任。

设备监造有以下具体控制环节：

1. 审核制造商的资质

总监理工程师应审核设备制造商的资质情况、实际生产能力和质量保证体系，符合要求后予以确认。

制造商应及时上报质量管理体系及相应人员的资质资料，监理人员对上报的资料与制造商投标文件中的资料和现场实际情况相对照，如有异议及时向制造商提出。

2. 审查施工方案

总监理工程师审查设备制造单位报送的设备制造生产计划和工艺方案，提出审查意见；符合要求后予以批准，并报建设单位。

3. 过程质量控制

(1)监理工程师审查设备制造的检验计划和检验要求，确认个阶段的检验时间、内容、方法、标准以及检测手段、检测仪器等。

(2)监理工程师必须对设备制造过程中拟采用的新技术、新材料、新工艺的鉴定书和试验报告进行审核，并签署意见。

(3)监理工程师应审查主要及关键零件的生产工艺设备、操作规程和相关生产人员的上岗资格，并对设备制造和装备场所的环节进行检查。

(4)监理工程师应对设备制造过程进行监督和检查，对主要及关键零部件的制造工序应进行抽检和检验。

监理人员可通过现场巡视检查、旁站和平行检测等手段进行控制，并应及时形成相应的文字记录。

(5)监理工程师应要求设备制造单位按批准的检验计划和检验要求进行设备制造过程的检验工作，做好检验记录，并对检验结果进行审核，及时指出存在的内在质量问题和隐患。当监理工程师认为不符合质量要求时，指令厂方按标准进行整改、返修或返工，以达到设计要求。当发生质量时空或重大质量事故时，必须由总监理工程师下达暂停制造指令，提出处理意见，并及时报告建设单位。

(6)在设备的装配过程中，监理工程师应对整个过程进行检查和监督，参加设备制造过程中的调试、整机性能检测和验证，符合要求后予以签认。

(7)在设备制造过程中需要对设备的原设计进行变更，监理工程师应审核设计变更，并审查变更引起的费用增减和制造工期的变化。

在设备制造过程中经常出现设计修改、设计漏项、设计量差、制造商为方便施工条件而造成的原设计变更，可由建设单位、监理单位或制造单位提出，但都必须经总监理工程师批准同意，并由总监理工程师以书面形式发出有关变更指令。变更指令的性质属于合同的修正、补充，具有法律作用。没有变更指令，承发包的任何一方不能对任何部分工程做出更改。

4. 投资控制

(1)监理工程师应按照设备制造合同的规定审核设备制造单位提交的进度付款单，提出审核意见，由总监理工程师签发支付证书。

(2)监理工程师应审查建设单位或设备制造单位提出的索赔文件，提出意见后报总监理工程师，由总监理工程师与建设单位、设备制造单位进行协商，并提出审核报告。

监理工程师应站在客观、公正的立场上审查索赔要求的正当性，必须对合同条件、协议条款等有详细的了解，以合同为依据公平处理合同双方的利益纠纷。在项目的实施过程中，提倡主动监理、事前控制,对可能引起的索赔进行预测,采取措施进行补救,避免索赔的发生。

(3)监理工程师应根据制造合同的要求和审核设备制造单位报送的设备制造结算文件,提出审核意见,报总监理工程师审核,由总监理工程师与建设单位、设备制造单位进行协商,并提出审核报告。

### 五、设备验收

在设备运往现场前,项目监理机构还要指定专人检查设备制造单位对待运设备采取的防护和包装措施,并检查是否符合运输、装卸、储存、安装的要求,以及相关的随机文件、装箱单和附件是否齐全。设备运到现场后,按合同规定做好与安装单位的交接工作,开箱清点、检查、验收、移交。验收小组要对设备按照设备的出厂质量验收标准和规范进行认真的验收,并签署出厂验收报告。报告内容包括验收依据、验收内容、验收实际情况、出现的问题及处理意见、验收结论及建议等。

### 六、监理工作总结

在设备监造工作结束后,监造单位要根据监造过程的实际情况写出设备监造工作总结,实事求是地对监造中发现的问题做出全面回顾,对设备质量及性能做出公正评价,让用户在使用设备时心中有数。

设备的监理和监造除了做好设备制造企业的进度、造价、材料、制造质量控制之外,还应对设备质量保修期、项目暂停、复工、项目变更、费用索赔、项目延期、延误、合同争议、合同解除等项目履行监理职责。

## 第四节　设备采购与设备监造监理资料

### 一、设备采购监理资料

根据建设工程监理规范,设备采购工作的监理资料应包括以下内容:
(1)委托监理合同;
(2)设备采购方案计划;
(3)设计图纸和文件;
(4)市场调查、考察报告;
(5)设备采购招投标文件;
(6)设备采购订货合同;
(7)设备监理工作总结。

### 二、设备监造资料应包括的内容

根据建设工程监理规范,设备监造工作的监理资料应包括以下内容:
(1)设备制造合同及委托监理合同;

(2) 设备监造规划；
(3) 设备制造的生产计划和工艺方案；
(4) 设备制造的检验计划和检验要求；
(5) 分包单位资格报审表；
(6) 原材料、零配件等的质量证明文件和检验报告；
(7) 开工、复工报审表、暂停令；
(8) 检验记录及试验报告；
(9) 报验申请表；
(10) 设计变更文件；
(11) 会议纪要；
(12) 来往文件；
(13) 监理日记；
(14) 监理工程师通知单；
(15) 监理工作联系单；
(16) 监理月报；
(17) 质量事故处理文件；
(18) 设备制造索赔文件；
(19) 设备验收文件；
(20) 设备交接文件；
(21) 支付证书和设备制造结算审核文件；
(22) 设备监造工作总结。

## 思考题与习题

1. 简述工程设备监理的概念和特点。
2. 简述工程设备监理合同管理的具体内容。
3. 简述设备采购阶段的监理程序。
4. 简述设备监造阶段的监理程序。
5. 简述设备采购与设备监造监理资料包含的内容。

# 第十一章 工程建设各阶段的监理

## 第一节 工程勘察设计阶段的监理

### 一、工程勘察设计阶段监理的意义

在建项目完成可行性研究和工程项目立项之后,勘察设计阶段即成为具体的工程项目建设的起点和使项目开发目标具体化的第一步。该阶段对于整个工程项目目标的实现,无论从工程的质量,还是从造价或进度来说,都具有重大影响,有着举足轻重的决定作用。

1. 可以发挥专家的群体智慧,保障业主决策的正确性

工程监理单位的介入,可以集中监理单位专家的智慧帮助建设监理单位选择优秀的勘察设计单位,审查优化勘察设计方案,确保勘察设计方案质量,使建设单位能够做出正确的决策。

2. 有利于工程的质量控制

根据国外一项统计,在民用建筑中,由于设计原因引发的工程质量事故所占比重高达 40.1%,居于各种原因之首,见表 11-1;我国曾对建筑行业 514 项工程事故的原因进行统计分析,发现因设计原因造成的工程事故达 40%;在某质量监督站对住宅建筑质量事故的统计中,设计原因也达 33%,居首位。更为严重的是,设计阶段失误所造成的质量问题,常常是施工阶段难以弥补的,甚至有可能会带来全局性或整体性的影响,从而影响到整个工程项目目标的实现。对工程勘察设计工作进行监理,有利于工程的质量控制。

**工程事故原因统计表**      表 11-1

| 质量事故原因 | 设计责任 | 施工责任 | 材料原因 | 使用责任 | 其他 |
| --- | --- | --- | --- | --- | --- |
| 所占百分比(%) | 40.1 | 29.3 | 14.5 | 9.0 | 7.1 |

3. 有利于工程的投资控制

经验表明,一项合理的设计有可能降低造价 5%~10%,甚至更高。国外的一项统计资料表明,在设计阶段节约的可能性约为 88%,而施工中节约投资的可能性仅为 12%。我国传统的设计取费办法是按工程造价的百分率计取的,工程造价增高则设计费也随之增高,这就会影响到设计者考虑降低工程造价的主动性。显然,引进并加强对设计阶段的监理工作,有利于对工程投资的有效控制。

4. 有利于工程的进度控制

工程项目的进度,不仅受施工进度的影响,而且设计阶段的工作往往会直接影响着整个

工程的进度。一方面,设计进度特别是设计图纸能否及时提供,直接关系到工程能否顺利进行;另一方面,设计质量也对工程进度有重要影响。一项统计分析资料表明(图 11-1):设计工作及物资供应工作对于工程项目进度的影响一般要比其他工作对进度的影响大得多,在勘察设计阶段实施监理控制工程进度、保证工期是十分重要的。

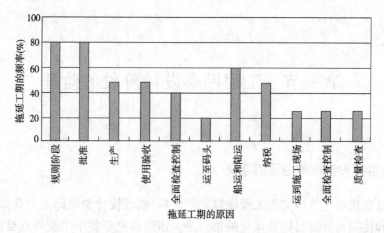

图 11-1 各项工程建设工作对工程进度的影响

5. 有利于设计市场管理

由于监理的介入,可以有效地约束勘察设计单位的行为,有利于勘察设计单位进行公平竞争,规范工作行为,促进勘察设计市场的管理。

## 二、工程勘察阶段的监理

1. 工程勘察的内容

工程勘察的内容包括工程测量和工程地质勘察。其中工程测量包括实地测量和定位测量;工程地质勘察包括选址勘察和设计勘察。

2. 勘察阶段监理单位的工作内容

(1) 编审勘察任务书

①委托规划。设计单位编制勘察任务书,拟订勘察工作计划,也可以通过委托设计任务,将编制勘察任务书作为设计前期工作一并委托。

②根据项目建设计划和设计进度计划拟订勘察进度计划。

③审查勘察任务书,主要审查工程名称、项目概况、拟建地点、勘察范围要求、提交成果的内容和时间。

(2) 授予或委托勘察任务

①拟订勘察招标文件。

②审查勘察单位的资质、信誉、技术水平、经验、设备条件,以及对拟勘察项目的工作方案设想。

③拟订合同的条件。

④确定分包商。

⑤参与合同谈判。

⑥在协议签订后提请业主向承包商支付 30% 的定金。

(3)做勘察前的准备
①现场勘察条件准备。
②勘察队伍的生活条件准备。
③提前准备好基础资料,并审查资料的可靠性。
④审查勘察纲要是否符合合同规定,能否实现合同要求。
(4)现场勘察监理
①进度监理督促人员、设备按时进场;记录进场时间;根据实际勘察速度预测勘察进度,必要时应及时通知承包商予以调整。
②质量监理检查勘察项目是否完全;勘查点线有无偏、错、漏;操作是否符合规范;钻探深度、取样位置及样品保护是否得当;对大型或复杂的工程,还要对其内业工作进行监理;检查勘察报告的完整性、合理性、可靠性和实用性以及对设计施工要求的满足程度。
③审核勘察费的结算,根据勘察进度,按合同规定签发支付费用的通知。
④签发补勘通知书。在设计、施工过程中若需要某种在勘察报告中没有反映,在勘察任务中没有要求的勘察资料时,需另行签发补充勘察任务通知书,其中要写明预计商定并经业主同意的增加费额。
⑤协调勘察单位与设计、施工单位的配合,及时将勘察报告提交设计或施工单位,作为设计和施工的依据。工程勘察的深度应与设计深度相适应。

### 三、工程设计监理

1. 工程设计

工程设计是指工程项目建设决策完成后,对工程项目的工艺、土建、配套工程设施等进行综合规划设计及技术经济分析,并提供设计文件和图纸等工程建设依据的工作。

2. 工程设计阶段

工程设计阶段一般是指工程项目建设决策完成,即设计任务书下达之后,从设计准备开始到施工图结束这一时间段。

3. 工程设计的主要内容

工程设计按工作进程和深度的不同,一般分为方案设计、初步设计、技术设计和施工图设计(包括施工期间的设计变更)。

(1)方案设计。一般大型民用建筑工程设计,在初步设计之前应进行方案设计(或采用设计方案竞赛)。小型工程以此代替初步设计。方案设计的具体内容为:①设计依据说明;②建筑方案设计图纸;③工程估算。

(2)初步设计。初步设计是根据选定的设计方案进行具体、更深入的设计,在论证技术可行性、经济合理性的基础上,提出设计标准、基础形式、结构方案以及水、电、暖通等各专业的设计方案。设计文件由设计总说明书、设计图纸、主要设备和材料表、工程概算四部分组成。初步设计的深度应满足土地使用,投资目标的确定,主要设备和材料订货,施工图设计和施工组织规划的编制,施工准备和生产准备等要求。

(3)技术设计。技术活设计是针对技术复杂或有特殊要求而又缺乏设计经验的建设项目而增加的一个阶段设计,用以进一步解决初步设计阶段一时无法解决的一些重大问题。技术设计根据批准的初步设计进行,其具体内容视工程项目的具体情况、特点和要求确定,其深度以能解决重大技术问题、指导施工图设计为原则。在技术设计阶段,应在初步设计总概算的基础上编制出修正总概算。技术设计文件要报主管部门批准。

(4)施工图设计。施工图设计是在初步设计、技术设计的基础上进行详细的、具体的设计,以指导建筑安装工程的施工以及非标准设备的加工制造。该阶段必须把工程和设备各构成部分尺寸、布置和主要施工做法等绘制成完善和详细的建筑详图及安装详图,并加上必要的文字说明。其主要内容包括:①全项目性文件;②各建筑物、构筑物的设计文件。

4.设计阶段监理的工作内容与方法

监理单位在接受设计监理任务委托阶段,应先了解业主的投资意图,与业主洽谈监理意向,并介绍监理单位的监理经历、经验;在决定接受监理委托后与业主签订监理合同,分析监理任务,明确监理范围。

监理单位成立项目监理组,确定各专业负责人和监理人员,明确分工;确定监理工作方式和监理重点;制订设计监理工作计划和设计进度计划。

(1)设计准备阶段监理的工作

①协助申请领取规划设计条件通知书。监理部应向城市规划管理部门申请规划设计条件通知书;向城市规划部门提出规划设计条件咨询意见表;向有关部门咨询能否提供或有无能力承担该项目的配套建设及意见;领取城市规划部门根据咨询意见表综合整理后发出的规划设计条件通知书。

②编制设计要点(或称设计纲要)。监理机构应依据已经批准的可行性研究报告和选址报告编制设计纲要,其内容包括阐明项目使用目的和建设依据;详述项目确切的设计要求;介绍项目与其他项目、社会、环境的关系,以及政府有关部门对项目的限制条件;业主财务计划限制;设计的范围与深度;设计进度要求(施工开工日期);交付设计资料的要求等。

③协助业主优选设计单位。如果业主已直接指定设计单位,监理机构应协助业主与设计单位明确设计要求,洽谈设计条件,参与合同谈判与签订合同。如果采用设计方案竞赛,监理机构应拟订竞赛规划,编写竞赛文件,参与组织竞赛和设计方案评选;与优秀方案设计单位洽谈委托设计事宜,并参与设计合同的谈判与签订合同。如果采用公开招标选定设计单位,监理机构应确定招标方式;制定招标细则;拟订并发出招标通知或招标公告;编写招标文件;确定评标组成员与评标标准;审查投标单位资格;组织踏勘现场和招标文件答疑;协助组织评标、决标;拟订设计合同,参与合同谈判与签订;协助确认分包设计单位;编制勘察任务书。

④准备基础资料。监理单位应向设计单位提供基础资料。这些资料包括经批准的设计任务书、规划设计通知书;规划部门核准的地形图;建筑总平面图和现状图;原有管线及新签订的协议书;当地气象、风向、风荷载、雪荷载及地震级别;水文地质和工程地质勘察报告;对采光、照明、供气、供热、给排水、空调、电梯的要求;建筑构配件的适用要求;各类设备选型、生产厂和设备构造及设备安装图纸;建筑物的装饰标准及要求;对"三废"处理的要求;其他要求与限制。

(2)设计阶段的监理工作

①参与设计单位的设计方案必选。

②提供基础性资料,协调设计单位与政府部门的关系,主要是协调与消防、人防、防汛、供电、供水、供气等部门的关系。

③协调各设计单位各专业间的关系。当分段设计招标或分项、分专业设计招标时,监理单位要定期召集协调会,及时做好各阶段设计之间的协调工作。

④设计进度控制。监理单位应与设计单位商定出图进度计划,核查设计力量是否能切实保证,并进行各专业之间的进度协调。

⑤工程投资控制。

⑥设计质量控制。

⑦设计合同履行。

⑧设计变更管理。

(3)设计文件验收的监理工作

设计文件的验收主要工作是检查设计单位提交的各阶段设计文件组成是否齐全。所有文件都应有设计单位各专业主要设计、审核人员的签字盖章。监理单位在验收时,按交图目录和规定的份数逐一检查清点,代业主签收。施工图纸一般还要经过会审(或交底),经总监理工程师签认后,方可交施工单位依图施工。作为设计监理的延续,监理单位还应组织设计交底和图纸会审。

### 四、设计监理阶段的三大目标控制

工程设计阶段是质量、投资控制的关键阶段,进度控制也不能忽视,必须处理好质量和投资两者的关系。质量和投资两者之间,质量是核心,投资时由质量决定的。

1. 工程项目设计阶段监理的质量控制任务和主要工作

(1)设计阶段监理的质量控制流程图,如图11-2所示。

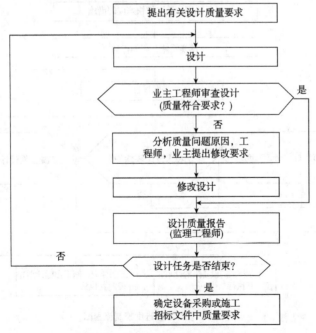

图11-2 设计阶段质量控制流程图

(2)设计阶段质量控制的主要任务。设计阶段质量可控制的主要任务是了解业主建设需求,协助业主制定建设工程质量目标规划(如设计要求文件);根据合同要求及时、准确、完善地提供设计工作所需的基础数据和资料;配合设计单位优化设计,并最终确认设计符合有关法规要求,符合技术、经济、财务、环境条件要求,满足业主对建设工程的功能和使用要求。

(3)设计阶段质量控制的主要工作。建设工程总体质量目标论证;提出设计要求文件,确定设计质量标准;利用竞争机制选择并确定优化设计方案;协助业主选择符合目标控制要求的设计单位;进行设计过程跟踪,及时发现质量问题,并及时与设计单位协调解决;审查阶段性设计成果,并根据需要提出修改意见;对设计提出的主要材料和设备进行比较,在价格合理的情况下确认其质量符合要求;做好设计文件验收等。

2. 工程项目设计阶段监理的进度控制的任务和主要工作

(1)设计阶段进度控制流程图,如图11-3所示。

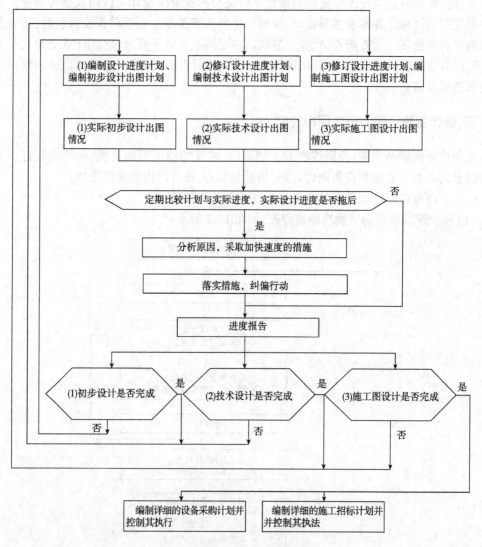

图11-3 设计阶段进度控制流程图

(2)设计阶段进度控制的主要任务。在设计阶段,监理单位进度控制的主要任务是根据建设工程总工期要求,协助业主确定合理的设计工期要求;根据设计的阶段性输出,由"粗"而"细"地制定建设工程总进度计划,为建设工程进度控制提供前提和依据;

协调各设计单位一体化开展设计工作,力求使设计能按进度计划要求进行;按合同要求及时、准确、完整地提供所需的基础资料和数据;与外部有关部门协调相关事宜,保障设计工作顺利进行。

(3)设计阶段进度控制的主要工作。对建设工程进度总目标进行论证,确认其可行性;根据方案设计,初步设计和施工图设计,制订建设工程总进度计划、建设工程总控制性进度计划和本阶段实施性进度计划,为本阶段和后续阶段进度控制提供依据;审查设计单位设计进度计划,并监督执行;编制业主方材料和设备供应进度计划,并实施控制;编制本阶段工作进度计划,并实施控制;开展各种组织协调活动等。

3. 工程设计阶段监理的投资控制任务和主要工作

(1)设计阶段投资控制流程图,如图11-4所示。

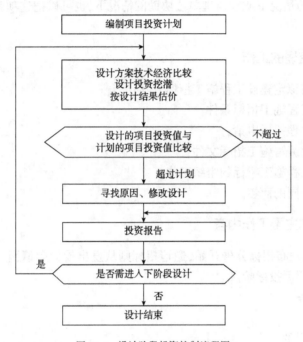

图11-4 设计阶段投资控制流程图

(2)设计阶段投资控制的任务。在设计阶段,监理单位投资控制的主要任务是通过收集类似的建设工程投资数据和资料,协助业主制定建设工程投资目标规划;开展技术经济分析等活动,协调和配合设计单位,力求使涉及投资合理化;审核概(预)算,提出改进意见,优化设计,最终满足业主对建设工程投资的经济性要求。

(3)设计阶段投资控制的主要工作。对建设工程总投资进行论证,确认其可行性;组织设计方案竞赛或设计招标,协助业主确定对投资控制有利的设计方案;伴随着各阶段设计成果的输出,制定建设工程投资目标分系统,为本阶段和后续阶段投资控制提供依据;在保障设计质量的前提下,协助设计单位开展限额设计工作;编制本阶段资金使用计划,并进行付款控制;审查工程概算、预算,在保证建设工程具有安全可靠性、适用性的基础上,概算不超过估算,预算部超概算;进行设计挖潜,节约投资;对设计进行技术经济分析、比较、论证,寻找一次性投资少而寿命长,经济效益好的设计方案等。

## 第二节　施工招投标阶段的监理

### 一、招标准备阶段监理工作

按照我国基本建设项目的建设程序,拟建的工程项目进行招标的前提条件是:必须先完成工程初步设计和工程概算,并由主管部门批准,在此基础上可进行拟建工程项目的招标准备工作。招标准备工作包括招标要点报告、编制施工规划、编制工程师概算、资格预审文件的编制、编制招标文件以及标底。招标准备工作是监理工程师主要任务之一,在业主单位还没有选定监理单位的情况下或在监理单位协助的情况下,也可以把这项工作委托给设计、咨询单位来完成。

### 二、招标阶段监理的工作

(1)拟定或参与拟定建设工程施工招标方案;
(2)准备建设工程施工招标条件;
(3)协助业主办理招标申请;
(4)参与或协助编写施工招标文件;
(5)参与建设工程施工招标的组织工作;
(6)参与施工合同的商签。

### 三、招标阶段的主要工作内容

公开招标时,从发布招标公告开始,邀请招标则从发出投标邀请函开始,到投标截止日期为止的期间称为招标投标阶段。

1. 发布招标广告
2. 资格预审

1) 资格预审的目的

公开招标时设置资格预审程序的目的:

一是保证参与投标的法人或组织在资质和能力等方面能够满足完成招标工作的要求;

二是通过评审优选出综合实力较强的一批申请投标人,再请他们参加投标竞争,以减小评标的工作量。

2) 资格预审程序

(1)招标人依据项目的特点编写资格预审文件。资格预审文件分为资格预审须知和资格预审表两大部分。

(2)资格预审表是以应答方式给出的调查文件。所有申请参加投标竞争的潜在投标人都可以购买资格预审文件,由其按要求填报后作为投标人的资格预审文件。

(3)招标人依据工程项目特点和发包工作性质划分评审的几大方面,如资质条件、人员能力、设备和技术能力、财务状况、工程经验、企业信誉等,并分别给予不同权重。

(4)资格预审合格的条件。首先投标人必须满足资格预审文件规定的必要合格条件和附加合格条件,其次评定分必须在预先确定的最低分数线以上。

目前采用的合格标准有两种方式：

一种是限制合格者数量，以便减小评标的工作量(如5家)，招标人按得分高低次序向预定数量的投标人发出邀请招标函并请他予以确认，如果某1家放弃投标则由下1家递补维持预定数量；

另一种是不限制合格者数量，凡满足80%以上分的潜在投标人均视为合格，保证投标的公平性和竞争性。

3) 投标人必须满足的基本资格条件

资格预审须知中明确列出投标人必须满足的最基本条件，可分为必要合格条件和附加合格条件两类。

(1) 必要合格条件通常包括法人地位、资质等级、财务状况、企业信誉、分包计划等具体要求。是潜在投标人应满足的最低标准。

(2) 附加合格条件视招标项目是否对潜在投标人有特殊要求决定有无。普通工程项目可不设置附加合格条件，对于大型复杂项目，则应设置此类条件。招标人可以针对工程所需的特别措施或工艺的专长；专业工程施工资质；环境保护方针和保证体系；同类工程施工经历；项目经理资质要求；安全文明施工要求等方面设立附加合格条件。

3. 招标文件

招标人根据招标项目特点和需要编制招标文件，它是投标人编制投标文件和报价的依据，因此应当包括招标项目的所有实质性要求和条件。招标文件通常分为投标须知、合同条件、技术规范、图纸和技术资料、工程量清单几大部分内容。

4. 现场考察

招标人在投标须知规定的时间组织投标人自费进行现场考察。设置此程序的目的，一方面让投标人了解工程项目的现场情况、自然条件、施工条件以及周围环境条件，以便于编制投标书；另一方面也是要求投标人通过自己的实地考察确定投标的原则和策略，避免合同履行过程中投标人以不了解现场情况为理由推卸应承担的合同责任。

5. 解答投标人的质疑

对任何一位投标人以书面形式提出的质疑，招标人应及时给予书面解答并发送给每一位投标人，保证招标的公开和公平，但不必说明问题的来源。回答函件作为招标文件的组成部分，如果书面解答的问题与招标文件中的规定不一致，以函件的解答为准。

# 第三节　施工准备阶段的监理

## 一、监理单位自身的准备工作

(1) 组建施工监理部。

(2) 按监理大纲和监理规划要求制定项目施工监理流程图和监理管理制度。

(3) 收集各种监理工作信息资料。

(4) 在设计交底前，总监理工程师组织监理人员熟悉设计文件，并对图纸中存在的问题通过建设单位向设计单位提出书面意见和建议。

(5) 制订项目施工监理方案。

(6) 配备监理工作设备、工具。

## 二、协助业主做好施工准备工作

(1)协助业主准备好施工文件资料。
(2)协助业主及时提供施工场地,使征地拆迁工作能满足工程进度的需要。
(3)制订业主方材料和设备供应阶段计划。
(4)参加由建设单位组织的设计技术交底会,进行技术交底,由总监理工程师对会议纪要进行签认。

## 三、对施工单位的监理工作

### 1. 施工组织设计审查

工程项目开工前,总监理工程师应组织专业监理工程师审查承包单位报送的施工组织设计(方案)报审表,提出审查意见,并经总监理工程师审核、签收后报建设单位。

(1)施工组织设计审查程序
①承包单位必须完成施工组织设计的编制及自审工作,由其负责人签字并填写施工组织设计(方案)报审表,报送项目监理机构。
②总监工程师应在规定时间内组织专业监理工程师审查,提出审查意见后,由总监理工程师签发书面意见,退回承包单位修改后再报审,总监理工程师重新审定。
③施工组织设计由项目监理机构报送建设单位备案。
④施工单位对施工组织设计内容有较大变更时,应书面报监理机构重新审定。
(2)施工组织设计审核的要点
①组织体系特别是质量保证体系是否健全。
②施工现场总体布置是否合理,是否有利于保证施工的安全正常、顺利地进行,是否有利于保证施工质量。
③工程地质特征及场区环境状况,以及可能在施工中对质量与安全带来的不利影响等。
④主要施工技术措施的针对性、有效性。
(3)专业监理工程师对施工方案审查的主要内容
①施工程序安排的合理性。
②施工机械设备的选择对施工质量的影响和保证。
③主要项目的施工方法。

### 2. 质量管理体系、技术管理体系和质量保证体系审查

工程项目开工前,总监理工程师应审查承包单位现场项目管理机构的质量管理体系、技术管理体系和质量保证体系,确能保证工程项目施工质量时予以确认。主要审核以下内容:

(1)质量管理、技术管理和质量保证的组织机构。监理工程师应按合同要求承包人建立一个完整的以自检自控为主的质量保证体系。各级质检人员应由富有施工经验、具有技术职称、熟悉图纸规范和图纸,工作作风正派的技术人员担任。审查批准承包人在投标书中所报负责质量保障和自检工作负责人的资格,要求其一直在工程现场用全部的时间专门进行质量管理。
(2)分包单位的业绩。
(3)拟分包工程的内容和范围。

(4)专职管理人员和特种作业人员的资格证、上岗证。

4. 对承包单位报送的测量放线控制成果及保护措施进行检查

(1)检查承包单位专职测量人员的岗位证书及测量设备检定证书。

(2)复核控制桩的校核成果、控制桩的保护措施以及平面控制网、高程控制网和临时水准点的测量成果。

符合要求时,专业监理工程师对承包单位报送的施工测量成果报验申请予以签认。

5. 审查承包单位报送的工程开工报审表及相关资料

(1)施工许可证已获政府部门批准证明。

(2)组织设计已获总监理工程师批准。

(3)承包单位现场管理人员已到位,机具、施工人员已进场,工程材料已落实。

(4)进场道路及水、电、通信设施等已满足开工要求,具备以上开工条件时,由总监理个工程师签发,并报建设单位。

6. 工地会议

工程项目开工前,监理人员应参加由建设单位主持召开的第一次工地会议,会议主要包括以下内容:

(1)建设单位、承包单位和监理单位分别介绍各自驻现场的组织机构、人员及其分工,并提供书面文件。

(2)建设单位根据委托监理合同宣布对总监理工程师的授权。

(3)建设单位介绍工程开工准备情况。

(4)承包单位介绍施工准备情况。

(5)建设单位和总监理工程师对施工准备情况提出意见和要求。

(6)总监理工程师介绍监理规划的主要内容,明确施工监理的例行程序和需填制的表格、报表、图表及其说明。

(7)研究确定各方在施工过程中参加工地例会的主要人员,召开工地例会周期、地点及主要议题,负责起草第一次工地会议纪要,并经与会各方代表会签。

7. 设计图纸交底

所谓交底是建设单位根据工程实际需要,及时地组织设计单位向承包商进行技术交底。主要内容有:

(1)设计主导思想、建筑艺术构思和要求,采用的设计规范、确定的抗震等级、防火等级、基础、装修及机电设备设计等。

(2)对主要材料、构配件和设备的要求,所采用的新材料、新技术、新工艺、新设备的要求以及施工中应特别注意的事项等。

(3)设计内容是否符合国家的强制性标准。

(4)对设计单位、承包单位和监理单位提出的对施工图的意见和建议的答复。

(5)由建设单位、施工单位和监理单位三方会签设计变更文件。

8. 审查承包人的施工机械设备情况

主要审查承包人的施工机械设备台套数量、规格型号、可用情况。

9. 发布开工令

工程施工准备工作满足了开工条件的要求后,施工单位提出开工申请,监理发布开工令。

## 第四节　建设工程施工阶段的监理

建设单位对施工阶段采用监理的形式进行管理,是对施工开始至正式投入使用期间的缺陷责任期满为止的全过程进行监理,包括施工工期的监理,颁发移交证书,缺陷责任期的监理,颁发缺陷责任证书。

### 一、施工阶段监理的内容

在整个施工阶段工程监理的过程中,工程监理的内容分为质量监理与合同监理两大类,如图11-5所示。

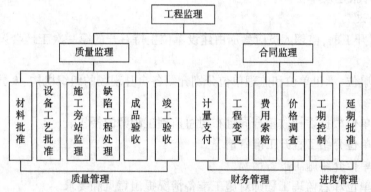

图11-5　施工阶段工程监理的内容

质量监理分为施工过程中的质量管理(包括缺陷工程的处理及竣工检查和颁发移交证书)和缺陷责任期内的工程监理(包括颁发缺陷责任证书)两个阶段;合同监理贯穿于施工期和缺陷责任期,主要包括财务管理与进度管理两部分。财务管理通常包括以下四项:①工程计量与支付;②工程变更;③费用索赔;④价格调整。

进度管理包括以下两项:①施工进度控制;②工程延期批准。

### 二、施工阶段质量监理

施工中的质量监理是监理工程师一项经常性的管理工作,必须要对承包商的施工全过程进行监理。

1. 质量监理的依据

(1)合同条件。各项工程质量的保证责任、处理程序、费用支付等均应符合合同条件的规定。

(2)合同图纸。全部工程应与合同图纸符合,并符合监理工程师批准的变更与修改要求。

(3)技术规范。所有用于工程的材料、设施、设备与施工工艺应符合合同文件所列技术规范或监理工程师同意使用的其他技术规范及监理工程师批准的工程技术要求。

(4)质量标准。所有工程质量都应符合合同文件中列明的质量标准或监理工程师同意使用的其他标准。

2.质量监理的程序

质量监理的程序如图11-6所示。

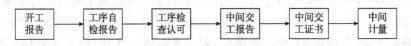

图11-6 质量监理基本程序示意图

3.质量监理的工作要求

(1)项目监理机构应要求承包单位必须严格按照批准的(或经过修改后重新批准的)施工组织设计(方案)组织施工。当承包单位对已批准的施工组织设计进行调整、补充或变动时,应经专业监理工程师审查,并应由总监理工程师签认。

(2)专业监理工程师应要求承包单位报送重点部位、关键工序的施工工艺和确保工程质量的措施,审核同意后予以确认。工程项目的重点部位、关键工序应由项目监理机构与承包单位协商后共同确定。

(3)当承包单位采用新材料、新工艺、新技术、新设备时,专业监理工程师应要求承包单位报送相应的施工工艺措施和证明材料,组织专题论证,经审定后予以签认。

(4)项目监理机构应对承包单位在施工过程中报送的施工测量放线成果进行复验和确认。

(5)专业监理工程师应对承包单位的试验室进行考核。

(6)专业监理工程师应对承包单位报送的拟进场工程材料、构配件和设备的报审表及其质量证明材料进行审核,并对进场的实物按照委托监理合同约定或有关工程质量监理文件规定的比例采用平行检验或见证取样方式进行抽检。未经检验的拒绝签认,并签发书面通知单,通知承包单位将其撤出。

(7)项目监理机构应定期检查承包单位的直接影响工程质量的计量设备的技术状况。监理人员应经常有目的的对承包单位的施工过程进行巡视、检测,对施工过程出现的较大质量问题或质量隐患宜采用照相、摄影等手段予以记录保存。

(8)对隐蔽工程的隐蔽过程,下道工序施工完成后难以检查的重点部位,应安排监理员进行旁站,进行现场检查,符合要求的予以签认。

(9)专业监理工程师应对承包单位报送的分项工程质量验评资料进行审核,符合要求后予以签认;总监理工程师应组织监理人员对分部工程和单位工程施工质量验评资料进行现场检查,符合要求的予以签认。

(10)对施工过程中存在的质量缺陷、重大质量隐患,要求整改,必要时通过总监理工程师下达暂停令,要求承包单位停工整改;符合要求后,签署工程复工报审表。在签署停工令和复工报审表前,监理工程师应先向建设单位报告。

(11)对需要返工处理和加固补强的质量事故,总监理工程师应责令承包单位报送质量事故调查报告和经设计单位等相关单位认可的处理方案,项目监理机构应对质量事故的处理过程和处理结果进行跟踪检查并按规定进行验收。总监理工程师应及时向建设单位及本监理单位提交有关质量事故的书面报告,并应将完整的质量事故处理记录整理归档。

4.施工质量控制要点

(1)合同适用标准、规范。

(2)图纸。

(3)发包方供材设备控制及处理。

(4)承包方供材设备控制及处理。

(5)施工过程中的检查和返工。承包方应严格按要求和监理工程师的指令施工,随时接受监理工程师的检查、检验,并为其提供便利。施工质量达不到要求时,要采取补救措施,若为承包方的责任,损失自担,工期不予顺延;若为发包方的责任,损失由发包方承担,工期顺延。

(6)隐蔽工程和中间验收。隐蔽工程和达到中间验收的部位,承包方自检,并在验收前48h以书面形式通知监理验收。验收合格后,要及时签收,24h内未签认的,视为已经批准,承包方继续施工。

(7)重新检验控制。

### 三、施工阶段工程造价监理工作

(1)计量支付程序。所谓计量支付就是监理工程师按照合同规定的条件,对承包商已完的工程进行计量,根据计量的结果和其他方面合同规定的应付给承包商的有关款项,由监理工程师出具证明向承包商支付款项。计量、支付是监理工程师的一项经常性工作,具体程序如图11-7所示。

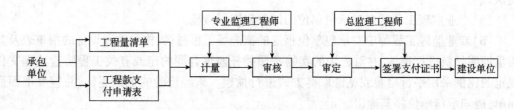

图11-7 工程计量支付程序

(2)竣工结算程序,如图11-8所示。

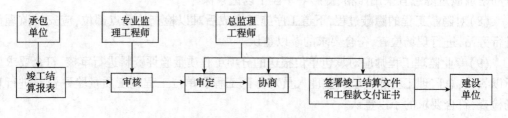

图11-8 工程竣工结算程序

(3)风险分析。项目监理机构应根据施工合同有关条款、施工图,对工程项目造价目标进行风险分析,并制定防范性对策。

(4)发布变更指令。任何内容的变更均需要经总监理工程师发出变更指令,并确定工程变更的价格和条件。没有监理工程师的变更指令,承包商对合同的任何部分不能进行更改。

(5)计量和支付依据。项目监理机构应按照约定的工程量计算规则和支付条款进行计量和支付。

(6)专业监理工程师应及时完成工程量和工作量统计报表,对实际完成量与计划完成量进行比较、分析,制定调整措施,并应在监理月报中向建设单位报告。

（7）专业监理工程师应及时收集、整理有关的施工和监理资料，为处理费用索赔提供证据。

（8）项目监理机构应及时按施工合同的有关规定进行竣工结算，并应对竣工结算的价款总额与建设单位进行协商；协商不成时，应及时按合同规定的争议调解条款解决。

（9）未经监理人员质量验收合格的工程量，或部符合施工合同规定的工程量，监理人员应拒绝计量和拒绝该部分工程款支付申请。

（10）造价监理工作要点：
①施工合同价款的约定。
②可调价格合同的价格调整。
③工程预付款的控制。
④工程量的确认。
⑤工程预结算方式控制。
⑥工程款（进度款）支付程序和责任。
⑦施工中涉及安全施工方面的费用。
⑧专利技术及特殊工艺涉及的费用。
⑨文物和地下障碍物的应急处理。
⑩竣工结算，包括竣工决算报告及违约责任、分包方的核实与支付，发包方不支付的违约责任。
⑪质量保修金支付、结算和返还。

### 四、施工阶段工程进度管理

1. 工程进度控制程序

（1）总监理工程师审批施工总进度计划。
（2）总监理工程师审批年、季、月度施工进度计划。
（3）专业监理工程师检查分析施工进度的实施情况。
（4）实际进度与计划进度相符合时，要求编制下一期施工进度计划；如果不相符时，书面通知承包单位采取纠偏措施，并监督实施。

2. 施工进度计划审核内容

（1）是否符合施工合同中开工、竣工日期的规定。
（2）主要工程项目是否有遗漏，分期施工是否满足分批动工的需要和配套动工的要求，承包单位间编制的进度计划是否协调。
（3）施工顺序的安排是否符合施工工艺的要求。
（4）工期是否经过优化，进度安排是否合理。
（5）劳动力、材料、构配件及施工机具、设备、水、电等生产要素供应计划是否能保证施工进度计划的需要，供应是否均衡。
（6）对建设单位提供的施工条件，承包单位在施工进度计划中所提出的供应时间和数量是否明确、合理，是否有造成因建设单位违约而导致工程延期和费用索赔的可能。

3. 专业监理工程师编制施工进度方案，进行进度目标风险分析

项目监理机构根据工程特点、施工合同、工程设计文件及经过批准的施工组织设计对工程进行风险分析时，并应制定工程质量、造价、进度目标控制及安全生产管理的施工进度方

案,同时应提出防范性对策。

项目监理机构进行风险分析时,主要是找出工程目标控制和安全生产管理的重点、难点以及最易发生事故、索赔事件的原因和部位,加强对施工合同的管理,制定防范性对策。

4. 监理工程师在进度控制过程中的主要工作

专业监理工程师应检查进度计划的实施,并记录实际进度及相关情况,当发现实际进度滞后于计划进度时,应签发监理工程师通知单指令承包单位采取调整措施。当实际进度严重滞后于计划进度时,应及时报告总监理工程师,由总监理工程师与建设单位商定采取进一步措施。

5. 施工进度控制要点

(1) 对进度计划的确认或修改。承包方提交的进度计划,监理工程师要及时确认或提出修改意见;监理工程师确认不能免除承包方施工组织设计和工程进度计划本身的缺陷所应承担的责任。

(2) 监督进度计划的执行。

(3) 竣工验收段的进度控制,主要包括竣工验收的程序,提前竣工的控制。

(4) 甩项工程的控制。

### 五、工程施工过程中的监理方法

在工程监理过程中,监理工程师通常采用以下手段对工程进行管理:①书面指示;②工地会议;③专题会议;④监理记录;⑤邀见;⑥资料管理;⑦文件运转。

1. 书面指示

监理工程师的各种决定、意见和要求应以书面形式发出指示。监理工程师的指示是合同文件的一部分,无论这些事项在合同中写明与否,承包商都要严格遵守与执行。因此,监理工程师应当充分利用书面指示,补充和完善合同条件中的不足,改正承包商各种不符合合同条件的行为。

一般情况下,监理工程师的指示应以书面形式发出,主要有:①开工通知;②工程师代表及其助理的任命通知书;③会议通知;④停止或恢复支付指示;⑤暂时停工与复工的指示;⑥修改进度计划的指令;⑦下达有关指定的指令。如果监理工程师由于某种原因认为有必要以口头形式发出指示时,监理工程师应在指示之后,用书面形式对其口头指示加以确认。如果监理工程师在发出口头指示的 7d 之内,未以书面形式对其指示加以确认,承包商可以以书面形式对监理工程师的口头指示加以确认。如果监理工程师认为承包商面对他的口头指示的确认不符合其意见,则监理工程师应在 7d 之内,对承包商的确认以书面的形式加以否认;否则承包商确认的监理工程师口头指示,应视为监理工程师的指示。

2. 工地会议

工地会议有开工前工地会议(也称第一次工地会议)与工地例会两种。开工前工地会议前面已经介绍,这里主要介绍工地例会。

所谓工地例会时在工程开工以后定期召开,一般每月召开一次,也可以每两周召开一次。其开会周期要根据实际情况确定。工地会议不同于一般性质的会议,承包商的意见同他发给监理工程师的函件有等效的作用。例如,按照合同规定,承包商的延期与费用索赔申请,必须在事件发生后的 28d 内向监理工程师发出意向通知。但是如果承包商在事件发生后的 28d 内工地会议上提出了关于延期或索赔的意向,监理工程师同样可以接受以后提出的延期或索赔的申请。

监理工程师在工地会议上的决定,同他发出的指令性文件一样具有等效的作用。工地会议纪要是一个很重要的文件。在工程监理中很多信息和决定,是在工地会议上产生的。所以,开好工地会议,是做好工程监理工作的主要环节。

工地例会的目的是记录事项,交流信息,讨论有关问题,并做出决定。工地会议时间一般为 2~4h,一般在监理工程师办公室召开,由监理工程师主持会议。在开会前,由监理工程师通知有关人员参加。

(1)参加会议人员

参加会议人员包括监理方(监理工程师、驻地工程师或监理工程师代表);承包方(项目经理、工地代表、总技术负责人或总工程师以及其他有关人员,分包商参加会议由承包商确定);业主方,邀请业主代表参加。

在特殊情况下,可邀请下列人员参加会议:业主所聘用的其他承包商,对工程由权益的单位,与工程有关的机构。

(2)会议议程

①确认上次工地会议纪要,如没有争议,确认各方同意上次工地会议纪要。

②了解工程进度情况,请承包商汇报当月总体进度和主要工程项目的进展情况。

③工程进度预测和存在的问题。承包商介绍下月的计划进度,说明影响工程进度的因素。

④承包商到场施工人员,提交一份当月各工种到场施工人员清单。

⑤承包商到场的机械设备,提交一份当月到场施工机械设备清单。

⑥到场材料,讨论到场材料质量及其适用性。

⑦技术事宜,讨论影响工程质量进度的任何技术问题。

⑧财务事宜,讨论有关计量与支付的任何问题。

⑨合同事宜,研究征地问题、未决定的变更问题、延期、将要发生的索赔保险等。

⑩行政管理事宜,讨论工地试验情况、工程检查和监理工作程序等。

⑪其他方面的问题。

⑫下次工地会议,确定下次工地会议的主要议程和时间。

(3)承包商应准备的资料

①工程进度图表,包括:S 曲线图,表明工程施工进度与计划进度对比情况;条形图Ⅰ,表明本月施工项目的完成情况;条形图Ⅱ,表明下月计划的施工项目工作量。

②本月现场人员及机械设备清单表。

③现场材料的种类、数量,并说明其质量情况。

④本月气象观测资料。

⑤试验数据统计表。

⑥对有关事项的说明,包括:对进度计划的分析,说明影响本月计划的原因,以及实施下月施工计划需要外界解决的问题(主要指业主应按合同规定解决的问题);下月现场材料、机械供应情况及人员情况;工程质量和进度方面的技术问题;财务支付问题;需要解决的拆迁、征地以及相关设计变更和工程延期与费用索赔方面的问题;其他方面需要说明的问题。

(4)监理工程师发表意见

①对承包商进度计划的评价。

②承包商工程质量情况及有关技术问题。

③承包商对监理程序执行情况。

④其他任何有关问题。

(5)会议记录

工地会议应由专人做好会议记录,会议记录应包括:

①会议时间、地点及会议顺序排号;

②出席会议者的姓名、职务及代表的单位;

③会议中发言者的姓名及发言内容;

④会议做出决定的有关事项。

工地会议记录属于监理文件的一种,记录要真实、准确,同时必须得到监理工程师及承包商的同意。征得同意的方法有两种:一是要求承包商在会议记录的副本上签字;二是在下次工地会议上对记录取得口头认可。一般采取后一方法。因此,在工地会议程序中,第一条就是要确认上次工地会议纪要。如没有争议,便是确认各方同意上次会议纪要,并且在本次纪要中写明各方同意上次工地会议纪要;如有异议提出后,也记载在本次工地会议纪要中。

3. 现场协调会

(1)现场协调会的组织

①在整个施工期间,可根据具体情况定期或不定期召开不同层次的施工现场会。

②会议只对近期施工活动进行证实、协调和落实,对发现的施工质量问题及时予以纠正,对其他重大问题只是提出而不进行讨论。

③会议应由总监理工程师主持,承包人或其代表出席,有关监理及施工人员可酌情参加。

(2)现场协调会的内容

①承包人报告近期的施工活动,提出近期的施工计划安排和要求,简要陈述存在的问题。

②监理单位就施工进度和质量予以简要评述,并根据承包人提出的施工活动安排和要求,安排监理人员进行施工监理和相关方之间的协调工作。

4. 工地专题会议

对于技术方面或合同管理方面比较复杂的问题,一般采用专题会议的形式进行研究和解决。如有争议的施工方案的确定,严重的工程缺陷处理,复杂的技术问题的决策;以及变更问题中的价格问题的商讨,工程延期、费用索赔情况的澄清等问题,都应该召开专题会议。

专题会议一般由监理工程师提出,或由承包商建议。参加会议的人员可根据会议的内容而定,可能涉及的人员除业主、承包商及有关人员外,有时还要邀请设计单位的代表或有关专家参加,由监理工程师确定。

专题会议同样需要详细的记录,因此,监理工程师也应指定专人做会议记录。对于专题会议的结论,一般应由监理工程师按指令性文件发出。例如,研究工程变更的价格的专题会议所确定的价格,应在工程变更令中指出。专题会议的记录只作为变更令的附件,或存档备查。

5. 邀见承包商

当承包商无视监理工程师的指示和合同文件,违反合同条件进行工程活动时,在监理工程师准备对承包商采取制裁之前,可先采取邀见方式向承包商提出警告。

邀见承包商时,一般是由总监理工程师或总监理工程师的代表邀见承包商的主要负责人,如项目经理或标书中指定的法人代表。

(1)向承包商发出邀见通知。邀见通知应写明被邀见人的姓名,约见的地点和时间,并简要说明邀见的有关问题。在邀见通知上邀见人应署名。

(2)邀见会谈。邀见时,首先由邀见人指出承包商存在的问题的严重性及可能造成的后果,并提出挽救问题的途径和建议。如果被邀见人认为有必要时可对情况进行说明或解释,但不应当是辩论。一般情况下,被约见人应当提出改进问题的措施和保证。

(3)会议纪要。会见时应当有专人对双方的谈话记录,然后以纪要的形式,将邀见时的谈话用正式文件发出。

## 第五节 竣工验收和质量保修阶段的监理

### 一、竣工验收

1. 竣工验收

(1)审核承包单位报送的竣工资料,对工程质量进行竣工验收,发现问题及时要求整改。整改完毕后由总监理工程师签署工程竣工报验单,在此基础上提出工程质量评估报告,由总监理工程师和监理单位技术负责人审核签字。

(2)参加建设单位组织的竣工验收,提供相关监理资料。对验收中提出的整改问题,项目监理机构应要求承包单位整改,工程质量符合要求,由总监理工程师会同验收各方签署工程竣工验收报告。

2. 质量保修期的监理工作

(1)监理单位根据委托监理合同约定的工程质量保修期内的监理工作时间、范围和内容开展工作。

(2)承担质量保修期监理工作时,监理单位应安排监理人员对建设单位提出的工程质量缺陷进行检查记录,对承包单位进行修复的工程质量进行验收,合格后予以签认。

(3)监理人员应对工程质量缺陷原因进行调查分析,确定责任归属。对非承包单位原因造成的工程质量缺陷,监理人员应该核实修复工程的费用和签署工程款支付证书,报建设单位。

### 二、监理工作要点

(1)竣工预验收的程序如下。

①当单位工程达到竣工验收条件时,承包单位应在自审、自查、自评工作完成后,填写工程竣工报验单,并将全部竣工资料报送项目监理机构,申请竣工验收。

②总监理工程师应组织专业监理工程师对竣工资料及各专业工程的质量情况进行全面检查,对检查出的问题,应督促承包单位及时整改。

③对需要进行功能试验的工程项目(包括单机试车和整机无负荷试车),监理工程师应督促承包单位及时进行试验,对重要项目进行现场监督检查,必要时邀请建设单位和设计单位参加。监理工程师应认真审查试验报告单。

④监理工程师应督促承包单位搞好成品保护和现场清理。

⑤项目监理机构对竣工资料及实物全面检查、验收合格后,由总监理工程师签署工程验收报验单,向建设单位提出质量评估报告。

(2)在竣工验收时,某些剩余工程和缺陷工程,在不影响交付的前提下,经建设单位、设计单位、施工单位、监理单位协商,承包单位应在竣工验收后的限定时间内完成。

(3)建设工程质量保修期按《建设工程质量管理条例》的规定确定。在质量保修期内的监理工作期限,应由监理单位与建设根据工程实际情况,在委托监理合同中约定。

(4)在承担工程保修期的监理工作时,可不设项目监理机构,宜在参加施工阶段的监理工作的监理人员中保留必要的人员。对承包单位修复的工程质量进行验收和签认,应由专业监理工程师负责。

(5)对于非承包原因造成的工程质量缺陷,修复费用的核实及签署支付证书,宜由原施工阶段的总监理工程师或其授权人签字。

### 三、建筑工程质量的验收规定

1. 建筑工程质量管理的规定

(1)施工现场质量管理应有相应的施工技术标准、健全的质量管理体系、施工质量检验制度和综合施工质量水平评定考核制度。施工单位应推行生产控制和合格控制的全面质量控制,建立健全质量保证体系,既包括原材料、工艺流程、施工操作、每道工序的质量、各道相关工序间的交接检验以及专业工种之间等中间交接环节的质量管理和控制要求,也应包括施工图设计和功能要求的抽样检验制度等。

施工单位应通过内部的审核与管理者的评审,找出质量管理体系中存在的问题和薄弱环节,并制定改进的措施和跟踪检查等措施,使单位的质量保证体系不断健全和完善,不断提高建筑工程施工质量,同时施工单位应重视综合质量控制水平,应从施工技术、管理制度、工程质量控制和工程质量等方面制定对施工企业综合质量控制水平的指标,以达到提高整体素质和经济效益。

(2)建筑工程施工质量控制。

①建筑工程采用的主要材料、半成品、成品、建筑构配件、器具和设备应进行现场验收。凡涉及安全、功能的有关产品,应按各专业工程质量验收规范规定进行复检,并应经监理工程师(建设单位技术负责人)检查认可。

②各工序应按施工技术标准进行质量控制,每道工序完成后应进行检查。

③相关专业工种之间,应进行交接检验,并形成记录。未经监理工程师(建设单位技术负责人)检查认可,不得进行下道工序施工。

(3)建筑工程施工质量验收。

①建筑工程施工质量应符合相关专业标准和验收规范的规定。

②建筑工程施工应符合工程勘察、设计文件的要求。

③参加工程施工质量验收的各方人员应具备规定的资格。

④工程质量的验收均应在施工单位自行检查评定的基础上进行。

⑤隐蔽工程在隐蔽前应在施工单位自行检查评定的基础上进行。

⑥设计结构安全的试块、试件以及有关材料,应按规定进行见证取样检测。

⑦检验批的质量应按主控项目和一般项目验收。

⑧对涉及结构安全和使用功能的重要分部工程应进行抽样检测。

⑨承担见证取样检测及有关结构安全检测的单位应具有相应资质。

⑩工程的观感质量应由验收人员通过现场检查并应共同确认。

(4)检验批的质量检验,应根据检验项目的特点在抽样方案中进行选择。

①计量、计数或计量—计数等抽样方案。

②一次、两次或多次抽样方案。

③根据生产联系性和生产控制稳定性情况,尚可采用调整型抽样方案。

④对重要的检验项目当可采用简易快速的检验方法时可采用全数检验方案。

⑤经实践检验有效的抽样方案。

(5)在制订检验批的抽样方案时,对生产方风险(或错判概率 $\alpha$)和使用方风险(或漏判概率 $\beta$)规定。

①主控项目:对应于合格质量水平的 $\alpha$ 和 $\beta$ 均不宜超过5%。

②一般项目:对应于合格质量水平的 $\alpha$ 不宜超过5%,$\beta$ 不宜超过10%。

2.建筑工程质量验收的分类

建筑工程质量验收可划分为全部工程竣工验收、单项工程竣工验收、单位工程(或子单位工程)竣工验收、分部(子分部)工程验收、分项工程和检验批验收。

(1)全部工程竣工验收,指整个建设项目已按设计要求全部建设完成,并已符合竣工验收标准,应由发包人组织设计、施工、监理等单位和档案部门进行全部工程的竣工验收。全部工程的竣工验收,一般是在单位工程、单项工程竣工验收的基础上进行。对已经交付竣工验收的单位工程(中间交工)或单项工程并已办理了移交手续的,原则上再重复办理验收手续,但应将单位工程或单项工程验收报告作为全部工程竣工验收的附件加以说明。

全部工程竣工验收的主要任务是:负责审查建设工程的各个环节验收情况;听取各有关单位(设计、施工、监理等)的工作报告;审阅工程竣工档案资料的情况;实地查验工程并对设计、施工、监理等方向工作和工程质量、试车情况等做综合全面评价。承包人作为建设工程的承包(施工)主体,应全过程参加有关的工程竣工验收。

(2)单项工程竣工验收,指在一个总体建设项目中,一个单项工程或一个车间,已按设计图纸规定的工程内容完成,能满足生产要求或具备使用条件,承包人向监理人提交"工程竣工报告"和"工程竣工报验单",经签认后,应向发包人发出"交付竣工验收通知书",说明工程完工情况、竣工验收准备情况、设备无负荷单机试车情况,具体约定交付竣工验收的有关事宜。

对于投标竞争承包的单项工程施工项目,则根据施工合同的约定,仍由承包人向发包人发出交工通知书请予组织验收。竣工验收前,承包人要按国家规定,整理好全部竣工资料并完成现场竣工验收的准备工作,明确提出交工要求。发包人应按约定的程序及时组织正式验收。

(3)单位工程(或子单位工程)竣工验收。以单位工程或某专业工程内容为对象,独立签订建设工程施工合同的,达到竣工条件后,承包人可单独交工,发包人根据竣工验收的依据和标准,按施工合同约定的工程内容组织竣工验收。按照现行建设工程项目划分标准,单位工程师单项工程的组成部分,有独立的施工图纸,承包人施工完毕,征得发包人同意,或原施工合同已有约定的,可进行分阶段验收。分段验收或中间验收的做法在一些较大型的、群体式的、技术较复杂的建设工程中较多采用,也符合国际惯例,它可以有效控制分项、分部和单位工程的质量,保证建设工程项目系统目标的实现。

(4)分部(子分部)工程验收。分部工程的划分应按专业性质、建筑部位确定,当分部工程较大的或较复杂时,可按材料种类、施工特点、施工程序、专业系统及类别等划分为若干子分部工程。可以在合同中约定分段或中间验收。

地基基础中的土石方、基坑支护子分部工程及混凝土工程的模板工程也纳入分部工程验收。室外工程可根据专业类别和工程规模划分单位(子单位)工程进行验收。

(5)分项工程验收。分项工程应按材料、工种、施工工艺、设备类别等进行划分,可以看成是由若干个检验批构成,进行检验批检验。

(6)检验批检验。根据国际质量控制和专业验收需要按楼层、施工段、变形缝等进行划分,进行检验。

多层及高层建筑工程中主体的分部的分项工程可按楼层或施工段划分检验批;单层建筑工程中的分项工程可按变形缝等划分检验批;地基基础分部工程中的分项工程一般划分为一个检验批;有地下层的基础工程可按不同地下层划分检验批;屋面分部工程中的分项工程,一般按防水层划分检验批;对于工程量较少的分项工程可统一划分为一个检验批;室外工程统一划分为一个检验批;散水、台阶、明沟等含在地面检验批中。

3.建筑工程质量验收

1)合格

(1)检验批质量合格条件

检验批是工程验收的最小单位,是其他工程质量验收的基础。检验批是施工过程中条件相同并有一定数量的材料、构配件或安装项目,其质量基本均匀一致,可以作为检验的基础单位,并按批验收。验收合格条件如下:

①主控项目和一般项目的质量经抽样检验合格。

②具有完整的施工操作依据、质量检查记录。

检验批的质量主要取决于主控项目和一般项目,主要项目部允许有不符合要求的检验结果,具有否决性。

(2)分项工程质量验收合格条件

分项工程的验收是在检验批的基础上进行的,两者具有相同或相近的性质,只是批量的大小不同,将有关的检验批汇集构成分项工程。分项工程合格的条件如下:

①分项工程所含的检验批均应符合合格质量的规定。

②分项工程所含的检验批的质量验收记录应完整。

(3)分部(子分部)工程质量验收的合格条件

①分部(子分部)工程所含分项工程的质量均应验收合格。

②质量控制资料应完整。

③地基与基础、主体结构和设备安装等分部工程有关的安装及功能的检验和抽样应符合有关规定。

(4)单位(子单位)工程质量验收合格条件

①单位(子单位)工程所含分部(子分部)工程的质量均应验收合格。

②质量控制资料应完整。

③单位(子单位)工程所含分部(子分部)工程有关安全和功能的检测资料应完整。

④主要功能项目的抽查结果应符合相关专业质量验收规范的规定。

⑤质量验收应符合要求。

2)不符合要求的处理

①经返工重做或更换器具、设备的检验批应重新进行验收;在检验批验收时,其主控项目不能满足验收规范规定或一般项目超过偏差值的子项不符合检验规定的要求时,应及时处理检验批。一般缺陷通过返修或更换器具、设备予以解决,应允许施工单位在采取相应措

施后重新验收,达到要求时应予以验收。

②经有资质的检测单位检测鉴定能够达到设计要求的检验批应予以验收;在检验批验收时,个别检验批发现试块强度等不满足要求等问题,难以确定是否验收时,应请具有资质的法定检测机构检测,当鉴定结果能够达到设计要求时,该检验批仍应认为通过验收。

③经有资质的检测单位检测鉴定达不到设计要求,但经原设计单位核算认可能够满足结构安全和使用功能的检验批可予以验收。

④经返修或加固处理的分项、分部工程,虽然改变外形尺寸,但仍能满足安全和使用功能要求,可按技术处理方案和协商文件进行验收。

⑤通过翻修或加固处理仍不能满足安全和使用要求的分部工程、单位工程严禁验收。

4.建筑工程质量验收程序和组织

(1)检验批及分项工程应由监理工程师(建设单位项目技术负责人)组织施工单位项目专业质量(技术)负责人进行验收。

(2)分部工程应由总监理工程师(建设单位负责人)组织施工单位项目负责人和技术、质量负责人等进行验收;地基与基础、主体结构分部工程的勘察、设计单位工程项目负责人和施工单位技术、质量部门负责人也应参加相关分部工程验收。

(3)单位工程完工后,施工单位应自行组织有关人员进行检查评定,并向建设单位提交工程验收报告。

(4)建设单位收到工程验收报告后,再由建设单位(项目)负责人组织施工(含分包单位)、设计、监理等单位(项目负责人)进行单位(子单位)工程验收。

(5)单位工程由分包单位施工时,分包单位对所承包的工程项目应按规定的程序检查评定,总包单位应派人参加,分包工程完工后,应将工程有关资料交总承包单位。

(6)当参加验收的各方对工程质量验收意见不一致时,可请当地的建设行政主管部门或工程质量监督机构协调处理。

(7)单位质量验收合格后,建设单位应在规定时间内将工程竣工验收报告和有关文件报建设行政主管部门备案。

## 思考题与习题

1.简述勘察阶段的监理工作内容及其重点。
2.简述设计阶段监理工作的主要内容。
3.简述施工招标阶段的监理工作。
4.简述施工准备阶段监理工作的内容。
5.简述施工阶段的监理方法。
6.施工阶段的监理工作内容。

# 附 录

## 专业工程类别和等级表

| 序号 | 工程类别 | | 一 级 | 二 级 | 三 级 |
|---|---|---|---|---|---|
| 一 | 房屋建筑工程 | 一般公共建筑 | 28层以上;36m跨度以上(轻钢结构除外);单项工程建筑面积3万平方米以上 | 14~28层;24~36m跨度(轻钢结构除外);单项工程建筑面积1万~3万平方米 | 14层以下;24m跨度以下(轻钢结构除外);单项工程建筑面积1万平方米以下 |
| | | 高耸构筑工程 | 高度120m以上 | 高度70~120m | 高度70m以下 |
| | | 住宅工程 | 小区建筑面积12万平方米以上;单项工程28层以上 | 建筑面积6万~12万平方米;单项工程14~28层 | 建筑面积6万平方米以下;单项工程14层以下 |
| 二 | 冶炼工程 | 钢铁冶炼、连铸工程 | 年产100万t以上;单座高炉炉容1 250m³以上;单座公称容量转炉100t以上;电炉50t以上;连铸年产100万t以上或板坯连铸单机1450mm以上 | 年产100万t以下;单座高炉炉容1 250m³以下;单座公称容量转炉100t以下;电炉50t以下;连铸年产100万t以下或板坯连铸单机1450mm以下 | |
| | | 轧钢工程 | 热轧年产100万t以上,装备连续、半连续轧机;冷轧带板年产100万t以上,冷轧线材年产30万t以上或装备连续、半连续轧机 | 热轧年产100万t以下,装备连续、半连续轧机;冷轧带板年产100万t以下,冷轧线材年产30万t以下或装备连续、半连续轧机 | |
| | | 冶炼辅助工程 | 炼焦工程年产50万t以上或炭化室高度4.3m以上;单台烧结机100m²以上;小时制氧300m³以上 | 炼焦工程年产50万t以下或炭化室高度4.3m以下;单台烧结机100m²以下;小时制氧300m³以下 | |
| | | 有色冶炼工程 | 有色冶炼年产10万t以上;有色金属加工年产5万t以上;氧化铝工程40万t以上 | 有色冶炼年产10万t以下;有色金属加工年产5万t以下;氧化铝工程40万t以下 | |
| | | 建材工程 | 水泥日产2 000t以上;浮化玻璃日熔量400t以上;池窑拉丝玻璃纤维、特种纤维、特种陶瓷生产线工程 | 水泥日产2 000t以下;浮化玻璃日熔量400t以下;普通玻璃生产线;组合炉拉丝玻璃纤维;非金属材料、玻璃钢、耐火材料、建筑及卫生陶瓷厂工程 | |

续上表

| 序号 | 工程类别 | | 一 级 | 二 级 | 三 级 |
|---|---|---|---|---|---|
| 三 | 矿山工程 | 煤矿工程 | 年产120万t以上的井工矿工程;年产120万t以上的洗选煤工程;深度800m以上的立井井筒工程;年产400万t以上的露天矿山工程 | 年产120万t以下的井工矿工程;年产120万t以下的洗选煤工程;深度800m以下的立井井筒工程;年产400万t以下的露天矿山工程 | |
| | | 冶金矿山工程 | 年产100万t以上的黑色矿山采选工程;年产100万t以上的有色砂矿采、选工程;年产60万t以上的有色脉矿采选工程 | 年产100万t以下的黑色矿山采选工程;年产100万t以下的有色砂矿采、选工程;年产60万t以下的有色脉矿采选工程 | |
| | | 化工矿山工程 | 年产60万t以上的磷矿、硫铁矿工程 | 年产60万t以下的磷矿、硫铁矿工程 | |
| | | 铀矿工程 | 年产10万t以上的铀矿;年产200t以上的铀选冶 | 年产10万t以下的铀矿;年产200t以下的铀选冶 | |
| | | 建材类非金属矿工程 | 年产70万t以上的石灰石矿;年产30万t以上的石膏矿、石英砂岩矿 | 年产70万t以下的石灰石矿;年产30万t以下的石膏矿、石英砂岩矿 | |
| 四 | 化工石油工程 | 油田工程 | 原油处理能力150万t/年以上、天然气处理能力150万m³/天以上、产能50万t以上及配套设施 | 原油处理能力150万t/年以下、天然气处理能力150万m³/天以下、产能50万t以下及配套设施 | |
| | | 油气储运工程 | 压力容器8MPa以上;油气储罐10万m³/台以上;长输管道120km以上 | 压力容器8MPa以下;油气储罐10万m³/台以下;长输管道120km以下 | |
| | | 炼油化工工程 | 原油处理能力在500万t/年以上的一次加工及相应二次加工装置和后加工装置 | 原油处理能力在500万t/年以下的一次加工及相应二次加工装置和后加工装置 | |
| | | 基本原材料工程 | 年产30万t以上的乙烯工程;年产4万t以上的合成橡胶、合成树脂及塑料和化纤工程 | 年产30万t以下的乙烯工程;年产4万t以下的合成橡胶、合成树脂及塑料和化纤工程 | |
| | | 化肥工程 | 年产20万t以上合成氨及相应后加工装置;年产24万t以上磷氨工程 | 年产20万t以下合成氨及相应后加工装置;年产24万t以下磷氨工程 | |
| | | 酸碱工程 | 年产硫酸16万t以上;年产烧碱8万t以上;年产纯碱40万t以上 | 年产硫酸16万t以下;年产烧碱8万t以下;年产纯碱40万t以下 | |
| | | 轮胎工程 | 年产30万套以上 | 年产30万套以下 | |

续上表

| 序号 | 工程类别 | | 一级 | 二级 | 三级 |
|---|---|---|---|---|---|
| 四 | 化工石油工程 | 核化工及加工工程 | 年产1 000吨以上的铀转换化工工程;年产100吨以上的铀浓缩工程;总投资10亿元以上的乏燃料后处理工程;年产200吨以上的燃料元件加工工程;总投资5 000万元以上的核技术及同位素应用工程 | 年产1 000吨以下的铀转换化工工程;年产100吨以下的铀浓缩工程;总投资10亿元以下的乏燃料后处理工程;年产200吨以下的燃料元件加工工程;总投资5 000万元以下的核技术及同位素应用工程 | |
| | | 医药及其他化工工程 | 总投资1亿元以上 | 总投资1亿元以下 | |
| 五 | 水利水电工程 | 水库工程 | 总库容1亿立方米以上 | 总库容1千万~1亿立方米 | 总库容1千万立方米以下 |
| | | 水力发电站工程 | 总装机容量300MW以上 | 总装机容量50M~300MW | 总装机容量50MW以下 |
| | | 其他水利工程 | 引调水堤防等级1级;灌溉排涝流量5m³/s以上;河道整治面积30万亩以上;城市防洪城市人口50万人以上;围垦面积5万亩以上;水土保持综合治理面积1 000km²以上 | 引调水堤防等级2、3级;灌溉排涝流量0.5~5m³/s;河道整治面积3万~30万亩;城市防洪城市人口20万~50万人;围垦面积0.5万~5万亩;水土保持综合治理面积100~1 000km² | 引调水堤防等级4、5级;灌溉排涝流量0.5m³/s以下;河道整治面积3万亩以下;城市防洪城市人口20万人以下;围垦面积0.5万亩以下;水土保持综合治理面积100km²以下 |
| 六 | 电力工程 | 火力发电站工程 | 单机容量30万千瓦以上 | 单机容量30万千瓦以下 | |
| | | 输变电工程 | 330kV以上 | 330kV以下 | |
| | | 核电工程 | 核电站;核反应堆工程 | | |
| 七 | 农林工程 | 林业局(场)总体工程 | 面积35万公顷以上 | 面积35万公顷以下 | |
| | | 林产工业工程 | 总投资5 000万元以上 | 总投资5 000万元以下 | |
| | | 农业综合开发工程 | 总投资3 000万元以上 | 总投资3 000万元以下 | |
| | | 种植业工程 | 2万亩以上或总投资1 500万元以上; | 2万亩以下或总投资1 500万元以下 | |
| | | 兽医、畜牧工程 | 总投资1 500万元以上 | 总投资1 500万元以下 | |
| | | 渔业工程 | 渔港工程总投资3 000万元以上;水产养殖等其他工程总投资1 500万元以上 | 渔港工程总投资3 000万元以下;水产养殖等其他工程总投资1 500万元以下 | |
| | | 设施农业工程 | 设施园艺工程1公顷以上;农产品加工等其他工程总投资1 500万元以上 | 设施园艺工程1公顷以下;农产品加工等其他工程总投资1 500万元以下 | |

续上表

| 序号 | 工程类别 | | 一 级 | 二 级 | 三 级 |
|---|---|---|---|---|---|
| 七 | 农林工程 | 核设施退役及放射性三废处理处置工程 | 总投资 5 000 万元以上 | 总投资 5 000 万元以下 | |
| 八 | 铁路工程 | 铁路综合工程 | 新建、改建一级干线;单线铁路 40km 以上;双线 30km 以上及枢纽 | 单线铁路 40km 以下;双线 30km 以下;二级干线及站线;专用线、专用铁路 | |
| | | 铁路桥梁工程 | 桥长 500m 以上 | 桥长 500m 以下 | |
| | | 铁路隧道工程 | 单线 3 000m 以上;双线 1 500m 以上 | 单线 3 000m 以下;双线 1 500m 以下 | |
| | | 铁路通信、信号、电力电气化工程 | 新建、改建铁路(含枢纽、配、变电所、分区亭)单双线 200km 及以上 | 新建、改建铁路(不含枢纽、配、变电所、分区亭)单双线 200km 及以下 | |
| 九 | 公路工程 | 公路工程 | 高速公路 | 高速公路路基工程及一级公路 | 一级公路路基工程及二级以下各级公路 |
| | | 公路桥梁工程 | 独立大桥工程;特大桥总长 1 000m 以上或单跨跨径 150m 以上 | 大桥、中桥桥梁总长 30～1 000m 或单跨跨径 20～150m | 小桥总长 30m 以下或单跨跨径 20m 以下;涵洞工程 |
| | | 公路隧道工程 | 隧道长度 1 000m 以上 | 隧道长度 500～1 000m | 隧道长度 500m 以下 |
| | | 其他工程 | 通信、监控、收费等机电工程,高速公路交通安全设施、环保工程和沿线附属设施 | 一级公路交通安全设施、环保工程和沿线附属设施 | 二级及以下公路交通安全设施、环保工程和沿线附属设施 |
| 十 | 港口与航道工程 | 港口工程 | 集装箱、件杂、多用途等沿海港口工程 20000 吨级以上;散货、原油沿海港口工程 30000 吨级以上;1000 吨级以上内河港口工程 | 集装箱、件杂、多用途等沿海港口工程 20000 吨级以下;散货、原油沿海港口工程 30000 吨级以下;1000 吨级以下内河港口工程 | |
| | | 通航建筑与整治工程 | 1000 吨级以上 | 1000 吨级以下 | |
| | | 航道工程 | 通航 30000 吨级以上船舶沿海复杂航道;通航 1000 吨级以上船舶的内河航运工程项目 | 通航 30000 吨级以下船舶沿海航道;通航 1000 吨级以下船舶的内河航运工程项目 | |
| | | 修造船水工工程 | 10000 吨位以上的船坞工程;船体质量 5000 吨位以上的船台、滑道工程 | 10000 吨位以下的船坞工程;船体质量 5000 吨位以下的船台、滑道工程 | |

续上表

| 序号 | 工程类别 | | 一级 | 二级 | 三级 |
|---|---|---|---|---|---|
| 十 | 港口与航道工程 | 防波堤、导流堤等水工工程 | 最大水深6m以上 | 最大水深6m以下 | |
| | | 其他水运工程项目 | 建安工程费6 000万元以上的沿海水运工程项目；建安工程费4 000万元以上的内河水运工程项目 | 建安工程费6 000万元以下的沿海水运工程项目；建安工程费4 000万元以下的内河水运工程项目 | |
| 十一 | 航天航空工程 | 民用机场工程 | 飞行区指标为4E及以上及其配套工程 | 飞行区指标为4D及以下及其配套工程 | |
| | | 航空飞行器 | 航空飞行器（综合）工程总投资1亿元以上；航空飞行器（单项）工程总投资3 000万元以上 | 航空飞行器（综合）工程总投资1亿元以下；航空飞行器（单项）工程总投资3 000万元以下 | |
| | | 航天空间飞行器 | 工程总投资3 000万元以上；面积3 000m²以上；跨度18m以上 | 工程总投资3 000万元以下；面积3 000m²以下；跨度18m以下 | |
| 十二 | 通信工程 | 有线、无线传输通信工程，卫星、综合布线 | 省际通信、信息网络工程 | 省内通信、信息网络工程 | |
| | | 邮政、电信、广播枢纽及交换工程 | 省会城市邮政、电信枢纽 | 地市级城市邮政、电信枢纽 | |
| | | 发射台工程 | 总发射功率500kW以上短波或600kW以上中波发射台；高度200m以上广播电视发射塔 | 总发射功率500kW以下短波或600kW以下中波发射台；高度200m以下广播电视发射塔 | |
| 十三 | 市政公用工程 | 城市道路工程 | 城市快速路、主干路，城市互通式立交桥及单孔跨径100m以上桥梁；长度1 000m以上的隧道工程 | 城市次干路工程，城市分离式立交桥及单孔跨径100m以下的桥梁；长度1 000m以下的隧道工程 | 城市支路工程、过街天桥及地下通道工程 |
| | | 给水排水工程 | 10万t/d以上的给水厂；5万t/d以上污水处理工程；3m³/s以上的给水、污水泵站；15m³/s以上的雨泵站；直径2.5m以上的给排水管道 | 2万~10万t/d的给水厂；1万~5万t/d污水处理工程；1~3m³/s的给水、污水泵站；5~15m³/s的雨泵站；直径1~2.5m的给水管道；直径1.5~2.5m的排水管道 | 2万t/d以下的给水厂；1万t/d以下污水处理工程；1m³/s以下的给水、污水泵站；5m³/s以下的雨泵站；直径1m以下的给水管道；直径1.5m以下的排水管道 |

续上表

| 序号 | 工程类别 | | 一级 | 二级 | 三级 |
|---|---|---|---|---|---|
| 十三 | 市政公用工程 | 燃气热力工程 | 总储存容积1 000m³以上液化气储罐场（站）；供气规模15万m³/d以上的燃气工程；中压以上的燃气管道、调压站；供热面积150万平方米以上的热力工程 | 总储存容积1 000m³以下的液化气储罐场（站）；供气规模15万m³/d以下的燃气工程；中压以下的燃气管道、调压站；供热面积50万～150万m²的热力工程 | 供热面积50万m²以下的热力工程 |
| | | 垃圾处理工程 | 1 200t/d以上的垃圾焚烧和填埋工程 | 500～1 200t/d的垃圾焚烧及填埋工程 | 500t/d以下的垃圾焚烧及填埋工程 |
| | | 地铁轻轨工程 | 各类地铁轻轨工程 | | |
| | | 风景园林工程 | 总投资3 000万元以上 | 总投资1 000万～3 000万元 | 总投资1 000万元以下 |
| 十四 | 机电安装工程 | 机械工程 | 总投资5 000万元以上 | 总投资5 000万以下 | |
| | | 电子工程 | 总投资1亿元以上；含有净化级别6级以上的工程 | 总投资1亿元以下；含有净化级别6级以下的工程 | |
| | | 轻纺工程 | 总投资5 000万元以上 | 总投资5 000万元以下 | |
| | | 兵器工程 | 建安工程费3 000万元以上的坦克装甲车辆、炸药、弹箭工程；建安工程费2 000万元以上的枪炮、光电工程；建安工程费1 000万元以上的防化民爆工程 | 建安工程费3 000万元以下的坦克装甲车辆、炸药、弹箭工程；建安工程费2 000万元以下的枪炮、光电工程；建安工程费1 000万元以下的防化民爆工程 | |
| | | 船舶工程 | 船舶制造工程总投资1亿元以上；船舶科研、机械、修理工程总投资5 000万元以上 | 船舶制造工程总投资1亿元以下；船舶科研、机械、修理工程总投资5 000万元以下 | |
| | | 其他工程 | 总投资5 000万元以上 | 总投资5 000万元以下 | |

说明：1. 表中的"以上"含本数，"以下"不含本数。
2. 未列入本表中的其他专业工程，由国务院有关部门按照有关规定在相应的工程类别中划分等级。
3. 房屋建筑工程包括结合城市建设与民用建筑修建的附建人防工程。

# 参 考 文 献

[1] 中华人民共和国国家标准.GB/T 50319—2013 建设工程监理规范[S].北京:中国建筑工业出版社,2014.
[2] 巩天真,张泽平.建设工程监理概论[M].北京:北京大学出版社,2006.
[3] 于惠中.建设工程监理概论[M].北京:机械工业出版社,2010.
[4] 徐锡权,李海涛.建设工程监理概论[M].北京:冶金工业出版社,2012.
[5] 陈锦平.建设工程监理概论[M].西安:西安交通大学出版社,2011.